Herbert Keune · Ulrich Dämmgen

Atome – Bindungen elementare Ordnungen

Quelle & Meyer Heidelberg

CIP-Kurztitelaufnahme der Deutschen Bibliothek

Keune, Herbert:
Atome – Bindungen – elementare Ordnungen/
Herbert Keune; Ulrich Dämmgen. – Heidelberg:
Quelle und Meyer, 1983.
(Chemische Arbeitsbücher; 3)
ISBN 3-494-01023-4
NE: Dämmgen, Ulrich:; GT

Printed in Germany
Satz: K + V Fotosatz GmbH, Beerfelden
Druck: Schwetzinger Verlagsdruckerei GmbH, Schwetzingen

Inhaltsverzeichnis

Vorwort

Vorstellungen über den Bau von Atomen, Molekülen und Atomverbänden sind notwendige Grundlagen zum Verständnis der Chemie und der sich ihrer bedienenden Wissenschaften. Üblicherweise werden solche Modelle vom Bau der Materie in den gymnasialen Oberstufen und in den Anfangssemestern naturwissenschaftlicher Studiengänge gelehrt. Dabei entsteht bei dem Lernenden oftmals das Bild, es handele sich bei diesen Beschreibungen um Wirklichkeit, d.h. Materie »sei so«. Nur selten wird deutlich, wie sehr diese Vorstellungen lediglich Hilfsmittel zum Verständnis des Materiellen und wie begrenzt ihre Aussagen sind. Die Kollisionen der verwendeten Modelle mit der üblichen Logik werden in der Regel übergangen, weil die praktische Verwertbarkeit zur Deutung von Phänomenen die Frage nach der Logik der Ansätze nicht mehr so bedeutsam erscheinen läßt.

Ziel dieses Buches ist es, Modelle durch logische Deduktionen zu entwerfen, die Grenzen der Gültigkeit zu suchen, fehlende Übereinstimmungen mit den Sätzen der Logik zu verdeutlichen und sie zu erörtern. Die Anfangskapitel beschäftigen sich daher auch mit den Methoden naturwissenschaftlicher Erkenntnisgewinnung. Beim Vergleich der nach den Gesetzen der Logik abgeleiteten Modelle mit verläßlichen experimentellen Daten zeigt sich, daß die Wirklichkeit nur begrenzt erklärt wird. Die Modelle müssen daher im Hinblick auf diese Wirklichkeit ständig korrigiert werden. Es wird deutlich, daß die naturwissenschaftliche Erkenntnisspirale nur zu Kausalketten endlicher Länge führt. Voraussagen über Eigenschaften und Vorgänge sind demzufolge immer unsicher oder nur begrenzt möglich. Dies aufzuzeigen, ist ein besonderes Anliegen dieses Buches. Besonderer Wert wird den zahlreichen beigegebenen Literaturangaben zugemessen, weil sich für den Leser die Möglichkeit der eigenen Wertung der gewonnenen Vorstellungen ergibt.

Braunschweig

Herbert Keune
Ulrich Dämmgen

Einleitung

»Klassisch« unterteilt man die Wissenschaft Chemie in die drei Teildisziplinen:

- Anorganische Chemie, ursprünglich die Chemie der unbelebten Natur. Zu ihr zählt man die Stoffchemie aller Elemente und ihrer Verbindungen mit Ausnahme der Kohlenwasserstoffe und ihrer Derivate.
- Organische Chemie, ursprünglich die Chemie der belebten Natur. Sie war zunächst die Stoffchemie der Kohlenwasserstoffe und ihrer Derivate.
- Physikalische Chemie, die sich mit der Beschreibung der physikalischen Eigenschaften der Stoffe und der Erforschung und Beschreibung der bei chemischen Vorgängen (Reaktionen) zu beobachtenden physikalischen Veränderungen beschäftigt.

Diese Unterteilung erfolgte im 19. Jahrhundert, weil das Wissen zu umfangreich geworden war, als daß es von einer Disziplin hätte völlig beherrscht und gelehrt werden können. Man folgte dabei älteren Vorschlägen: So teilte LEMERY [1] die Stoffe der Chemie in zwei Hauptgruppen ein, die mineralischen (etwa: Gesteine, Erze, Salze, Metalle, Wasser, Luft) und die organischen. Dabei unterschied er vegetalische (z.B. Zucker, Stärke, Harze, Wachse, Pflanzenfarben) und animalische Stoffe (Fette, Eiweiße, tierische Farbstoffe). Künstliche, d.h. durch Menschen bewirkte Änderungen hielt er nur an mineralischen Stoffen für möglich.

Obschon durch WÖHLERS Synthese des Harnstoffs aus Ammoniumcyanat [2] die dieser Einteilung zugrundeliegende Annahme einer *vis vitalis** (Begriffserklärung im Anhang) hinfällig wurde, erwies sich diese Einteilung doch weiterhin als praktisch. So unterscheiden sich auch heute noch die »klassische« Anorganische und die »klassische« Organische Chemie etwa in ihren vorherrschenden präparativen Methoden, den dafür erforderlichen Geräten und den bevorzugten Lösungsmitteln.

Von diesen drei Großdisziplinen gliederten sich im Laufe der Zeit weitere Spezialbereiche ab. Sie kombinierten zum einen chemische Erkenntnisse mit denen anderer Wissensbereiche. Aus der Verbindung mit der Physik entstanden Kernchemie und moderne apparative Analytik. Biochemie, Physiologische Chemie und Pharmazeutische Chemie entstanden durch Einbeziehung von Medizin und Biologie, Geochemie und Petrochemie durch Verknüpfung mit den Geowissenschaften. Zum anderen entstanden Disziplinen in den Grenzbereichen zwischen den klassischen Arbeitsgebieten. Hierzu zählen etwa die Metallorganische Chemie, die Bioanorganische Chemie sowie die Physikalische Anorganische und die Physikalische Organische Chemie.

Der Zugang zu chemischen Kenntnissen und Erkenntnissen hat sich in der zweiten Hälfte dieses Jahrhunderts durch die ungeheure Zunahme des naturwissenschaftlichen Wissens erheblich erschwert. Eine Flut von Informationen und die Aufsplitterung des Gesamtwissens auf eine Vielzahl von Spezialgebieten verstellten den Blick auf ordnende und leitende Grundgedanken. Als Reaktion darauf wurden eben diese Prinzipien in einer Allgemeinen Chemie zusammengefaßt; sie wird als Grundlage und Ergänzung der Stoffchemie gelehrt. Die Allgemeine Chemie ist damit zu einer Art Strukturwissenschaft (Metawissenschaft*) für zahlreiche Spezialdisziplinen geworden.

Definiert man Chemie als diejenige Wissenschaft, die sich mit

- der Beschreibung der chemischen Elemente und ihrer Verbindungen sowie deren Reaktionen
- der Deutung, Voraussage, Steuerung und Anwendung der chemischen Erscheinungen sowie
- der Erklärung der dinglichen Welt mit chemischen Denk- und Arbeitsweisen

beschäftigt, so muß eine Allgemeine Chemie sich mit

- den chemischen Elementen, ihren Bausteinen, ihrer Systematik, der Begründung ihrer Reaktionsfähigkeit, den sich daraus ergebenden Reaktionsmöglichkeiten und
- der Aufdeckung von allgemeinen, von Einzelstoffen unabhängigen Wirkprinzipien

befassen.

Das vorliegende Buch widmet sich insbesondere der ersten der beiden Aufgaben.

1. Chemie – eine Naturwissenschaft

Jede Wissenschaft kennzeichnet sich durch den Gegenstand, mit dem sie sich beschäftigt, und durch die Methode, die sie anwendet.

1.1 Der Gegenstand naturwissenschaftlicher Betrachtungen

Naturwissenschaften beschäftigen sich mit dem physikalisch Realen, soweit es von objektiver Bedeutung ist.

Physikalisch real ist alles das, was die menschlichen Sinnesorgane unmittelbar oder mittelbar zu reizen imstande ist. Zum Beispiel stehe eine Schale mit Essig auf dem Tisch. Man »weiß« dies, weil man ihre Anwesenheit ertasten und sehen kann. Man kann den Essig riechen, fühlen, ob er warm oder kalt ist, seinen Geschmack wahrnehmen, und zwar *unmittel*bar, d. h. ohne ein Hilfsmittel. Dieser Essig hat auch einen ihn charakterisierenden elektrischen Widerstand. Diesen kann man nur durch Messung mit einem Widerstandsmeßgerät bestimmen. Das Meßgerät übersetzt das Faktum »Widerstand« in den wahrnehmbaren »Zeigerausschlag«. Der Widerstand reizt die Sinnesorgane über ein Hilfsmittel, also *mittel*bar. Physikalisch real ist demnach das, was man ertasten, sehen, riechen, schmecken, hören oder ertastbar, sichtbar, riechbar, schmeckbar oder hörbar machen kann.

Es ist unbestreitbar, daß es physikalisch Reales gibt, das noch nicht wahrgenommen werden kann. Die RÖNTGEN-Strahlen waren auch vor ihrer Entdeckung physikalische Realität. Erst durch ihre *Entdeckung* wurden sie zur wahrgenommenen Realität. Ähnliches gilt auch für die Aufdeckung der physikalischen Realität, daß Elektronen aus Atomen abgetrennt werden können.

Andererseits gibt es freilich auch Dinge, die nicht physikalisch real sind, nämlich Ideen* und Abstrakta*. Es ist wesentlich, daß Erkenntnisse, d. h. das Wissen um Ursachen und Zusammenhänge, *nur* über das Denken in Ideen und abstrakten Begriffen zugänglich werden. Die Beschäftigung mit dem physikalisch Realen allein liefert lediglich Kenntnisse, d. h. eine Sammlung von zunächst ungeordneten Fakten [3].

Was ist *objektive Bedeutung?*

C. F. v. WEIZSÄCKER gibt das folgende anschauliche Beispiel [4]: »Ich finde ein Bruchstück eines isländischen Kalkspatkristalls ... . Ich nehme es in die Hand, schaue es an. Welche Eigenschaften hat der Kristall eigentlich? ... Der Kristall ist schwer, fest, regelmäßig gebaut, durchsichtig. Er ist ausgedehnt. Er ist auch undurchdringlich: Wo er ist, da kann ich keinen anderen Körper hinbringen, ohne ihn dadurch wegzuschieben oder zu zertrümmern ... Als ich den Kristall aus seinem Schubfach holte, dachte ich zuerst an keine der aufgezählten Eigenschaften, sondern an etwas ganz anderes, ihm gleichwohl Zukommendes:

Ein Lehrer, den ich gern hatte, hat ihn mir von einer Islandreise mitgebracht. Der Kristall spricht durch diese Erinnerung mein Gefühl an. ... Diese Gefühlswerte enthält das physikalische Weltbild nicht. ... denn sie sind ja keine objektiven Eigenschaften der Dinge, sondern subjektive Vorgänge »in mir«, die kein zweiter Experimentator »reproduzieren« kann.«

Von ebenfalls subjektiver Bedeutung kann für einen Betrachter der genannten Schale Essig der Umstand sein, daß er sich zu einem bestimmten Zeitpunkt den Mund verätzt hat, während ein anderer mit der gleichen Wahrnehmung die Erinnerung an sein Lieblingsgericht verbindet.

Diese subjektive Realität ist aber um nichts weniger »wahr« als die objektive; sie ist lediglich nicht Gegenstand der Physik und der sich an der Physik orientierenden Naturwissenschaften, eben auch der Chemie.

1.2 Die Methode der Naturwissenschaften und die naturwissenschaftliche Wahrheit

1.2.1 Die Methode der Erkenntnisgewinnung

Ziel jeder naturwissenschaftlichen Arbeit ist letztlich das Erlangen von objektivem Wissen über Dinge und Vorgänge mit der Absicht, Gegenwärtiges zu erklären, Vergangenes zu rekonstruieren und Zukünftiges vorauszusagen. Dies Streben nach Wissen, nach Kenntnis und Erkenntnis, ist angeboren. Es scheint ein im Sinne der Evolutionstheorie (»surviving of the fittest«) [5] günstiges Verhalten zu sein. Die Möglichkeit, vom derzeitigen Geschehen allgemein auf zukünftige und vergangene Vorgänge schließen zu können, setzt die Existenz von zeit- und ortsunabhängigen Gesetzmäßigkeiten voraus. Die Naturwissenschaften suchen solche Gesetzmäßigkeiten und versuchen Gründe für sie zu finden und Zusammenhänge zwischen ihnen herzustellen, also sie zu deuten.

Alles Suchen beginnt mit der *Wahrnehmung von Realitäten.* Die gefundenen Realitäten müssen auf ihre objektive Bedeutsamkeit überprüft werden. Diese Überprüfung ist ein wichtiger Schritt des naturwissenschaftlichen Erkenntnisprozesses. Dabei kommt dem *Experiment* eine zentrale Bedeutung zu.

Das Experiment ist allerdings seit GALILEI kein »Versuch« schlechthin mehr, sondern eine Auseinandersetzung des *Verstandes* mit dem physikalisch Realen [6, 7].

Dem Experiment geht eine Vorstellung, eine gedankliche Vorbereitung voraus, die aus bestehenden Erfahrungen Erwartungen ableitet, wie Dinge miteinander in Wechselwirkung treten könnten. Die Gedankenverknüpfungen, die zum Experiment führen und das Experiment auswerten, sind entsprechend der menschlichen Denkweise stets streng *kausal**: *Wenn* bestimmte Voraussetzungen und auslösende Momente gegeben sind, *dann* folgen bestimmte, immer gleiche Abläufe. Eine solche Gedankenverknüpfung heißt *Hypothese**. Sie ist eine vorweggenommene, eine fiktive Lösung.

Man überprüft die Hypothese, indem man geeignete *Implikationen** aus ihr ableitet und diese mit Beobachtungen oder experimentellen Befunden vergleicht [8]. Ergeben zahlreiche Experimente, die überall und jederzeit reproduzierbar sind, eine Abhängigkeit von Ursache und Wirkung, so hat man eine (möglicherweise zunächst nur qualitative) Regelmäßigkeit oder Gesetzmäßigkeit aufgedeckt.

Nächstes Erkenntnisziel ist dann die Formulierung der Gesetzmäßigkeit etwa in Form einer mathematischen Gleichung wie

$$\begin{aligned} \textit{Wirkung} &= \text{Funktion der } \textit{Ursache} \\ W &= f\ (U) \qquad \text{oder} \\ \text{Größe } a &= \text{Funktion der Größe } b \\ a &= f\ (b) \end{aligned}$$

(zum Begriff »Größe« vergleiche Kap. 1.3.2).

Ein Beispiel für eine derartige Formulierung ist folgende Gesetzmäßigkeit, die den Widerstand R_t eines stabförmigen Körpers als Funktion seiner äußeren Form (Länge l, Querschnitt q) und seiner Temperatur (t in °C) beschreibt.

$$R_t = \rho \frac{l}{q}(1 + \alpha t + \beta t^2)$$

Der Proportionalitätsfaktor ρ heißt spezifischer Widerstand bei 0°C.

Diese Gesetzmäßigkeit wurde *induktiv** erhalten; sie wurde im Experiment aufgedeckt. Ihre Formulierung hat vorläufigen Charakter. Trotz allen Wahrheitsgehaltes fehlt ihr noch die Bestätigung durch die *Logik**.

Diese Bestätigung ist ein *deduktiver** Weg. Deduktive Erkenntnisse leiten sich durch logische Schlüsse von Voraussetzungen ab; sie sind dann richtig, wenn die Voraussetzungen und die Verknüpfungsoperationen richtig sind. Die Voraussetzungen ihrerseits leiten sich auf eben diesem Wege von letzlich nicht beweisbaren Grundvoraussetzungen, den Prinzipien*, ab. Diese werden in den Naturwissenschaften auf Grund von Erfahrungen für wahr gehalten. Sie entsprechen in ihrer Stellung den Axiomen der Mathematik.

Offenbar ist es in vielen Fällen möglich, natürliche Phänomene in dieser Weise logisch zu deuten. Der Umstand, daß es Phänomene gibt, die akausal sind, entwertet die Logik als Werkzeug nicht; er zeigt lediglich, daß in solchen Fällen die logische Betrachtungsweise diesen Phänomenen nicht angemessen ist. Unter den kausalen Vorgängen gibt es keinen, der der herkömmlichen zweiwertigen Logik [9] widerspricht. Bisher zeigte sich stets, daß logische Voraussagen, die sich im Experiment nicht bestätigen ließen, auf falschen Voraussetzungen oder experimentellen Fehlern beruhten und nicht darauf, »daß sich die Natur der Logik widersetzt hätte«.

Die Prinzipien, auf denen die logische Deduktion letztlich beruht, sind offenbar:

- das Prinzip von der Erhaltung der Materie
- das Prinzip von der Zunahme der Entropie.

Materie ist hierbei die Gesamtheit des physikalisch Realen; sie läßt sich auffassen als Summe aller Energien und dem Produkt aller Massen mit dem Quadrat der Lichtgeschwindigkeit:

$$\sum E + c^2 \cdot \sum m = \text{constans}$$

Die *Entropie* stellt ein Maß für die in einem System herrschende Unordnung dar und charakterisiert dieses System ebenso wie andere Zustandsgrößen, z.B. Temperatur oder Druck. Der Satz von der Zunahme der Entropie besagt, daß bei Betrachtung der uns bekannten Welt im ganzen alle von selbst ablaufenden Vorgänge Verteilungs- oder Mischungsvorgänge sind (vgl. [10]).

Die aus diesen Prinzipien logisch abgeleiteten Schlüsse bezeichnet man als *Theorien**.

Läßt sich eine auf diese Weise (deduktiv) erhaltene Theorie durch eine (induktiv erhaltene) Gesetzmäßigkeit belegen, so ist sie für uns sowohl praktisch als auch logisch wahr. Eine solche Wahrheit nennt man *Gesetz*.

Die Denk- und Arbeitswege der Erkenntnisgewinnung sind in einem Fließschema (Abb. 1) zusammengestellt.

Im Laufe der Entwicklung der Naturwissenschaften ist der Erkenntnisstand fortgeschritten. So sind – folgt man der hier benutzten Terminologie – manche Theorien zu Gesetzen geworden (z.B. die spezielle Relativitätstheorie), andere Erkenntnisse haben ihre allgemeine Gültigkeit eingebüßt. Die Gültigkeit des *Satzes* von der Erhaltung der Masse ist inzwischen beschränkt auf den Bereich der klassischen Physik (d.h. auf den Bereich, in dem er *praktisch wahr* ist). Der Sprachgebrauch hat dem nicht immer Rechnung getragen. Oft werden Zusammenhänge mit den Begriffen Gesetz, Theorie oder Gesetzmäßigkeit belegt, denen dieser Rang nicht oder nicht mehr zukommt.

1.2.2 Wie wahr sind naturwissenschaftliche Erkenntnisse?

Das Aufdecken von Gesetzmäßigkeiten im induktiven Zweig des Erkenntnisprozesses ist an die sinnliche Wahrnehmung mit ihren Fehlern geknüpft. Das Entwickeln von Theorien im deduktiven Zweig des Erkenntnisweges bedient sich des logischen Apparates, von dem aber auch bekannt ist, daß er zur Beschreibung einer Reihe von Phänomenen ungeeignet ist. Man denke an die irrationalen Zahlen und die akausalen Vorgänge.

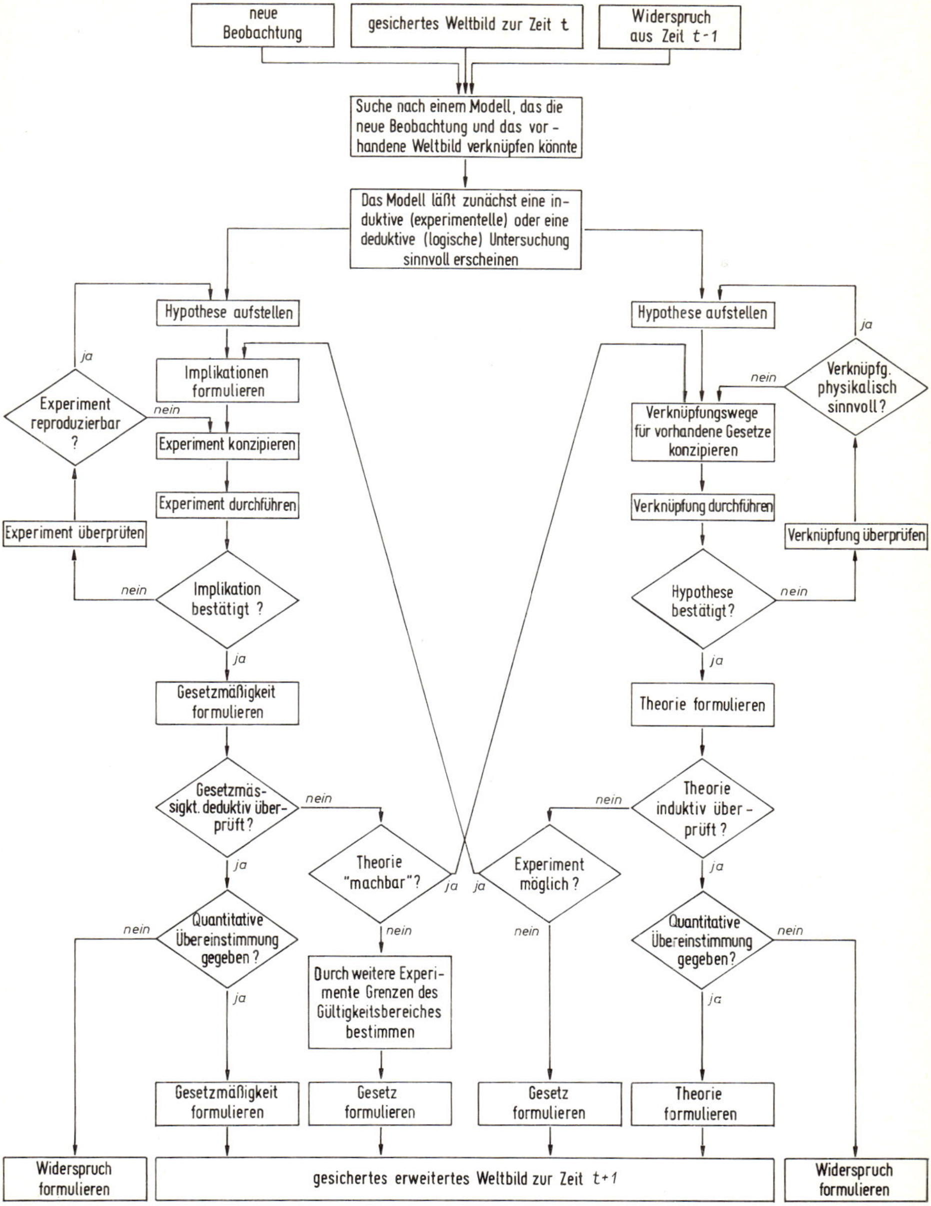

Abb. 1: Erkenntnisgewinnung in den Naturwissenschaften (Fließbild)
Rechtecke: Arbeitsanweisungen; *Rauten:* Ja-Nein-Entscheidungen. Es wird hier die Terminologie von HEMPEL [11] verwendet. Andere, in sich geschlossene Terminologiesysteme finden sich etwa in [9] und [12].

Wenn beide Wege zum gleichen Ergebnis führen, ist es sehr wahrscheinlich, daß dieses wahr ist; eine letzte Sicherheit dafür kann es nicht geben: Absolute Wahrheiten können nicht angegeben werden.

In der Rangordnung der Wahrheiten nehmen also diejenigen Erkenntnisse den höchsten Platz ein, die sowohl praktisch als auch logisch wahr sind.

Oft genug verwendet man jedoch praktische Wahrheiten, die – im Sinne des Wortes – prinzipiell falsch sind. Umgekehrt sind prinzipielle Wahrheiten nur angenähert praktisch realisierbar.

Hierzu zwei Beispiele:

- Die stöchiometrischen »Gesetze« beruhen auf der Vorstellung von der Massenerhaltung. Die »Gesetze« der Thermochemie fußen auf der Annahme, daß Energie erhalten bleibt. Beide Gesetze beschreiben praktische Wahrheiten. Seit der EINSTEINschen Relativitätstheorie wissen wir jedoch, daß beide Gesetze *prinzipiell* falsch sind. Der praktische Wahrheitsgehalt bleibt dennoch erhalten, solange man mit diesen »Gesetzen« etwa chemische Reaktionen beschreibt: Der Energieumsatz bei chemischen Reaktionen ist zu gering, als daß man sein Massenäquivalent wägen könnte.
- Der für das mathematische Pendel gefundene Zusammenhang zwischen Schwingungsdauer, Rückstellkraft und Pendelmasse läßt sich an keinem gegenständlichen Pendel *genau* realisieren. Selbst wenn man ein zweidimensional homogenes Gravitationsfeld hätte, gäbe es doch keine ausdehnungslose Pendelmasse und keine massenlose Aufhängung.

Aus allem wird deutlich, daß nur die *Realität selbst* absolut wahr ist, und das unabhängig davon, ob sie als solche erkannt wird.

1.3 Mitteilbarkeit naturwissenschaftlicher Kenntnisse und Erkenntnisse

Die Menge der durch menschliches Forschen gewonnenen Erkenntnisse wächst in einem solchen Maße, daß sie weder durch genetische Fixierung (biologische Evolution) noch durch Aneignung aus der direkt erfahrbaren Umwelt (soziale Evolution) für den Einzelnen verfügbar ist. Fakten und Beziehungen brauchen aber nicht ständig von Grund auf neu erkannt zu werden, wenn sie in anderer Weise festgehalten und übermittelt werden. Dazu bedarf es einer Vereinbarung über Begriffe und ihrer Bedeutungsinhalte. Messungen müssen so durchgeführt werden, daß sie vergleichbar sind. Dazu braucht man vereinbarte Meßverfahren und Standards.

1.3.1 Die Sprache der Chemie

Die Naturwissenschaft Chemie ist eine sehr junge Wissenschaft. Sie hat überwiegend Dinge zu beschreiben, für die die Alltagssprache keine Wörter hat. Diese Gegenstände werden mit Wortneuschöpfungen benannt, die völlig eindeutig sind. Wortneuschöpfungen sind zum größten Teil rational aus Wortstämmen mit bekannter Bedeutung abgeleitet, die in geringem Umfang dem Deutschen und Englischen, in der Regel den alten Sprachen Griechisch und Latein entnommen worden sind. Diese gehören zwar noch zum allgemeinen internationalen Sprachgut, stellen aber keine gesprochenen Sprachen mehr dar. Ihre Wörter können daher ohne Kollision mit umgangssprachlichen Bedeutungen mit eindeutigen Begriffsinhalten belegt werden. Eine Reihe wichtiger Bezeichnungen wird im Anhang erläutert.

Um die Vielfalt der Wortschöpfungen für neue Substanzen überschaubar zu halten, hat die IUPAC (International Union of Pure and Applied Chemistry) Regeln für die Namensbildung erarbeitet und veröffentlicht, die eine überall verständliche Nomenklatur ermöglichen. Diese Nomenklatur [13] gibt auch Auskunft über Art und Anordnung der Bausteine in einer Verbindung, beschreibt also vorwiegend chemische Aspekte. Neben den *rationellen Nomenklaturen* gibt es auch andere, sogenannte *Trivialnomenklaturen*, deren Namen in der Regel einfacher und einprägsamer sind, und die oft Hinweise geben auf Vorkommen, Entdecker oder hervorstechende Eigenschaften. Ihre Bedeutung liegt vor allem in ihrer Kürzelfunktion.

Entsprechende Bemühungen unternimmt man, um Begriffe eindeutig zu definieren. Dies ist insbesondere wichtig bei einer Reihe von Begriffen, die dem alltäglichen Sprachgebrauch entstammen, die aber beim Gebrauch in den Naturwissenschaften Wandlungen ihrer Bedeutung erfahren haben.

So steht der Begriff »Wärme« synonym für eine Reihe von »Realitäten«, etwa:

- Wärme zur Beschreibung einer Empfindung wie: Mir ist warm,
- Wärme als ungefähre Bezeichnung eines Temperaturzustandes wie: In den Tropen ist es warm,
- Wärme im Sinne einer Energiemenge,
- Wärme als Bezeichnung für ein zwischenmenschliches Verhältnis,
- warm als Bezeichnung für Farbtöne, Akkorde usw.

Vor einer Verwendung des Begriffes Wärme muß demnach immer dann, wenn seine engere Bedeutung aus dem Sinnzusammenhang nicht eindeutig hervorgeht, eine einschränkende Erläuterung wie »Wärme sei hier ...« gegeben werden.

Für festgelegte Begriffe werden aus praktischen Gründen Symbole eingeführt. Die Chemie besitzt eine eigene Symbol- und Formelsprache. Sie verkürzt die Beschreibung und ist in vielen Fällen fast wie ein Bild (ganzheitlich) wahrnehmbar.

Die Chemie, insbesondere die Physikalische Chemie, greift darüber hinaus stets auf die Symbolik der Physik zurück. Zusammenstellungen von in der Physik gebräuchlichen Symbolen und Einheiten finden sich in [14, 15].

1.3.2 Messen und Meßgenauigkeit

Aus dem Zwang zur Mitteilbarkeit und der Notwendigkeit einer orts- und zeitunabhängigen Reproduktion von Äußerungen des physikalisch Realen* folgt, daß Beobachtungen *quantitativ* vorgenommen werden müssen. Dies setzt voraus, daß man über allgemein anerkannte Methoden zur Ermittlung und über Möglichkeiten zur eindeutigen Übermittlung von Größen und Änderungen verfügt.

Die Methode der Ermittlung bezeichnet man als *Messung.* Sie besteht darin, daß man die experimentell erfaßbaren Äußerungen des untersuchten Vorgangs oder Zustandes nach durch Konvention vereinbarten geeigneten Meßverfahren mit *gleichartigen*, zahlenmäßig eindeutig festgelegten oder vereinbarten Äußerungen des physikalischen Geschehens vergleicht. Solche »Bezugsäußerungen« bezeichnet man als *Standards* oder *Normale.*

Bei der Durchführung einer Messung, d. h. dem Vergleichen mit der Bezugsänderung; ergibt sich ein Bruch, der das Zahlenverhältnis von Gemessenem und Normal beschreibt. Quantitative Beschreibungen einer physikalischen Äußerung heißen *Größen*; sie beschreiben quantifizierbare Eigenschaften.

Eine physikalische Größe ist das Produkt aus *Maßzahl* (d. i. der oben erwähnte Bruch) und *Einheit* (d. i. die Art des Standards, also eine bestimmte Quantität der Eigenschaft). Die Maßzahl gibt als Skalar den Betrag und die Einheit die Art der physikalischen Größe an.

Aus der Definition des Messens ergibt sich, daß man für *jede* physikalische Größe eine eigene Einheit braucht. Die daraus resultierende Vielzahl von Einheiten bringt aber Verständnisschwierigkeiten mit sich. Darüber hinaus erscheint es sinnvoll, durch Einheiten physikalische Beziehungen auszudrücken und die Einheit so zu wählen, daß beim praktischen Gebrauch möglichst wenige Rechenoperationen anfallen.

Es zeigt sich, daß *alle* bekannten physikalischen Größen mit nur *drei* Basisgrößen beschrieben werden können, daß sich demzufolge alle Einheiten auf nur drei Einheiten zurückführen lassen.

Konventionsgemäß sind dies die Größen Länge (l), Masse (m) und Zeit (t) mit den Einheiten Meter (m), Kilogramm (kg) und Sekunde (s). Das Maßsystem wird als Meter-Kilogramm-Sekunden-System (MKS-System) oder als internationales Einheitensystem (SI) bezeichnet. Dieses System ist seit 1969 gesetzlich vorgeschrieben [16].

Auf der Grundlage dieser drei Größen wurden für wichtige Teilgebiete der Physik noch vier weitere abgeleitete Basisgrößen eingeführt, das Ampere (A) als

Einheit des elektrischen Stroms (I), das Kelvin (K) als Einheit der thermodynamischen Temperatur (T), die Candela (cd) als Einheit der Lichtstärke (I) und das Mol (mol) als Einheit der Stoffmenge (n).

Diese letzte, für die Chemie besonders wichtige Einheit wurde von der 14. Generalkonferenz für Maß und Gewicht wie folgt festgelegt:

- »*Das Mol ist die Stoffmenge eines Systems, das aus ebensovielen Einzelteilchen besteht, wie Atome in 0,012 kg des Kohlenstoffnuclids* ^{12}C *enthalten sind. Bei Benutzung des Mol müssen die Einzelteilchen spezifiziert werden und können Atome, Moleküle, Ionen, Elektronen sowie andere Teilchen oder Gruppen solcher Teilchen genau angegebener Zusammensetzung sein*«.

Daraus ergibt sich die Ankopplung der Größe Stoffmenge an die Größe Masse.

Dieser Zusammenhang wird auch aus der Beziehung zwischen der Einheit Mol und der atomaren Masseneinheit (u) deutlich. Es gilt:

$$1\,\{N_A\} \cdot \mathrm{u} = 1\ \mathrm{g}$$

Dabei ist die Anzahl $\{N_A\} = 6{,}022045(31) \cdot 10^{23}$, und

$$1\,\mathrm{u} = \frac{1\ \mathrm{g}}{6{,}022045 \cdot 10^{23}}$$

$\{N_A\}$ heißt AVOGADRO-Zahl; die Ziffern in Klammern geben die einfache Standardabweichung für die beiden letzten angegebenen Stellen an.

Man bemüht sich, die Realisierung der Einheiten von stofflichen und damit umgebungsabhängigen Größen so weit wie möglich unabhängig zu machen und sie auf abzählbare Äußerungen zurückzuführen.

So definierte man die Größe des Längenbetrags 1 m ursprünglich als den Abstand zweier Strichmarken auf dem Meterprototyp bei einer Temperatur von 0°C und einem Druck von einer Atmosphäre ($\triangleq 1{,}013$ bar).

1960 wurde diese Definition durch eine abstraktere, leichter zu verifizierende abgelöst, die das Meter als Vielfaches der (praktisch druck- und temperaturunabhängigen) Vakuumwellenlänge einer bestimmten Strahlung beschreibt, und zwar als das 1650763,73fache der Wellenlänge der von Atomen des Nuclid ^{86}Kr beim Übergang vom Zustand $5d_5$ nach $2p_{10}$ ausgesandten, sich im Vakuum ausbreitenden (gelbroten) Strahlung.

Der Längenvergleich wird mit Hilfe eines MICHELSON-Interferometers (Abb. 2) vorgenommen. Darin bringt man monochromatisches Licht mit sich selbst zur Interferenz, indem man den Strahlengang mit Hilfe eines halbdurchlässigen Spiegels teilt und die beiden Teilstrahlen unterschiedliche Weglängen durchlaufen läßt. Wenn der Gangunterschied der beiden Teilstrahlen $\lambda/2$ bzw. ein ungeradzahliges Vielfaches von $\lambda/2$ beträgt, tritt Auslöschung ein. Verschiebt man

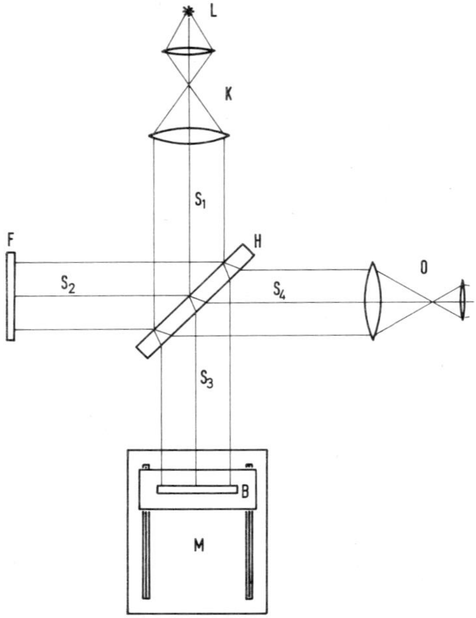

Abb. 2: MICHELSON-Interferometer zur Längenmessung
L Lichtquelle, K Kollimatorsystem, S_1 paralleler Strahlengang zum halbdurchlässigen Spiegel H, S_2 Teilstrahlengang zum und vom festen Spiegel F, S_3 Teilstrahlengang zum und vom Spiegel B, der auf einer Platte M längsverschiebbar montiert ist, S_4 interferierender Strahlengang, O Okularsystem.

den beweglichen Spiegel um $\lambda/2$, so ergibt sich ein Gangunterschied zum Bezugsstrahl von λ, und im Okular wird die nächste Schwärzung beobachtet. Fährt man in einer geeigneten technischen Anordnung den beweglichen Spiegel »exakt« von der einen Strichmarke des Urmeters zur anderen, so ergeben sich 3301527,46 Schwärzungen, wobei mit einer geeigneten Methode auch Bruchteile einer Schwärzungsperiode (hier: 46/100) erfaßbar sind.

Aus diesem Meßergebnis folgt:

$$1\ \text{m} = 1650763{,}73\ \lambda_{\text{Kr}}$$

Die Länge l jeder anderen Strecke läßt sich aus der Anzahl n der Auslöschungen berechnen zu:

$$l = \frac{\text{n}}{1650763{,}73}\ \text{m}$$

In der Praxis werden mit diesem Verfahren fast ausschließlich Endmaßstäbe vermessen.

Die Realisierung der Basiseinheiten wird in [15] ausführlich kommentiert; die praktischen Meßverfahren sind mit ihren typischen Vorteilen und Genauigkeiten etwa bei KOHLRAUSCH [17] tabelliert.

Die Genauigkeit einer Messung muß ihrem Zweck entsprechen. Da alle Meßwerte fehlerhaft sind, müssen bei Berechnungen die Gesetzmäßigkeiten der Fehlerrechnungen berücksichtigt werden.

1.4 Grenzen der Erkenntnisgewinnung in den Naturwissenschaften

Naturwissenschaft und Technik erheben – mit einiger Berechtigung – den Anspruch, über absolute Wahrheiten zu verfügen. Auch der Lernende erfährt naturwissenschaftliches Wissen in der Regel so, daß Zweifel am Wahrheitsgehalt der Aussagen kaum aufkommen.

Wir sind es gewohnt, unsere tradierten, an der physikalischen Realität gewachsenen Denkgewohnheiten zur Lösung jeder neuen physikalischen Frage zu benutzen. Es ist auffällig, daß die Begriffe der Logik (wie schon das Wort *Begriff*) *dem* Wortschatz entstammen, der mit dem Anfassen und Sehen zusammenhängt. Dies zeigt, daß unser Denken über die Dinge zunächst mechanisch* ist.

Obwohl zahlreiche Beispiele die Unzulänglichkeit unserer Denkmethoden belegen, wird deutlich, daß Erkenntnis außerhalb dieser Denkgewohnheiten unmöglich ist. So ist sowohl die Erforschung der submikroskopischen als auch die der übergroßen (astronomischen) Welt weniger ein Entdecken oder Aufdecken von Seiendem als vielmehr eine Auseinandersetzung des Verstandes (der Denkgewohnheiten) mit den wahrnehmbaren, d.h. zwangsläufig begrenzten Aspekten des Seienden.

Erst die Aufdeckung der Grundlagen unserer Erkenntnisgewinnung vermag über die Grenzen der gewonnenen Wahrheit Aufschluß zu geben ([18] bis [20]).

2. Elemente und Atome – die Begriffe und ihre historische Entwicklung

2.1 Vorstellungen vom Sein der Welt

Die Denker des abendländischen Kulturkreises haben seit der Zeit der ersten uns bekannten schriftlichen Überlieferungen aus dem sechsten vorchristlichen Jahrhundert zu erklären versucht, was die Welt eigentlich sei. Im Blick auf das immerwährende Werden und Vergehen war den Griechen – wie auch den Menschen anderer Kulturkreise – die Frage besonders wichtig, ob hinter der Fülle der Erscheinungen, hinter dem ständigen Wandel, hinter der Vielgestaltigkeit der Dinge etwas Bleibendes, Unveränderliches sei. Die Antworten der ionischen Philosophen aus dem 6. Jh. v. Chr. waren grundlegend für die Entwicklung der europäischen Denkrichtungen bis hin in unsere Zeit. Sie zeigen allerdings bestimmte Grundgedanken, die sich deutlich von den Welterklärungen des Orients, wie sie etwa im Buddhismus und Hinduismus vorgefunden werden, unterscheiden.

Während für die griechischen Philosophen die Welt Gegenstand der Betrachtung (Objekt) und gleichzeitig höchste Realität ist, von dem sie sich bei der Betrachtung gewollt distanzieren, empfinden die morgenländischen Denker die Vielgestaltigkeit der Welt als Schein, weil sich für sie das Individuum aus der All-Einheit gelöst hat. Die durch diese Spaltung entstehende Subjekt-Objekt-Beziehung ist eine Unheilssituation, die es zu überwinden gilt. Ziel des Lebens ist daher nicht die Erforschung der Subjekt-Objekt-Beziehung, das Mehr-Wissen, sondern das möglichst vollständige Einswerden mit dem All-Einen, dem Nirwana. Diese Abwendung von der Welt der sinnlich erfahrbaren Objekte durch Askese und Meditation führt den Menschen in die Selbstverleugung und Selbstversenkung. BUDDHA sagt dazu:

»*Wer so schaut, wird befreit*
Vom Wahn des Wissenwollens,
Vom Wahn des Weltenseins,
Vom Wahn des Nichtwissens.« [21]

Ganz anders ist die Sichtweise der griechischen Denker [22, 23]: Auch sie fragen nach dem Urgrund der Welt, aber nach dem Urgrund einer dinglichen Welt, nach dem bei allem Wandel Unveränderlichen, dem möglichen Einen. Die spekulativ gefundenen Antworten greifen nicht auf ein unbestimmbares, transzendentales, makroskopisches All-Eines zurück; sie erklären die Dinge der Welt als zeitliche Bildungen eines unwandelbaren, letztlich *materiellen* »Zugrundeliegenden«*. THALES hält das Wasser für dieses »Zugrundeliegende«, ANAXIMENES die Luft. ANAXIMANDER postuliert einen unbenannten, unendlichen Urstoff. HERAKLIT lehnt zwar die rein stoffliche Deutung des Weltgrundes ab, vertritt aber statt dessen die Idee, daß die stofflichen Änderungen unwandelbaren Gesetzen* unterworfen sind. Die Veränderungen, das Kommen und Gehen in der Welt, werden trotzdem nicht als bloßer Schein angesehen, sondern vom Subjekt mit kritischer Zuwendung beobachtet. Dabei wird allerdings versucht, das Ganze über seine Teile zu deuten. Das Feuer mit seinem ständigen Anders-Sein und doch seinem Sich-Gleich-Bleiben scheint für HERAKLIT den Wandel in der Welt modellhaft am besten zu beschreiben.

Die Beschreibungen der Wirklichkeit aus jeweils nur einem einzigen wirkenden Prinzip heraus bleiben für die griechischen Denker in dieser Form unbefriedigend. Als notwendige Folge werden Denkgebäude errichtet, die auf einer Mehrzahl von »Zugrundeliegenden«, sogenannten *Elementen**, aufbauen.

EMPEDOKLES (5. Jh. v. Chr.) postuliert vier Elemente, nämlich Feuer, Wasser, Erde und Luft, aus deren Mischung und Trennung Werden und Vergehen erklärt werden. Das So-Sein eines Dinges wird durch unterschiedliche Mengenanteile der aufbauenden Elemente bewirkt. Hier lassen sich erste Ansätze einer quantitativen Sichtweise erkennen.

ANAXAGORAS löst sich von dieser, aus der Schule des PYTHAGORAS stammenden, mythologisch bedingten Vierzahl der Elemente und setzt an deren Stelle eine unbestimmte Anzahl qualitativ unterschiedlicher Grundstoffe, deren jeweils kleinste Teilchen die makroskopischen Körper aufbauen.

Dieser Prozeß der ständigen Weiterzerlegung der Ursachen mündet schließlich im 4. Jh. v. Chr. bei LEUKIPP und DEMOKRIT in die Vorstellung von kleinsten unteilbaren Bausteinen, den *Atomen**. Diese bestehen aus der gleichen Grundsubstanz, unterscheiden sich aber in Gestalt und Größe. Sie sind ständig in Bewegung, stoßen aneinander und bleiben auf Grund ihrer Oberflächenbeschaffenheit – man dachte an Häkchen – manchmal aneinander hängen, können sich aber auch wieder voneinander lösen. Die beim Zusammenstoßen auftretenden Wirbel erzeugen die Dinge und schließlich die Welt.

Die Vorstellungen von LEUKIPP und DEMOKRIT entsprechen in ihren Grundzügen dem heute gültigen Materiemodell.

In den nachfolgenden Jahrhunderten wird die materielle Vielfalt – wenn überhaupt – mit den Lehren der Schule des ARISTOTELES erklärt: Jedes Ding wird gedacht als das Ergebnis einer Addition der vier Qualitäten »heiß«, »kalt«, »trocken« und »naß« und einem einheitlichen, qualitätslosen Grundstoff.

Erst gegen Ende des Mittelalters werden im Abendland Vorstellungen sichtbar, die an vorARISTOTELische Gedanken anknüpfen. So findet sich in den Schriften des PARACELSUS (THEOPHRAST von HOHENHEIM, 1493–1541) eine Abwendung vom üblichen, vorwiegend mystischen Weltbild und eine Hinwendung zu einer mehr materiellen Weltanschauung. Er postuliert wiederum stoffliche Elemente, Salz, Schwefel und Quecksilber, und deutet Krankheiten als Störung eines Stoffgleichgewichts – nicht als Anwesenheit von Teufeln.

2.2 Der Weg zu DALTONs Atommodell

In der Epoche der Aufklärung werden die griechischen Methoden der Erkenntnisgewinnung durch arabische Übersetzungen der Originaltexte, schließlich durch die Originaltexte selbst der abendländischen Kultur wieder zugänglich.

Als A. L. LAVOISIER (1743 – 1794) bei der Anwendung eben dieser Erkenntnismethoden das an sich schon lange bekannte Untersuchungsmittel *Waage* einsetzt, eröffnen sich ihm sogleich erste quantitative Gesetzmäßigkeiten: Um 1785 resultiert aus seinen Arbeiten die – im Gegensatz zur Spekulation der griechischen Philosophen – durch *Messen* erhaltene Erkenntnis, daß sich *die Masse der Reaktionsteilnehmer bei einer chemischen Reaktion nicht ändert* [24].

Um 1800 findet J. L. PROUST (1754 – 1826) durch Wägungen, daß chemische Verbindungen charakteristische konstante Zusammensetzungen aufweisen. Diese Gesetzmäßigkeit formuliert er um 1810 als *Regel von den konstanten Proportionen: Chemische Stoffe lassen sich in stets gleiche Gewichtsanteile von Grundstoffen (Elementen) zerlegen. Chemische Grundstoffe reagieren in bestimmten, stets gleichen Gewichtsverhältnissen zu neuen Stoffen* [25].

J. B. RICHTER (1762 – 1807) versteht die Chemie als einen Zweig der angewandten Mathematik. Deshalb untersucht er eine große Anzahl von Reaktionen, um aus den gewonnenen Gewichtstabellen zahlenmäßige Zusammenhänge ableiten zu können. Bei seinen Arbeiten über die Neutralisationsreaktionen findet er um 1798, daß bestimmte Gewichtsverhältnisse zwischen den Bestandteilen eines neutralen Salzes bestehen. Er vergleicht eine große Anzahl von Säuren und Basen untereinander und stellt fest, daß, bezogen auf die reinen Stoffe, z.B.

477 Gewichtsteile Flußsäure,
577 Gewichtsteile Kohlensäure,
979 Gewichtsteile Phosphorsäure,
1000 Gewichtsteile Schwefelsäure,
1405 Gewichtsteile Salpetersäure und
1694 Gewichtsteile Weinsäure

die gleiche chemische Wirkung zeigen, d.h. einander äquivalent sind [26].

J. DALTON (1766 – 1844) schließlich entdeckt, daß, *sofern zwei chemische Stoffe (Elemente) zu mehr als einer Verbindung zusammentreten, die Gewichte des einen Stoffes, die sich mit den gleichen Mengen des anderen Stoffes verbinden, im Verhältnis kleiner ganzer Zahlen stehen (Gesetz von den multiplen Proportionen).*

1803 finden sich in seinem Labortagebuch [27] Eintragungen über Äquivalentgewichtsbestimmungen. Außerdem notiert er skizzenhaft erste Vorstellungen, wie sich das Verhalten der Materie in chemischen Reaktionen über *Atome*, d.h.

finite Elemente, deuten läßt. Diese Postulate werden heute als DALTONs *Atomhypothese* bezeichnet. Sie lauten im einzelnen [28]:

(i) *Materie besteht aus kleinen, endlichen Teilen oder Atomen.*

(ii) *Diese Atome sind unteilbar und können weder geschaffen noch zerstört werden.*

(iii) *Alle Atome eines Elementes haben die gleiche unveränderliche Masse.*

(iv) *Atome unterschiedlicher Elemente haben unterschiedliche Massen.*

(v) *Das Teilchen einer Verbindung wird aus einer bestimmten, stets gleichen Zahl von Atomen der Elemente gebildet, aus denen die Verbindung besteht.*

(vi) *Die Masse eines Teilchens einer Verbindung ist gleich der Summe der Massen der Atome, aus denen es aufgebaut wird.*

(vii) *Ist mehr als nur eine Verbindung zwischen zwei Elementen bekannt, so stehen die Anzahlen der Atome eines jeden betreffenden Elementes in den Teilchen im Verhältnis ganzer Zahlen.*

(viii) *Die Masse eines Atomes ist in allen Verbindungen die gleiche, so daß die Zusammensetzung einer Verbindung aus zwei Elementen* A *und* C *aus der Zusammensetzung von Verbindungen jedes dieser Elemente mit einem dritten Element* B *berechnet werden kann.*

Vor der Veröffentlichung dieser Hypothese im Jahre 1808 überprüft DALTON ihre Aussagen an zahlreichen Elementen, darunter an den Verbindungen, die die Elemente Wasserstoff, Sauerstoff und Stickstoff miteinander einzugehen vermögen. Sie sind – mit den heute gültigen Zahlenwerten – im folgenden wiedergegeben:

- Sauerstoff und Wasserstoff reagieren zu Wasser in dem Gewichtsverhältnis Sauerstoff zu Wasserstoff wie 8,000 : 1
- Stickstoff und Wasserstoff bilden Ammoniak in dem Gewichtsverhältnis Stickstoff zu Wasserstoff wie 4,669 : 1
- Stickstoff und Sauerstoff reagieren miteinander unter Bildung von fünf unterschiedlichen, genau definierten Stickoxiden. Dabei lassen sich folgende Gewichtsverhältnisse bestimmen:

Verbindung 1: Sauerstoff zu Stickstoff wie 0,571 : 1
Verbindung 2: Sauerstoff zu Stickstoff wie 1,142 : 1
Verbindung 3: Sauerstoff zu Stickstoff wie 1,713 : 1
Verbindung 4: Sauerstoff zu Stickstoff wie 2,284 : 1
Verbindung 5: Sauerstoff zu Stickstoff wie 2,855 : 1

Es fällt auf, daß diese Zahlenwerte sich aufschlüsseln lassen (Postulat vii):

Verbindung 1: Sauerstoff zu Stickstoff wie $(1 \cdot 0{,}571) : 1$
Verbindung 2: Sauerstoff zu Stickstoff wie $(2 \cdot 0{,}571) : 1$

Verbindung 3: Sauerstoff zu Stickstoff wie (3 · 0,571) : 1
Verbindung 4: Sauerstoff zu Stickstoff wie (4 · 0,571) : 1
Verbindung 5: Sauerstoff zu Stickstoff wie (5 · 0,571) : 1

Darüber hinaus lassen sich diese Proportionen mit den dem Wasserstoff jeweils äquivalenten Gewichtsmengen in Beziehung setzen (Postulat viii):

Sauerstoff zu Stickstoff wie (Sauerstoff zu Wasserstoff) zu (Stickstoff zu Wasserstoff)

Verbindung 1: Sauerstoff zu Stickstoff wie [1 · (8,000 : 1)] : [3 · (4,669 : 1)]
Verbindung 2: Sauerstoff zu Stickstoff wie [2 · (8,000 : 1)] : [3 · (4,669 : 1)]
Verbindung 3: Sauerstoff zu Stickstoff wie [3 · (8,000 : 1)] : [3 · (4,669 : 1)]
Verbindung 4: Sauerstoff zu Stickstoff wie [4 · (8,000 : 1)] : [3 · (4,669 : 1)]
Verbindung 5: Sauerstoff zu Stickstoff wie [5 · (8,000 : 1)] : [3 · (4,669 : 1)]

Es zeigt sich, daß die Atomhypothese in der von DALTON ursprünglich vorgenommenen Formulierung bereits in der Lage ist, nahezu alle chemischen Reaktionen zu erklären. Die Ausnahmen ergeben sich aus der Tatsache, daß nicht alle Verbindungen die Regel der konstanten Proportionen erfüllen; es sind dies die sogenannten *nichtstöchiometrischen Verbindungen*, auch nicht DALTONide oder BERTHELLOide Verbindungen genannt. Zu ihnen zählt etwa Messing. Auch haben die Atome eines Elementes durchaus unterschiedliche Massen. Die Elemente bestehen aus einem Isotopengemisch, wobei deren gleichbleibende Zusammensetzung bewirkt, daß die Hypothese (iii) praktisch wahr ist.

3. Bau der Atome – Systematik der Elemente

3.1 Wert und Mängel von DALTONS Atomvorstellungen

Bis zum Ende des 19. Jahrhunderts bediente man sich in der Chemie der DALTONschen Vorstellungen von den Atomen. DALTONS Atomhypothese postulierte zunächst einfach »Teilchen«. Da sie zur Erklärung der Massenregeln dienten, war ihr wesentliches Kriterium die Masse. Mit dieser Eigenschaft konnten nicht nur die Grundgesetzmäßigkeiten der Chemie erklärt werden, sie war darüber hinaus Grundlage der kinetischen Theorie der Materie: die Gasgesetze fanden ihre Erklärung, Wärme konnte als Maß der Bewegung der Massenteilchen gedeutet werden.

DALTONS Hypothese konnte allerdings elektrische und optische Phänomene nicht erklären. Sie ließ auch keine sinnvolle Ordnung der Vielzahl der Elemente zu. Vor allem war sie nicht in der Lage, zu dem in der Chemie zentralen Problem des Zustandekommens von chemischen Bindungen etwas auszusagen.

Die chemische Bindung und die Systematik der Elemente waren empirisch bereits gut erforscht:

L. MEYER (1870) und D. I. MENDELEJEFF (1869) stellten Periodensysteme der Elemente auf, die im Prinzip dem heute gebräuchlichen entsprachen. Die chemische Bindung war sowohl qualitativ als auch quantitativ recht genau (d.h. praktisch verwertbar) von E. FRANKLAND (1825 – 1899), A. S. COUPER (1821 – 1892) und F. A. KEKULÉ (1829 – 1896) beschrieben worden [29].

Zur Erklärung dieser Fakten mußten dem DALTONschen Atom zusätzliche Eigenschaften zugeschrieben werden. Außerdem mußte ein Aufbauprinzip der Atome gefunden werden, das der menschlichen Denkweise entsprechend ein Atom aus abzählbaren Mengen von elementaren Teilchen beschreibt, deren bloße Zahl und Anordnung für die Eigenschaften des Atoms verantwortlich sind.

Atome – das weiß man seit spätestens 1865 – sind so klein, daß man sie durch direkte Sinnesreize niemals wahrnehmen kann. Selbst sichtbares Licht ist ein zu grobes Wahrnehmungsmittel. Alle Erkenntnisse über das Wie-Sein der Atome mußten und müssen noch aus Experimenten gewonnen werden, die einen nur indirekten Rückschluß auf die Eigenschaften der Atome erlauben.

Ziel kann daher nur sein, ein *Modell* für das Atom zu suchen, das die mit dem Atom zusammenhängenden Phänomene möglichst weitgehend berücksichtigt und erklärt und dabei an die uns geläufigen Vorstellungen anknüpft. Man darf dabei nie übersehen, daß dieses Bild trotz der vielen Aspekte, die es berücksichtigt, nicht aussagt, wie und was das Atom eigentlich ist.

3.2 Die Verfeinerung des Atommodells durch THOMSON

THOMSONs Modell beschreibt das Atom als kontinuierlich mit Masse und positiver Ladung erfüllte Kugel, in die wesentlich kleinere, negativ geladene Korpuskeln schwingungsfähig, in periodischer Anordnung, aber ohne festen Ort eingebettet sind (»Rosinenkuchen-Atom«, 1904 [30 – 32]).

Mit dieser Vorstellung konnte THOMSON zusätzlich zu den DALTONschen Erklärungsmöglichkeiten die FARADAYschen Gesetze quantitativ und die Periodizität der chemischen Eigenschaften der Elemente sowie die Radioaktivität qualitativ deuten. Die Vorstellung vom Atom als einem unzerteilbaren Ganzen mußte damit aufgegeben werden.

3.3 Streuversuche von LENARD, HERTZ und RUTHERFORD

Experimente, mit deren Hilfe die Atome selbst untersucht werden konnten, wurden erst möglich, als man radioaktive Strahlungsquellen hinreichend gut handhaben konnte.

HERTZ und LENARD wiesen durch Experimente mit Kathodenstrahlrohren [33] nach, daß das Innere von Atomen nicht gleichmäßig mit Masse erfüllt sein kann: Kathodenstrahlen durchdringen bei einer Beschleunigungsspannung von etwa 30 kV Metallfolien, die mehr als 10000 Atomlagen »dick« sind.

Unter der Annahme, daß Kathodenstrahlen mit Masse behaftete Teilchen (Elektronen*) sind, konnten sie nach den makroskopischen Erfahrungen Materie nur dann durchquert haben, wenn sie nicht auf andere Massen getroffen waren. Das Atom mußte deshalb weitgehend leer sein, konnte also kaum *ausgedehnte* Massen besitzen.

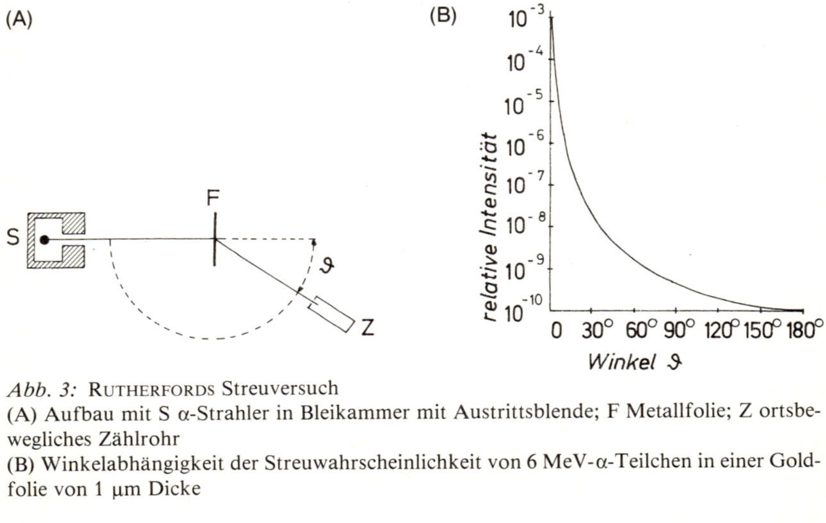

Abb. 3: RUTHERFORDS Streuversuch
(A) Aufbau mit S α-Strahler in Bleikammer mit Austrittsblende; F Metallfolie; Z ortsbewegliches Zählrohr
(B) Winkelabhängigkeit der Streuwahrscheinlichkeit von 6 MeV-α-Teilchen in einer Goldfolie von 1 μm Dicke

1911 versuchte RUTHERFORD in ähnlicher Weise dünne Materieschichten mit energiereicheren α-Strahlen, wie sie von radioaktiven Präparaten ausgesandt werden, zu durchschießen. In einer Anordnung wie in Abb. 3 durchquerten die weitaus meisten α-Teilchen die Materieproben (etwa Goldfolie) geradlinig. Allerdings beobachtete man auch abgelenkte Teilchen; dabei kamen Ablenkungen bis zum Winkel von 180° (Reflexionen) vor [34, 35]. Die Gesetzmäßigkeiten der Ablenkung ließen sich nur dadurch deuten, daß α-Teilchen, wenn überhaupt, dann durch die Gesamtmasse der gestoßenen Atome beeinflußt wurden. Die durchstrahlte Materie konnte demnach weder gleichmäßig mit störenden, ablenkenden Massen noch gleichmäßig mit störenden positiven oder negativen Ladungen angefüllt sein.

RUTHERFORD interpretierte seine Experimente wie folgt:

- *Die gesamte Masse eines Atoms ist in seinem Kern konzentriert, der, verglichen mit der Größe des Gesamtatoms, als Massenpunkt bewertet werden kann.*
- *Sein elektrisches Feld ist von gleicher Art wie das der α-Teilchen (positiv) und gehorcht den Gesetzen der makroskopischen elektrischen Felder, ist also ein sogenanntes COULOMB-Feld, dessen Intensität mit dem Quadrat der Entfernung abnimmt.*
- *Die entgegengesetzt geladenen Teilchen der im Vergleich zum Atomkern sehr großen Atomhülle (Elektronen) müssen sehr leicht im Vergleich zur α-Strahlung sein.*

Genaue Messungen der gestreuten α-Strahlung durch GEIGER und MARSDEN machten deutlich, daß die COULOMB-Wechselwirkungen in *unmittelbarer* Kernnähe durch andere Wechselwirkungen übertroffen werden. Diese bezeichnet man heute als *Kernkräfte* und schlüsselt sie weiter auf in *schwache Wechselwirkung* und *starke Wechselwirkung* [36].

Durch weitere Experimente ließ sich zeigen, daß sich die Reaktionen des Atoms auf von außen einwirkende Störungen, etwa in Form energiereicher Strahlung, im großen und ganzen durch die Anwesenheit von nur drei Elementarteilchen deuten lassen, nämlich:

- ein schweres, elektrisch positiv geladenes Teilchen, das *Proton**,
- ein schweres, elektrisch neutrales Teilchen, das *Neutron**,
- ein leichtes, elektrisch negativ geladenes Teilchen, das *Elektron*.

Die elektrischen Ladungen von Proton und Elektron sind gleich groß, sie unterscheiden sich in ihrem Vorzeichen, d.h. in ihrer Polarität oder der Richtung der durch sie hervorgerufenen Wirkungen.

Aus den drei Elementarteilchen lassen sich in Teilchenbeschleunigern Atome synthetisieren. Andererseits kann man Atome in diese Elementarteilchen zerlegen. Die Umwandelbarkeit der Elementarteilchen ineinander zeigt jedoch, daß auch sie letztlich nicht elementar sind. Man versucht, ihre Eigenschaften durch Kombination von Qualitäten, sogenannten *Quarks**, zu erklären [37].

Tab. 1: Übersicht über die Eigenschaften der für die Systematik der Atome erforderlichen Elementarteilchen

	Proton	Neutron	Elektron
Symbol	p^+	n	e^-
Ruhemasse			
in kg	$1{,}6726 \cdot 10^{-27}$	$1{,}6749 \cdot 10^{-27}$	$(9{,}10956 \pm 5) \cdot 10^{-31}$
in u	1,007276	1,008665	0,00054858
in m_e	1836,15	1838,68	1
Ladung			
in C	$+1{,}60219 \cdot 10^{-19}$	0	$-1{,}60219 \cdot 10^{-19}$
in Elementar-ladungen	+1	0	−1
Spin	$\frac{1}{2}$	$\frac{1}{2}$	$\frac{1}{2}$
Halbwertszeit	stabil	904 s	stabil
Zerfallsschema		$n \rightarrow p^+ + e^- + \nu$	

m_e: Ruhemasse des Elektrons; ν: Neutrino; zur Deutung des Spin vgl. Kap. 3.9

3.4 Systematik des Aufbaus der Atomkerne – Nuclidkarte

Zur eindeutigen Beschreibung eines Atoms wird konventionell seine *Ordnungszahl* (Zahl der Protonen, Kernladungszahl), die *Massenzahl* des Kerns (Summe der Anzahlen von Protonen und Neutronen) und seine Ladung (Differenz der Anzahlen der Protonen und der Hüllenelektronen) angegeben. Sie werden wie folgt um das Elementsymbol angeordnet:

$$^{\text{Massenzahl}}_{\text{Ordnungszahl}}\mathrm{E}^{\text{Ladung}}_{\text{Atomanzahl}}$$

Die Angabe der nach außen wirksamen Ladung des gesamten Atoms entfällt, wenn diese Null ist. Die Anzahl der betrachteten Atome wird gewöhnlich weggelassen, wenn sie eins ist. Die Angabe von Ordnungszahl *und* Elementsymbol ist eigentlich eine Tautologie.

Man schreibt demnach:

das Wasserstoff-Atom	$^{1}_{1}H$
das Wasserstoff-Molekül	$^{1}_{1}H_2$
das Wasserstoff-Kation (Proton)	$^{1}_{1}H^{+}$
das Wasserstoff-Anion (Hydrid-Ion)	$^{1}_{1}H^{-}$

Die Atombausteine haben die Symbole:

Neutron	$^{1}_{0}n$
Proton	$^{1}_{1}p^{+}$
Elektron	$^{0}_{0}e^{-}$

Der einfachste denkbare Atomkern (das einfachste *Nuclid**) ist das einzelne Proton, das einfachste denkbare Atom ein Proton, das von einem Hüllenelektron umgeben ist, das Wasserstoff-Atom. Aus diesem Proton lassen sich durch Addition von Kernbausteinen – Neutronen und Protonen – neue Nuclide synthetisieren, aus denen durch Zufügen einer entsprechenden Anzahl von Elektronen neue Atome werden.

Ohne Rücksicht auf die Möglichkeiten und Bedingungen einer experimentellen Verifizierung ergeben sich als einfachste Fälle:

$$^{1}_{1}H + ^{1}_{1}p^{+} + ^{0}_{0}e^{-} \rightarrow ^{2}_{2}He$$
$$^{1}_{1}H + ^{1}_{0}n \rightarrow ^{2}_{1}H$$

$^{2}_{2}He$ konnte bisher nicht erzeugt werden. Man kann das dadurch erklären, daß die beiden gleichartigen Ladungen im Kern einander zu stark abstoßen. $^{2}_{1}H$ hingegen ist bekannt. Man bezeichnet es als *schweren Wasserstoff* oder *Deuterium.*

Man sieht, daß unterschiedliche Atome gleiche Massenzahlen oder gleiche Kernladungszahlen haben können. Alle Atome mit gleicher Kernladungszahl wie $^{1}_{1}H$ und $^{2}_{1}H$ sind Atome desselben Elementes, haben also das gleiche Elementsymbol. Man nennt sie *Isotope**. Atome mit gleicher Massenzahl, aber unterschiedlicher Ordnungszahl, heißen *isobare** Atome.

Ausgehend von $^{2}_{1}H$ erhält man weiter:

$$^{2}_{1}H + ^{1}_{1}p^{+} + ^{0}_{0}e^{-} \rightarrow ^{3}_{2}He$$
$$^{2}_{1}H + ^{1}_{0}n \rightarrow ^{3}_{1}H$$

Beide Atomarten sind bekannt. Während das He-Isotop stabil ist, zerfällt das Isotop $^{3}_{1}H$ (Spezialname: *Tritium*) radioaktiv unter Aussendung eines Elektrons aus dem Kern (β-Strahlung) zu $^{3}_{2}He$.

Aufbaureaktionen mit ${}^{3}_{2}He$ als Ausgangsatom liefern:

$$ {}^{3}_{2}He + {}^{1}_{1}p^{+} + {}^{0}_{0}e^{-} \rightarrow {}^{4}_{3}Li $$

$$ {}^{3}_{2}He + {}^{1}_{0}n \rightarrow {}^{4}_{2}He $$

Hiervon ist ${}^{4}_{2}He$ ein stabiles Isotop. ${}^{4}_{3}Li$ ist nicht bekannt; es hat wie ${}^{2}_{2}He$ eine offenbar zu geringe Neutronenanzahl (Neutronenunterschuß). Stabil dagegen sind die Li-Isotope ${}^{6}_{3}Li$ und ${}^{7}_{3}Li$. ${}^{5}_{3}Li$, ebenfalls ein Isotop mit Neutronenunterschuß, spaltet sich spontan unter Bildung eines α-Teilchens, eines Protons und dreier Elektronen:

$$ {}^{5}_{3}Li \rightarrow {}^{4}_{2}He^{2+} + {}^{1}_{1}p^{+} + 3\,{}^{0}_{0}e^{-} $$

${}^{8}_{3}Li$ und ${}^{9}_{3}Li$, Isotope mit Neutronenüberschuß, sind β-Strahler:

$$ {}^{8}_{3}Li \rightarrow {}^{8}_{4}Be + {}^{0}_{0}e^{-} $$

Führt man diesen formalen Aufbau weiter, so erhält man durch die Kombination von Elementarteilchen die Atome der chemischen Elemente*. Die bekannten Atomkerne werden üblicherweise zu einer *Nuclidkarte* zusammengefaßt. Ausschnitte aus einer solchen Karte sind in Abb. 4 wiedergegeben. Stabile Isotope chemischer Elemente sind nur innerhalb eines engen Bereichs für das Anzahlverhältnis von Protonen und Neutronen möglich. Von den chemischen Elementen, die auf ${}_{83}Bi$ folgen, existieren *nur* instabile, d.h. radioaktive Isotope (vgl. [38, 39]).

In nahezu allen Elementen findet man *Isotopengemische*. So besteht natürlicher Wasserstoff aus drei Isotopen, wobei das Isotop ${}^{2}_{1}H$ sehr, das Isotop ${}^{3}_{1}H$ äußerst selten ist:

Isotop	relative Häufigkeit
${}^{1}_{1}H$	99,985%
${}^{2}_{1}H$	0,015%
${}^{3}_{1}H$	0,000%

Zinn (${}_{50}Sn$) ist wohl dasjenige Element, das aus den meisten natürlichen Isotopen zusammengesetzt ist:

Isotop	relative Häufigkeit
${}^{112}Sn$	0,96%
${}^{114}Sn$	0,66%
${}^{115}Sn$	0,35%

^{116}Sn	14,30%
^{117}Sn	7,61%
^{118}Sn	24,03%
^{119}Sn	8,58%
^{120}Sn	32,85%
^{122}Sn	4,72%
^{124}Sn	5,94%

Es fällt auf, daß – mit Ausnahme von ^{1}H – Isotope mit ungeraden Massenzahlen seltener sind als diejenigen mit geraden Massenzahlen. Dies läßt sich über die Mechanismen der Bildung von schweren Kernen deuten, die im wesentlichen auf eine »Addition« von α-Teilchen zu bereits vorhandenen Kernen zurückgeführt werden kann [40, 41].

3.5 Hinweise auf die Systematik des Aufbaus der Atomhülle – das BOHRsche Atommodell

Alle bisher beschriebenen Atommodelle waren nicht in der Lage, optische Phänomene wie die Linienspektren zu deuten. Der erste, 1912 von NICHOLSON [42] formulierte Ansatz war nicht befriedigend. Der 1913 von BOHR beschriebene Weg dagegen brachte eine einfache, weitgehend anschauliche und die Strahlungsformeln von BALMER und RYDBERG (vgl. Gl. (21)) befriedigende Lösung [43].

Im BOHRschen Atommodell wurden die folgenden Annahmen (Prämissen), die z.T. schon vorher bekannt waren, miteinander verknüpft:

1. Das Elektron bewegt sich auf einer Kreisbahn um den Kern.
2. Nur die COULOMBsche Anziehungskraft kompensiert die Fliehkraft des Elektrons.
3. Seine Geschwindigkeit ist klein gegenüber der Lichtgeschwindigkeit.
4. Seine Wirkung (s. Gl. 6) ist gequantelt. Damit sind auch der Impuls des Elektrons und die Energie des Atoms gequantelt.
5. Im stationären Zustand tauscht das Atom mit seiner Umgebung keine Energie aus.

Aus diesen Prämissen lassen sich für die Bahn des Elektrons ganz bestimmte Radien berechnen, aus denen wiederum der jeweilige Energieinhalt des Systems Kern-Elektron bestimmt werden kann. Der Differenz zweier solcher Zustände entspricht eine mit der Umgebung ausgetauschte Energie. Aus dieser Rechnung folgt die RYDBERG-Formel, wenn man annimmt, daß die Energie in Form elektromagnetischer Strahlung abgegeben wird.

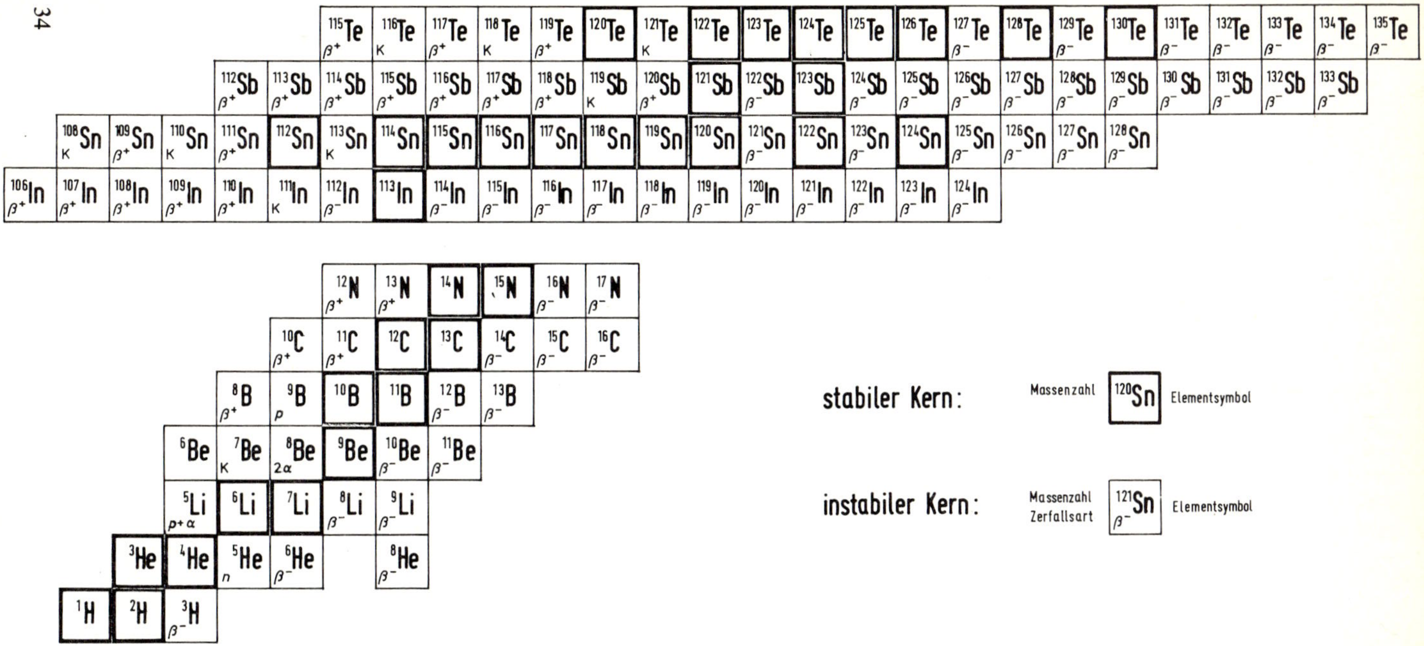

Abb. 4: Ausschnitte aus der Nuclidkarte von $_{1}$H bis $_{7}$N und von $_{49}$In bis $_{52}$Te
Zerfallsarten: β^- (Elektronenstrahlung), β^+ (Positronenstrahlung), α (Heliumstrahlung), p (Protonenstrahlung), K (K-Einfang, d. h. Einfang eines Hüllenelektrons aus der sogenannten K-Schale in den Kern). Die für zahlreiche Isotope existierenden isomeren Kerne sind nicht aufgeführt. Die Art des Zerfalls von ^{6}Be ist noch nicht bekannt. Weitere Einzelheiten in [40, 41].

Obschon das Ziel des BOHRschen Atommodells *nicht* die Erklärung chemischer Vorgänge, sondern die Deutung der Linienspektren war, ist eine genaue Betrachtung der Herleitung auch für Chemiker bedeutsam. Der Wert des Modells liegt zum einen in der logischen Konsequenz der Ableitung, zum anderen in seiner historischen Bedeutung. Die Terminologie *aller* späteren Atommodelle bezieht sich stets auf die von BOHR und die aus dem BOHRschen Modell unmittelbar abgeleiteten Modelle. Eine Reihe chemischer Phänomene läßt sich bereits mit dem BOHRschen und den unmittelbaren Folgemodellen, etwa dem von SOMMERFELD, befriedigend erklären.

BOHR selbst gibt Einzelheiten seiner Rechnungen und Begründungen seiner Denkschritte nicht an. Im folgenden wird eine Hinleitung zur RYDBERG-Formel gegeben, die diese Schritte kommentiert.

Mathematische Formulierung der ersten und zweiten Prämisse

Kern und Elektron sind ein stabiles rotierendes Zweikörper-System (vgl. Abb. 5). Nach den Anforderungen der Mechanik der Massenpunkte muß ein sol-

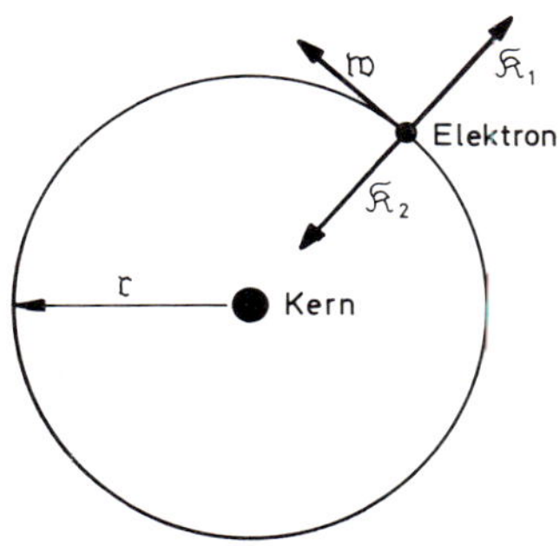

Abb. 5: Zur Ableitung des BOHRschen Atommodells notwendige Größen

ches System zu jeder Zeit kräftefrei sein. Unter der Annahme, daß das Elektron eine gegenüber der Masse des Kerns zu vernachlässigende Masse hat, kann der Kern als fester Bezugspunkt gedacht werden. Aus dem gleichen Grunde braucht die Massenanziehung nicht berücksichtigt zu werden. Es genügt also, die folgenden Stabilitätsbedingungen für das Elektron aufzustellen:

Im Gleichgewichtszustand ist die (Vektor-)Summe aller angreifenden Kräfte $\mathfrak{K}_i$ gleich Null:

$$\sum \mathfrak{K}_i = 0$$

Im betrachteten System treten als Kräfte die Zentrifugalkraft $\mathfrak{K}_1$ und die Zentripetalkraft $\mathfrak{K}_2$ auf.

Dabei gilt für die Zentrifugalkraft (Trägheitskraft):

$$\mathfrak{K}_1 = \frac{m_e \mathfrak{w}^2}{\mathfrak{r}}$$

Da die Produkte der Vektoren $\mathfrak{K}_1 \cdot \mathfrak{r}$ und $\mathfrak{w} \cdot \mathfrak{w}$ sogenannte skalare Produkte paralleler Vektoren sind, gilt:

$$K_1 = \frac{m_e w^2}{r} \tag{1}$$

Entsprechend ergibt sich die Zentripetalkraft (elektrostatische Anziehungskraft):

$$\mathfrak{K}_2 = -\frac{1}{4\pi\varepsilon_0} \cdot \frac{e_1 \cdot e_2}{r^3}\,\mathfrak{r}$$

bzw.

$$K_2 = -\frac{1}{4\pi\varepsilon_0} \cdot \frac{e_1 \cdot e_2}{r^2} = -\mathrm{k}\,\frac{e_1 \cdot e_2}{r^2} \tag{2}$$

$$\text{mit } \mathrm{k} = \frac{1}{4\pi\varepsilon_0}$$

Dabei sind: m_e die Ruhemasse des Elektrons
w, $\mathfrak{w}$ die Bahngeschwindigkeit des Elektrons
ε_0 die elektrische Feldkonstante
e_1 die Ladung des Kerns
e_2 die Ladung des Elektrons
r, $\mathfrak{r}$ der Radius der Elektronenbahn

Setzt man die Summen der Kräfte gleich Null, so erhält man die Bedingungen für stabile Kreisbahnen:

$$K_1 + K_2 = 0 \tag{3}$$

$$\frac{m_e w^2}{r} - \mathrm{k}\,\frac{e_1 e_2}{r^2} = 0\,, \quad \text{da} \quad e_1 \cdot e_2 = e^2: \tag{4}$$

$$m_e w^2 = \mathrm{k}\,\frac{e^2}{r} \tag{5}$$

Es ist also: $r = \mathrm{f}_1(w)$.

Mathematische Formulierung der vierten Prämisse

Zwischen Wirkung H, Impuls p und Arbeit W bestehen folgende Zusammenhänge:

$$p = \frac{H}{t}; \quad W = \frac{H}{l} \tag{6}$$

wobei t die Zeit und l der Weg sind.

Die Formulierung der vierten Prämisse »Die Wirkung H des Elektrons ist gequantelt*«,

$$H = \mathrm{n} \cdot \boldsymbol{h}$$

wobei n eine natürliche Zahl und $\boldsymbol{h}$ das PLANCKsche Wirkungsquantum (kleinste übertragbare Wirkung) sind, bedeutet zugleich, daß Impuls und Energie des Elektrons gequantelt sein müssen. Damit ist auch die Energie des Atoms gequantelt.

Berechnung der erlaubten Bahnen eines um einen Kern kreisenden Elektrons aus den Prämissen

Für ein kreisendes Elektron berechnet sich H als Produkt aus Impuls und Weg zu:

$$H = m_e w \cdot 2\pi r = \mathrm{n}\boldsymbol{h} \tag{7}$$

das bedeutet: $r = \mathrm{f}_2(\mathrm{n}, w)$.

Durch Kombination der Funktionen

$$r = \mathrm{f}_1(w)$$

und

$$r = \mathrm{f}_2(\mathrm{n}, w)$$

soll eine Funktion

$$r = \mathrm{f}_3(\mathrm{n})$$

gewonnen werden. Zu diesem Zweck muß Gl. (7) quadriert werden:

$$4\pi^2 r^2 m_e \cdot m_e w^2 = \mathrm{n}^2 \boldsymbol{h}^2 \tag{8}$$

Für $m_e w^2$ wird gemäß Gl. (5) $\mathrm{k}\,\frac{e^2}{r}$ eingesetzt:

$$4\pi^2 r^2 m_e \cdot \mathrm{k}\,\frac{e^2}{r} = \mathrm{n}^2 \boldsymbol{h}^2 \tag{9}$$

Der Radius r_n einer den n-ten Zustand beschreibenden Bahn berechnet sich zu:

$$r_n = \frac{n^2 h^2}{4\pi^2 k m_e e^2} \tag{10}$$

Damit ist: $r_n = f_3(n)$

Der Bahnradius vergrößert sich also mit dem Quadrat der Laufzahl n.

Berechnung der Energie des Systems Kern-Elektron im n-*ten Zustand*

Geht man davon aus, daß vom Atom abgestrahlte oder aufgenommene Energieportionen nur das System aus Kern und umlaufendem Elektron beeinflussen, ohne den Kern und das Elektron selbst zu verändern, so läßt sich die Energie E dieses Systems als Summe von kinetischer Energie E_{kin} und potentieller Energie E_{pot} hinreichend beschreiben:

$$E = E_{kin} + E_{pot} \tag{11}$$

Darin sind:

$$E_{kin} = \frac{1}{2} m_e w^2 \tag{12}$$

$$E_{pot} = -k \frac{e^2}{r} \tag{13}$$

Aus Gl. (5) läßt sich E_{kin} bestimmen:

$$\frac{1}{2} m_e w^2 = \frac{1}{2} k \frac{e^2}{r} \tag{14}$$

Demnach ist:

$$E = -k \frac{e^2}{r} + \frac{1}{2} k \frac{e^2}{r}$$

$$= -\frac{1}{2} k \frac{e^2}{r} \tag{15}$$

Unter Berücksichtigung der erlaubten Werte r_n für r ergibt sich als Energie E_n des n-ten Zustandes:

$$E_n = -\frac{1}{2} k e^2 \frac{4\pi^2 k m_e e^2}{n^2 h^2}$$

$$= -\frac{1}{n^2} \frac{2\pi^2 k^2 m_e e^4}{h^2} \tag{16}$$

$$E_n = f_4(n)$$

Wenn ein freies Elektron eine solche BOHRsche Bahn besetzt, wird Energie frei. Dies wird konventionsgemäß durch ein negatives Vorzeichen ausgedrückt. Die freiwerdende Energie ist um so größer, je kleiner die Laufzahl n ist.

Berechnung der Energie der beim Übergang eines Elektrons von einer Bahn zu einer anderen mit der Umgebung ausgetauschten elektromagnetischen Strahlung

Zwischen der Energie E und der Wellenlänge λ einer elektromagnetischen Strahlung besteht nach PLANCK der folgende Zusammenhang:

$$\lambda = \frac{\boldsymbol{h} \cdot \boldsymbol{c}}{E} \tag{17}$$

Die beim Übergang vom n-ten auf einen m-ten Zustand ausgetauschte Energie $E_{\mathrm{n,m}}$ berechnet sich zu:

$$\begin{aligned} E_{\mathrm{n,m}} &= E_{\mathrm{n}} - E_{\mathrm{m}} \\ &= -\frac{1}{\mathrm{n}^2} \cdot \frac{2\pi^2 \mathrm{k}^2 m_{\mathrm{e}} e^4}{\boldsymbol{h}^2} - \left(-\frac{1}{\mathrm{m}^2} \cdot \frac{2\pi^2 \mathrm{k}^2 m_{\mathrm{e}} e^4}{\boldsymbol{h}^2}\right) \\ &= \left(\frac{1}{\mathrm{m}^2} - \frac{1}{\mathrm{n}^2}\right) \cdot \frac{2\pi^2 \mathrm{k}^2 m_{\mathrm{e}} e^4}{\boldsymbol{h}^2} \end{aligned} \tag{18}$$

Umformung zur RYDBERG-Gleichung

Da die Meßgröße einer elektromagnetischen Strahlung zunächst ihre Wellenlänge λ ist, ist es zweckmäßig, die Beziehung (18) weiter umzuformen. Die der Energie $E_{\mathrm{n,m}}$ entsprechende Wellenlänge $\lambda_{\mathrm{n,m}}$ beträgt:

$$\lambda_{\mathrm{n,m}} = \boldsymbol{hc} \left(\frac{1}{\mathrm{m}^2} - \frac{1}{\mathrm{n}^2}\right)^{-1} \cdot \frac{\boldsymbol{h}^2}{2\pi^2 \mathrm{k}^2 m_{\mathrm{e}} e^4} \tag{19}$$

Dabei ist:

$$\left(\frac{1}{\mathrm{m}^2} - \frac{1}{\mathrm{n}^2}\right)^{-1} = \left(\frac{\mathrm{n}^2 - \mathrm{m}^2}{\mathrm{n}^2 \mathrm{m}^2}\right)^{-1} = \frac{\mathrm{n}^2 \mathrm{m}^2}{\mathrm{n}^2 - \mathrm{m}^2}$$

Für den Übergang eines Atoms von einem energiereicheren n-ten auf einen *bestimmten* energieärmeren m-ten Zustand verliert m den Charakter einer Laufzahl und wird zur Konstanten. So wird aus Gl. (19):

$$\lambda_{\mathrm{n,m}} = \frac{\boldsymbol{h}^3 \boldsymbol{c} \mathrm{m}^2}{2\pi^2 \mathrm{k}^2 m_{\mathrm{e}} e^4} \cdot \frac{\mathrm{n}^2}{\mathrm{n}^2 - \mathrm{m}^2} \tag{20}$$

Schreibt man für die Konstante k wieder den ausführlichen Ausdruck:

$$k = \frac{1}{4\pi\varepsilon_0},$$

so erhält man:

$$\lambda_{n,m} = \frac{8h^3\varepsilon_0^2 c\,m^2}{m_e e^4} \cdot \frac{n^2}{n^2 - m^2} \qquad (21)$$

Setzt man für den nur aus Konstanten bestehenden ersten Quotienten abkürzend die Bezeichnung R (RYDBERG-Konstante) ein, so zeigt sich die Übereinstimmung mit den von RYDBERG [44] bzw. BALMER [45] gefundenen Gesetzmäßigkeiten für die Wellenlängen der Spektrallinien im Spektrum des Wasserstoffs. Das in der Konstanten R enthaltene m charakterisiert die einzelnen Serien. Für die BALMER-Serie ist m = 2. Die Konstante ist in jedem Fall die Wellenlänge der sogenannten Seriengrenze λ_∞. Wird der Zusammenhang über Frequenzen ν formuliert, so ergibt sich eine andere Konstante. Auch sie wird als RYDBERG-Konstante bezeichnet.

3.6 Die Wellenvorstellung vom Elektron – der TAYLORsche Versuch

BOHRS planetarisches Atommodell behandelte das Elektron entsprechend der klassischen Mechanik der Massenpunkte. Als Bild für das als Ganzes weder unmittelbar noch mittelbar erfahrbare Phänomen »Elektron« diente letztlich eine kleine, aber endliche Kugel. Dieses Modell stimmte mit der Erfahrung insoweit überein, als es eine große Anzahl von Erscheinungen deuten konnte:

- Langsame Elektronen werden an einzelnen Atomen reflektiert. Zur Beschreibung dieses Vorganges sind die Gesetze des elastischen Stoßes, in die lediglich die Massen und Geschwindigkeiten der stoßenden Körper eingehen, ausreichend.
- Die elektrische Leitfähigkeit der Metalle läßt sich deuten, wenn man die Vorstellung vom Elektron als von einem elektrisch geladenen Massenteilchen (Korpuskel*) zugrunde legt und die Vielzahl der Elektronen mit den Mitteln der kinetischen Theorie der Gase behandelt (P. DRUDE, 1902, und A. SOMMERFELD, 1929).

Gegen dieses Modell sprach jedoch nach wie vor seine Unvereinbarkeit mit den Gesetzen der klassischen Elektrodynamik, denen zufolge ein in einem Feld rotierendes Elektron Energie abstrahlen muß.

Unvereinbar mit der Vorstellung »Korpuskelelektron« war auch die Beobachtung von Beugungsbildern beim Durchtritt durch dünne Materiefolien oder ein dem optischen Doppelspalt entsprechendes System, wie sie in Abb. 6 wiedergegeben ist.

Abb. 6: Durch Beugung eines Elektronenstrahls am elektrostatischen Biprisma erhaltene Interferenzen, Vergrößerung ca. 2500fach (verändert nach MÖLLENSTEDT und DÜKER [46])

Ein solches Phänomen war mit Hilfe der klassischen Physik nur dadurch zu erklären, daß man die Gesetze der Wellenoptik auf die Elektronenstrahlen übertrug.

Die Tatsache, daß die Ergebnisse der Beugung eines Elektronenstrahls am Doppelspalt dadurch beschrieben werden können, daß man den Elektronenstrahl wie einen Lichtstrahl durch seine Wellenlänge charakterisiert, zeigt, daß die Auffassung, das Elektron sei eine Welle, in *diesem* Fall eine *praktische Wahrheit* ist.

Es ist eine Denkgewohnheit, ja sogar ein logischer Satz, daß ein und derselbe Gegenstand nicht gleichzeitig streng begrenzt und ohne feste Grenze sein kann: Der Apfel kann nicht gleichzeitig ein ganzer Apfel und Apfelmus sein (Satz vom Widerspruch*).

Dieser Widerspruch führt zu der Einsicht, daß die Werkzeuge unserer Erkenntnis, nämlich Wahrnehmung, Vorstellung und Logik, insgesamt diesem Phänomen unangemessen sind (vgl. Kap. 1.2.2).

Weil es derzeit nicht gelingt, alle bekannten Eigenschaften des Elektrons in *einem* Modell zu vereinigen, bleibt nur die pragmatische Lösung, nebeneinander zwei Modelle, die in ihrem Bereich jeweils praktisch wahr sind, zu benutzen. Damit gilt für das Elektron auch das vom Atom gesagte (Kap. 3.1), daß aus der Kenntnis von Teilbildern kein Schluß auf das möglich ist, was das Elektron *eigentlich ist*.

Ein Beispiel für die Benutzung des Wellen- und Korpuskelmodells nebeneinander für die Deutung eines einzigen Phänomens stellt der folgende, für das Verständnis des *Dualismus* der Materie* wichtige Versuch dar:

1802 beobachtete THOMAS YOUNG als erster diejenige Lichterscheinung, die man heute als Interferenz durch Beugung am Doppelspalt bezeichnet. Wie in Abb. 7 beleuchtet eine Lichtquelle einen entfernten Schirm, in dem sich zwei Spaltöffnungen befinden. Durch diese fällt das Licht auf einen zweiten Schirm. Nun beobachtet man als Bilder *nicht* die beiden erleuchteten Streifen, wie die Strahlenoptik voraussagt (Abb. 7 (B)), sondern eine Vielzahl heller und dunkler Streifen wie in Abb. 7 (C). YOUNG deutete diese Erscheinung in Analogie zu seinen Versuchen mit Wasserwellen als Ergebnis einer Wellenüberlagerung, einer sogenannten *Interferenz*.

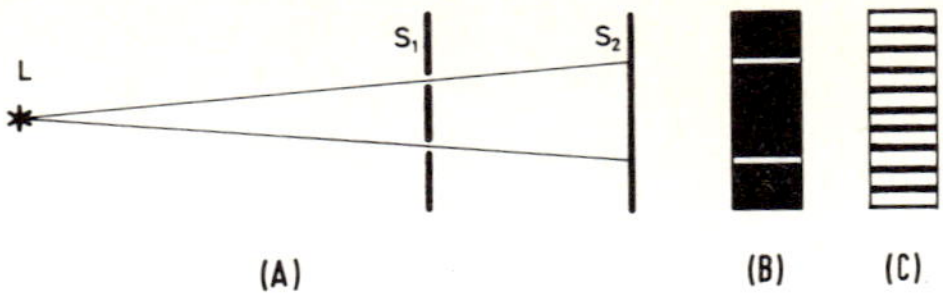

Abb. 7: YOUNGscher Versuch
(A) L Lichtquelle, D Doppelspalt, S Schirm.
(B) nach den Gesetzen der sogenannten geometrischen Optik erwartetes Bild
(C) im Experiment beobachtetes Bild.

Wird einer der beiden Spalte verdeckt, so verschwindet das Streifenmuster. Das entstehende Bild ist (in hinreichender Genauigkeit) mit den Gesetzen der Strahlenoptik zu beschreiben. Dieses Experiment galt als *experimentum crucis** zur Bestätigung der Wellennatur des Lichtes.

Hundert Jahre später griff TAYLOR (1909) diese Versuchsanordnung wieder auf. Mit einer äußerst schwachen Lichtquelle wurde ein Schirm mit zwei Spaltöffnungen wie im oben beschriebenen Versuch durchstrahlt. Als Bildfläche diente statt des zweiten Schirmes ein Szintillationsschirm oder eine photographische Platte. Unter diesen Bedingungen ließen sich keine noch so schwachen Interferenzen beobachten, sondern nur einzelne Lichtblitze, die sich zunächst offenbar ungeordnet über die gesamte Fläche verteilten. Erst nach Beobachtung einer großen Anzahl von Lichtblitzen stellte er fest, daß es Zonen höherer und niedrigerer Auftreffwahrscheinlichkeit gab, aus denen sich nach sehr langen Beobachtungszeiten ein dem YOUNGschen Versuch entsprechendes Linienmuster ausbildete (Abb. 8). Schloß er einen der Spalte, so beobachtete er die Lichtblitze auf der Geraden durch die Lichtquelle und den zweiten Spalt.

Wäre nun das Licht eine »echte« Welle, so könnte es nicht mit der gesamten in ihm gespeicherten Energie den Blitz, den Lichtpunkt auf einer begrenzten Stelle

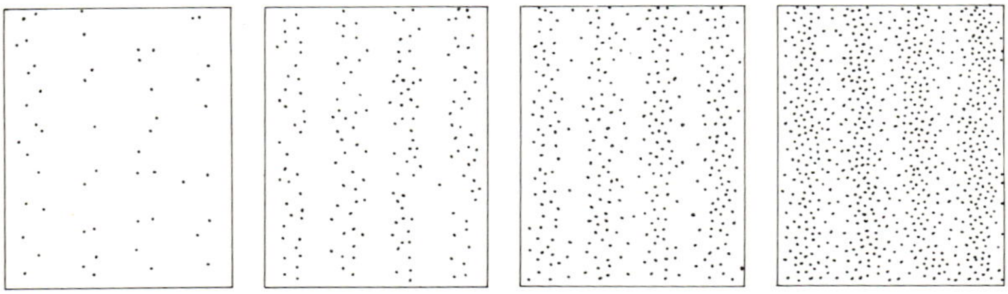

Abb. 8: Ergebnisse des Versuchs von TAYLOR (verändert nach ANDRADE E SILVA und LOCHAK [47])
Aufeinanderfolgende Bilder auf dem Schirm eines Interferometers, das mit sehr geringer Intensität – d.h. mit einem sehr kleinen Teilchenstrom – beleuchtet wird. Zunächst scheinen sich die Auftreffpunkte zufällig zu verteilen. Doch schließlich erkennt man ein statistisches Verteilungsgesetz, das in diesem Fall den wohlbekannten hellen und dunklen Interferenzstreifen entspricht.

des Szintillationsschirmes, hervorrufen. Wäre es ein (mechanisches) Teilchen, so könnte es beim Durchfliegen der einen Spaltöffnung nicht »wissen«, ob der andere Spalt gerade offen oder geschlossen ist. Eine solche Information ist nur für ein räumlich ausgedehntes Individuum »erfahrbar«; der Lichtblitz hingegen kann nach unserer Vorstellung nur durch ein korpuskulares Licht-»teilchen«, ein Photon*, hervorgerufen werden. Die Summe vieler Lichtblitze – die ausschließlich durch Photoneneinschlag zustande kommen – ergibt ein Interferenzbild, das in seiner Gesamtgestalt nur über die Gesetze der Wellenoptik gedeutet werden kann.

Hier wird der Zwang deutlich, unter Umständen zur Deutung eines bestimmten Phänomens mehrere Modelle nebeneinander benutzen zu müssen. Trotz der Notwendigkeit bleibt ein solcher Schritt logisch unbefriedigend.

Ein Versuch, die Vereinbarkeit mit der Logik herzustellen, ist DE BROGLIES Modell der Höckerwelle (vgl. [47]).

3.7 Das Elektron im Atom

Das in Abb. 6 wiedergegebene Interferenzphänomen war 1924 von DE BROGLIE vorausgesagt worden [48]. Aus der Verknüpfung der EINSTEINschen Masse-Energie-Beziehung

$$E = m \cdot c^2$$

mit der PLANCKschen Gleichung für die Energie von Lichtquanten

$$E = h \cdot \nu$$

folgerte er, daß dem Licht einer bestimmten Frequenz Teilchen einer bestimmten Masse m zugeordnet werden können, die sich mit Lichtgeschwindigkeit bewegen. Der Zusammenhang ergibt sich aus:

$$m \cdot c^2 = h \cdot \nu$$

$$\lambda = \frac{c}{\nu}$$

$$\lambda = \frac{c \cdot h}{m \cdot c^2}$$

$$\lambda = \frac{h}{m \cdot c}$$

Diese Beziehung galt zunächst nur für die sich mit Lichtgeschwindigkeit bewegenden Photonen. DE BROGLIE erweiterte diese Aussage aber auch auf Teilchenstrahlen, deren Teilchengeschwindigkeit ($v < c$) und deren Teilchenmasse m ist, d.h. deren Teilchen den Impuls $p = m \cdot v$ besitzen. Ihre Wellenlänge berechnet sich zu:

$$\lambda = \frac{h}{m \cdot v} = \frac{h}{p}$$

Ein beliebiger Teilchenstrahl konnte damit als Welle mit einer Wellenlänge λ aufgefaßt werden.

1927 wurde experimentell bestätigt, daß ein Strom von Elektronen (Elektronenstrahl) an geeigneten Gittern Beugungserscheinungen zeigt, d.h. daß man Elektronen wie Licht als Wellen beschreiben und auf sie die klassische Wellenmechanik anwenden kann.

Ein halbes Jahr vorher hatte E. SCHRÖDINGER gezeigt, daß man das Elektron im Wasserstoff-Atom mit Hilfe der Wellenvorstellung so beschreiben kann, daß die bekannten Spektren des Wasserstoffs zutreffend berechnet werden können, ohne die Gesetze der klassischen Elektrodynamik zu verletzen [49].

SCHRÖDINGER nahm an, daß das Elektron im Atom als stehende Welle aufgefaßt werden kann. Im Gegensatz zu laufenden Wellen müssen diese nicht ständig mit ihrer Umgebung Energie austauschen.

Man kann den Weg zu seiner Gleichung im nachhinein verständlich machen, wenn man die DE-BROGLIE-Gleichung mit der Beschreibung für den harmonischen Oszillator verknüpft, für den folgende Ansätze gelten:

$$\frac{d^2a}{dx^2} + ka = 0 \quad \text{bzw.} \quad \frac{d^2a}{dt^2} + ka = 0$$

(ortsabhängige Schwingungsgl.) (zeitabhängige Schwingungsgl.)

Dabei sind: a eine Amplitude, x eine Ortskoordinate, t die Zeit und k eine Konstante.

Durch Integration der Differentialgleichungen erhält man auch eine Aussage über die Gesamtenergie E_{ges} des Systems aus Kern und Elektron. Für ein schwingendes Massenteilchen am Ort x beträgt sie:

$$E_{ges} = \frac{1}{2} m v(x)^2 + E_{pot}(x) \tag{2}$$

Mit $mv = p$ geht dieser Ausdruck über in:

$$\frac{p(x)^2}{2m} + E_{pot}(x) = E_{ges} \tag{3}$$

HEISENBERG zeigte, daß für Teilchen in atomaren Dimensionen nicht gleichzeitig der Ort x, der Impuls p bzw. die Energie E exakt angegeben werden können (HEISENBERGsche Unschärferelation). Zur Beschreibung derartiger Teilchen ist daher eine andersartige, von der klassischen abweichende Mechanik notwendig. Zwei Darstellungsformen wurden 1926 unabhängig voneinander entwickelt, die von HEISENBERG (durch Matrizen) und die von SCHRÖDINGER (durch Differentialgleichungen).

SCHRÖDINGER verwendete statt der klassischen physikalischen Größen Differenzierungsvorschriften, was sich – wiederum im nachinein – als sinnvoll erwies.

Die Gl. (4) wird nach (3) verständlich, wenn man für p folgende Entsprechung annimmt:

$$p \rightarrow \frac{h}{2\pi i} \frac{d}{dx}$$

Aus Gl. (3) wird dann:

$$-\frac{h^2}{8\pi^2 m_e} \frac{d^2}{dx^2} + E_{pot}(x) = E_{ges}(x) \tag{4}$$

Diese Rechenvorschrift erhält einen Sinn erst dann, wenn man sie auf einen Operanden, hier die Wellenfunktion ψ, anwendet:

$$-\frac{h^2}{8\pi^2 m_e} \frac{d^2}{dx^2} \psi(x) + E_{pot}(x)\,\psi(x) = E_{ges}(x)\,\psi(x) \tag{5}$$

oder

$$\frac{d^2}{dx^2} \psi(x) + \frac{8\pi^2 m_e}{h^2} [E_{ges} - E_{pot}(x)]\,\psi(x) = 0 \tag{6}$$

Da im CARTESIschen Koordinatensystem jeder Ort durch drei Koordinaten x, y und z festgelegt ist, ergibt sich:

$$\left[\frac{\partial^2}{\partial x^2} + \frac{\partial^2}{\partial y^2} + \frac{\partial^2}{\partial z^2}\right] \psi(x, y, z) + \frac{8\pi^2 m_e}{h^2} [E_{ges} - E_{pot}(x, y, z)]\,\psi(x, y, z) = 0 \tag{7}$$

Um diese Differentialgleichung lösen zu können, führt man zweckmäßig Polarkoordinaten r, ϑ und φ anstelle der CARTESIschen entsprechend Abb. 9 ein. Man erhält dann eine Gleichung, die nach Variablen separierbar ist, nämlich:

$$\left[\frac{\partial}{\partial r}\left(r^2 \frac{\partial}{\partial r}\right) + \frac{1}{\sin\vartheta} \frac{\partial}{\partial\vartheta}\left(\sin\vartheta \frac{\partial}{\partial\vartheta}\right) + \frac{1}{\sin^2\vartheta} \frac{\partial}{\partial\varphi^2}\right] \psi(r, \vartheta, \varphi)$$

$$+ \frac{8\pi^2 m_e r^2}{h^2} [E_{ges} - E_{pot}(r, \vartheta, \varphi)]\,\psi(r, \vartheta, \varphi) = 0 \tag{8}$$

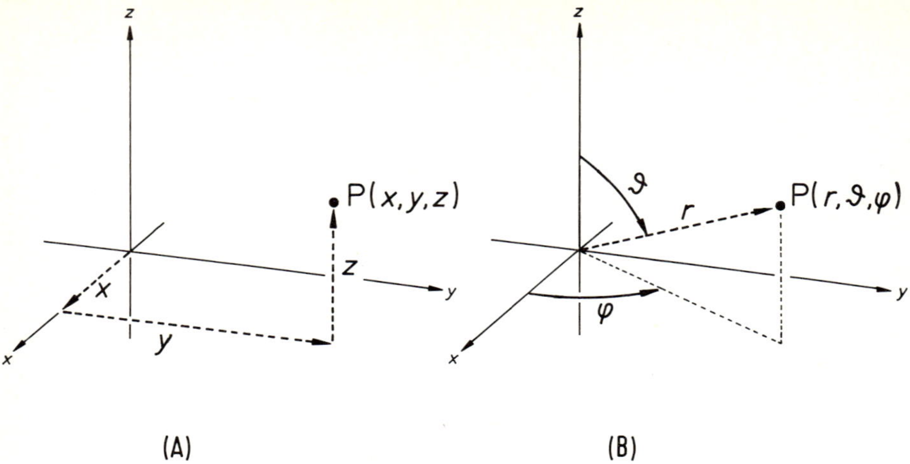

Abb. 9: Darstellung eines Punktes P im Raum mit Hilfe von CARTESIschen Koordinaten (A) und Polarkoordinaten (B)
Zusammenhänge: $x = r \sin \vartheta \cos \varphi$, $y = r \sin \vartheta$, $z = r \cos \vartheta$.

Diese Gleichung ist lösbar. Die Lösungsfunktionen ψ bezeichnet man als Orbitale. Die 30 einfachsten Lösungen sind in Tab. 2 zusammengestellt.

Tab. 2: Lösungen der SCHRÖDINGER-Gleichung für Elektronen im Feld eines Protons

1s	$\psi = \left(\frac{1}{r_0}\right)^{3/2} \frac{1}{\sqrt{\pi}} e^{-(1/1)\cdot(r/r_0)}$
2s	$\psi = \left(\frac{1}{r_0}\right)^{3/2} \frac{1}{4\sqrt{2\pi}} \left(2 - \frac{r}{r_0}\right) e^{-(1/2)\cdot(r/r_0)}$
$2p_z$	$\psi = \left(\frac{1}{r_0}\right)^{3/2} \frac{1}{4\sqrt{2\pi}} \frac{r}{r_0} e^{-(1/2)\cdot(r/r_0)} \cos \vartheta$
$2p_x$	$\psi = \left(\frac{1}{r_0}\right)^{3/2} \frac{1}{4\sqrt{4\pi}} \frac{r}{r_0} e^{-(1/2)\cdot(r/r_0)} \sin \vartheta \cos \varphi$
$2p_y$	$\psi = \left(\frac{1}{r_0}\right)^{3/2} \frac{1}{4\sqrt{4\pi}} \frac{r}{r_0} e^{-(1/2)\cdot(r/r_0)} \sin \vartheta \sin \varphi$
3s	$\psi = \left(\frac{1}{r_0}\right)^{3/2} \frac{1}{81\sqrt{3\pi}} \left[27 - 18\frac{r}{r_0} + 2\left(\frac{r}{r_0}\right)^2\right] e^{-(1/3)\cdot(r/r_0)}$

$3p_z$	$\psi = \left(\frac{1}{r_0}\right)^{3/2} \frac{\sqrt{2}}{81\sqrt{\pi}} \left[6\frac{r}{r_0} - \left(\frac{r}{r_0}\right)^2\right] e^{-(1/3)\cdot(r/r_0)} \cos\vartheta$
$3p_x$	$\psi = \left(\frac{1}{r_0}\right)^{3/2} \frac{1}{81\sqrt{\pi}} \left[6\frac{r}{r_0} - \left(\frac{r}{r_0}\right)^2\right] e^{-(1/3)\cdot(r/r_0)} \sin\vartheta \cos\varphi$
$3p_y$	$\psi = \left(\frac{1}{r_0}\right)^{3/2} \frac{1}{81\sqrt{\pi}} \left[6\frac{r}{r_0} - \left(\frac{r}{r_0}\right)^2\right] e^{-(1/3)\cdot(r/r_0)} \sin\vartheta \sin\varphi$
$3d_{z^2}$	$\psi = \left(\frac{1}{r_0}\right)^{3/2} \frac{1}{81\sqrt{6\pi}} \left(\frac{r}{r_0}\right)^2 e^{-(1/3)\cdot(r/r_0)} (3\cos^2\vartheta - 1)$
$3d_{xz}$	$\psi = \left(\frac{1}{r_0}\right)^{3/2} \frac{1}{81\sqrt{\pi}} \left(\frac{r}{r_0}\right)^2 e^{-(1/3)\cdot(r/r_0)} \sin\vartheta \cos\vartheta \cos\varphi$
$3d_{yz}$	$\psi = \left(\frac{1}{r_0}\right)^{3/2} \frac{1}{81\sqrt{\pi}} \left(\frac{r}{r_0}\right)^2 e^{-(1/3)\cdot(r/r_0)} \sin\vartheta \cos\vartheta \sin\varphi$
$3d_{x^2-y^2}$	$\psi = \left(\frac{1}{r_0}\right)^{3/2} \frac{1}{81\sqrt{4\pi}} \left(\frac{r}{r_0}\right)^2 e^{-(1/3)\cdot(r/r_0)} \sin^2\vartheta \cos 2\varphi$
$3d_{xy}$	$\psi = \left(\frac{1}{r_0}\right)^{3/2} \frac{1}{81\sqrt{4\pi}} \left(\frac{r}{r_0}\right)^2 e^{-(1/3)\cdot(r/r_0)} \sin^2\vartheta \sin 2\varphi$
4s	$\psi = \left(\frac{1}{r_0}\right)^{3/2} \frac{1}{768\sqrt{4\pi}} \left[192 - 144\frac{r}{r_0} + 24\left(\frac{r}{r_0}\right)^2 - \left(\frac{r}{r_0}\right)^3\right] e^{-(1/4)\cdot(r/r_0)}$
$4p_z$	$\psi = \left(\frac{1}{r_0}\right)^{3/2} \frac{1}{768} \cdot \frac{3\sqrt{5}}{10\sqrt{\pi}} \left[80\frac{r}{r_0} - 20\left(\frac{r}{r_0}\right)^2 + \left(\frac{r}{r_0}\right)^3\right] e^{-(1/4)\cdot(r/r_0)} \cos\vartheta$
$4p_x$	$\psi = \left(\frac{1}{r_0}\right)^{3/2} \frac{1}{768} \cdot \frac{3\sqrt{5}}{10\sqrt{2\pi}} \left[80\frac{r}{r_0} - 20\left(\frac{r}{r_0}\right)^2 + \left(\frac{r}{r_0}\right)^3\right] e^{-(1/4)\cdot(r/r_0)} \sin\vartheta \cos\varphi$
$4p_y$	$\psi = \left(\frac{1}{r_0}\right)^{3/2} \frac{1}{768} \cdot \frac{3\sqrt{5}}{10\sqrt{2\pi}} \left[80\frac{r}{r_0} - 20\left(\frac{r}{r_0}\right)^2 + \left(\frac{r}{r_0}\right)^3\right] e^{-(1/4)\cdot(r/r_0)} \sin\vartheta \sin\varphi$
$4d_{z^2}$	$\psi = \left(\frac{1}{r_0}\right)^{3/2} \frac{1}{768} \cdot \frac{1}{4\sqrt{\pi}} \left[12\left(\frac{r}{r_0}\right)^2 - \left(\frac{r}{r_0}\right)^3\right] e^{-(1/4)\cdot(r/r_0)} (3\cos^2\vartheta - 1)$
$4d_{xz}$	$\psi = \left(\frac{1}{r_0}\right)^{3/2} \frac{1}{768} \cdot \frac{\sqrt{3}}{\sqrt{8\pi}} \left[12\left(\frac{r}{r_0}\right)^2 - \left(\frac{r}{r_0}\right)^3\right] e^{-(1/4)\cdot(r/r_0)} \sin\vartheta \cos\vartheta \cos\varphi$

$4d_{yz}$	$\psi = \left(\frac{1}{r_0}\right)^{3/2} \frac{1}{768} \cdot \frac{\sqrt{3}}{\sqrt{8\pi}} \left[12\left(\frac{r}{r_0}\right)^2 - \left(\frac{r}{r_0}\right)^3\right] e^{-(1/4)\cdot(r/r_0)} \sin\vartheta \cos\vartheta \sin\varphi$
$4d_{x^2-y^2}$	$\psi = \left(\frac{1}{r_0}\right)^{3/2} \frac{1}{768} \cdot \frac{\sqrt{3}}{\sqrt{32\pi}} \left[12\left(\frac{r}{r_0}\right)^2 - \left(\frac{r}{r_0}\right)^3\right] e^{-(1/4)\cdot(r/r_0)} \sin^2\vartheta \cos\varphi$
$4d_{xy}$	$\psi = \left(\frac{1}{r_0}\right)^{3/2} \frac{1}{768} \cdot \frac{\sqrt{3}}{\sqrt{32\pi}} \left[12\left(\frac{r}{r_0}\right)^2 - \left(\frac{r}{r_0}\right)^3\right] e^{-(1/4)\cdot(r/r_0)} \sin^2\vartheta \sin\varphi$
$4f_{z^3}$	$\psi = \left(\frac{1}{r_0}\right)^{3/2} \frac{1}{768} \cdot \frac{1}{\sqrt{80\pi}} \left(\frac{r}{r_0}\right)^3 e^{-(1/4)\cdot(r/r_0)} (5\cos^3\vartheta - 3\cos\vartheta)$
$4f_{x(5z^2-r^2)}$	$\psi = \left(\frac{1}{r_0}\right)^{3/2} \frac{1}{768} \cdot \frac{\sqrt{3}}{\sqrt{320\pi}} \left(\frac{r}{r_0}\right)^3 e^{-(1/4)\cdot(r/r_0)} \sin\vartheta (5\cos^2\vartheta - 1)\cos\varphi$
$4f_{y(5z^2-r^2)}$	$\psi = \left(\frac{1}{r_0}\right)^{3/2} \frac{1}{768} \cdot \frac{\sqrt{3}}{\sqrt{320\pi}} \left(\frac{r}{r_0}\right)^3 e^{-(1/4)\cdot(r/r_0)} \sin\vartheta (5\cos^2\vartheta - 1)\sin\varphi$
$4f_{z(x^2-y^2)}$	$\psi = \left(\frac{1}{r_0}\right)^{3/2} \frac{1}{768} \cdot \frac{\sqrt{3}}{\sqrt{32\pi}} \left(\frac{r}{r_0}\right)^3 e^{-(1/4)\cdot(r/r_0)} \sin^2\vartheta \cos\vartheta \cos 2\varphi$
$4f_{xyz}$	$\psi = \left(\frac{1}{r_0}\right)^{3/2} \frac{1}{768} \cdot \frac{\sqrt{3}}{\sqrt{32\pi}} \left(\frac{r}{r_0}\right)^3 e^{-(1/4)\cdot(r/r_0)} \sin^2\vartheta \cos\vartheta \sin 2\varphi$
$4f_{x(x^2-3y^2)}$	$\psi = \left(\frac{1}{r_0}\right)^{3/2} \frac{1}{768} \cdot \frac{1}{\sqrt{64\pi}} \left(\frac{r}{r_0}\right)^3 e^{-(1/4)\cdot(r/r_0)} \sin^3\vartheta \cos 3\varphi$
$4f_{y(3x^2-y^2)}$	$\psi = \left(\frac{1}{r_0}\right)^{3/2} \frac{1}{768} \cdot \frac{1}{\sqrt{64\pi}} \left(\frac{r}{r_0}\right)^3 e^{-(1/4)\cdot(r/r_0)} \sin^3\vartheta \sin 3\varphi$

mit $\frac{1}{r_0} = \frac{4\pi^2 m e^2}{h^2}$

Formal lassen sich in diesen Gleichungen drei Gruppen von Faktoren unterscheiden, nämlich die Konstanten sowie die Anteile, die nur von r, und die, die nur von ϑ und φ abhängig sind.

Bei einer ebenen Darstellung der Funktionen lassen sich jeweils nur zwei Größen als Variable erfassen; die beiden anderen müssen konstant gehalten werden. Derartige Darstellungen finden sich in Abb. 10(A)–(C). Mit dem Hilfsmittel der perspektivischen Darstellung kann man eine weitere Variable einbeziehen.

Gebräuchlich ist eine Darstellung wie in Abb. 10(D). Sie läßt die Flächen erkennen, auf denen ψ einen bestimmten (festen) Wert besitzt.

Für die dreißig einfachsten Lösungen entsprechend Tab. 2 sind die Konturfunktionen in Abb. 11 dargestellt.

Alle diese Darstellungen sind jedoch nur nützlich, wenn man entweder ψ selbst eine vorstellbare Qualität zuordnen oder aus ψ nutzbare Folgerungen ableiten kann.

ψ selbst ist physikalisch nicht unmittelbar zu deuten (vgl. [50]).

Eher deutbar ist das Quadrat von ψ bzw. das Produkt $\psi\psi^*$, wobei ψ und ψ^* konjugiert komplexe Funktionen sind. In Anlehnung an die Ergebnisse der Beugungsexperimente von RÖNTGEN-Strahlen an Kristallen (Elektronendichte-Karten) läßt sich ein Zusammenhang zwischen der Elektronendichte (Anzahl von Elektronen pro Volumeneinheit) und ψ^2 herstellen.

Auch konnte SCHRÖDINGER aus den Lösungen seiner Gleichung Eigenwerte (Eigenenergien) E berechnen, die bestimmten Eigenfunktionen ψ zuzuordnen sind. E ist dabei proportional dem Quadrat von ψ. Dabei erweisen sich die Eigenwerte E als abhängig von einer Laufzahl n. Die für die Energien erhaltene Gleichung ist identisch mit der nach der BOHRschen Theorie gewonnenen (vgl. Gl. (16), S. 38). Wie dort läßt sich aus den Differenzen der Eigenwerte das Wasserstoffspektrum berechnen.

Je nach dem Modell, mit dem man das Elektron beschreibt, ergeben sich hieraus unterschiedliche Interpretationsmöglichkeiten:

Stützt man sich auf das Korpuskelmodell, könnte man mit Hilfe von ψ^2 die Aufenthaltswahrscheinlichkeitsdichte für das Elektron im Einelektronen-Atom für jedes Volumenelement berechnen. Dazu muß man das Integral der Funktion $\psi^2 \mathrm{d}\tau$ für $\mathrm{d}\tau = 4\pi r^2 \mathrm{d}r$ bilden. Man erhält dann für bestimmte Funktionen $\int \psi^2 \mathrm{d}\tau = \mathrm{f}(r)$ Kurven, deren Maxima den gleichen Abstand vom Kern haben wie die BOHRschen Bahnen [66].

Stellt man sich das Elektron über den Aufenthaltsraum – wie eine Wolke von Bruchstücken – »verteilt« vor, so beschriebe ψ^2 die Dichte der negativen Ladung an jedem Ort.

Für das Wasserstoff-Atom im Grundzustand würde dies in beiden Fällen bedeuten, daß das Elektron seine höchste Aufenthaltswahrscheinlichkeit bzw. die höchste Dichte an Bruchstücken im Zentrum hätte. Dies ist allerdings unvereinbar mit *den* Eigenschaften von Teilchen, wie wir sie *normalerweise* an endlichen Teilchen erfahren.

Faßt man dagegen das Elektron im Atom als stehende Welle auf, so würde ψ^2 eine Schwingungsenergie in einem Punkt angeben können. In Analogie zu mechanischen Schwingungen könnte ψ dann die Qualität einer Amplitude zugemessen werden, da die Energie einer Schwingung in einem Punkt dem Quadrat der Amplitude in diesem Punkt proportional ist. In diesem Fall könnten Proton und Elektron Schwingungsmaxima am gleichen Ort haben; der Widerspruch von der gleichzeitigen Existenz zweier Teilchen am gleichen Ort wäre dann vermieden.

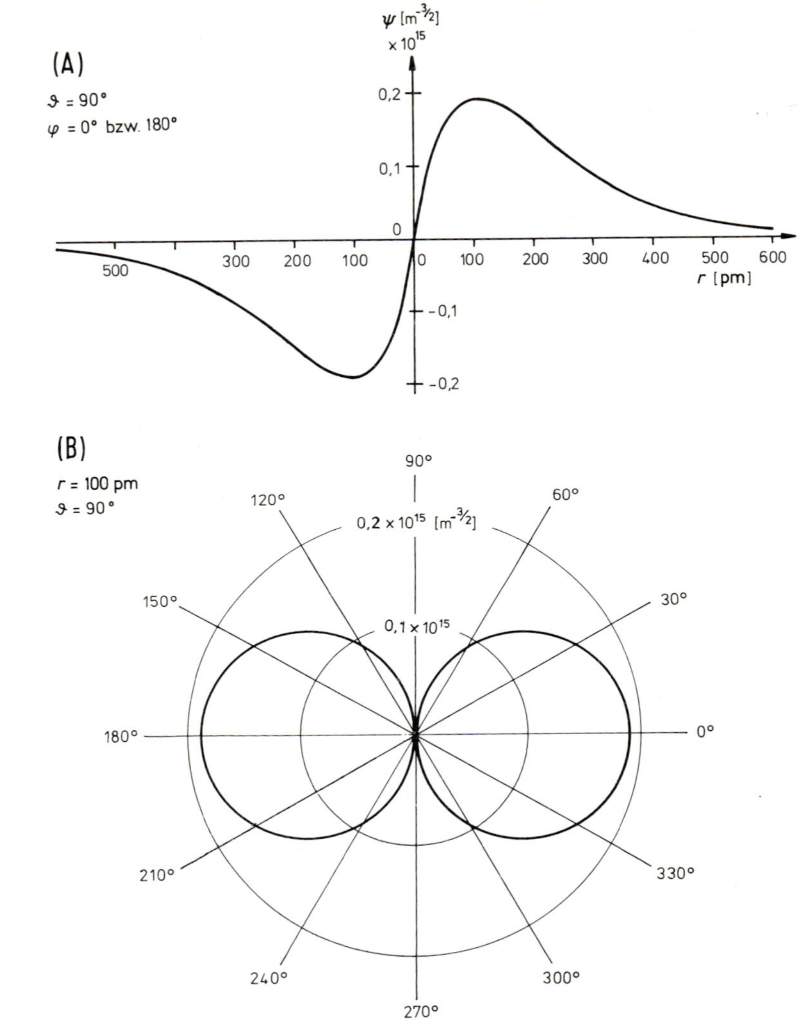

Abb. 10: Darstellungen von Abhängigkeiten, die mit Hilfe der SCHRÖDINGER-Gleichung beschrieben werden, für den $2p_x$-Zustand des Wasserstoff-Elektrons
(A) Axialfunktionen: $\psi = f(r)_{\vartheta,\varphi}$ für $\vartheta = 90°$ und $\varphi = 0°$ (rechte Hälfte) bzw. 180° (linke Hälfte); die Achse entspricht in diesem Fall der x-Richtung. (B) Angulärfunktion: $\psi = f(\varphi)_{r,\vartheta}$; die dargestellte Ebene ist die x-y-Ebene, $\varphi = 0°$ entspricht der positiven x- Richtung. (C) ebene Konturfunktion: $r = f(\vartheta)_{\varphi,\psi}$. (D) räumliche Konturfunktion: $r = f(\vartheta, \varphi)_{\psi}$.

(C)

$\psi = 0{,}1 \times 10^{15}\ m^{-3/2}$

$\vartheta = 90°$

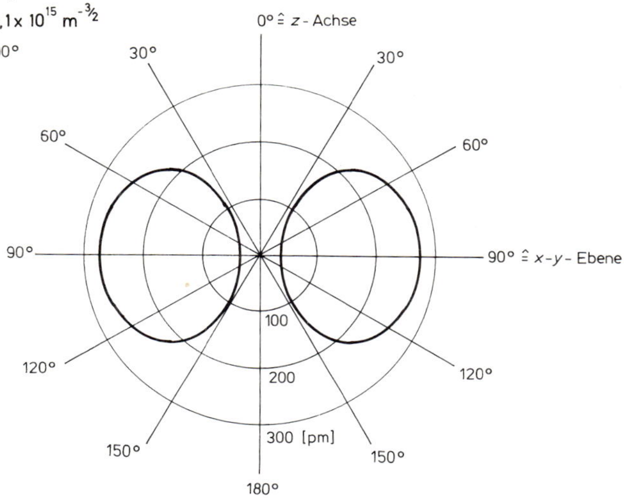

(D)

$\psi = 0{,}1 \times 10^{15}\ m^{-3/2}$

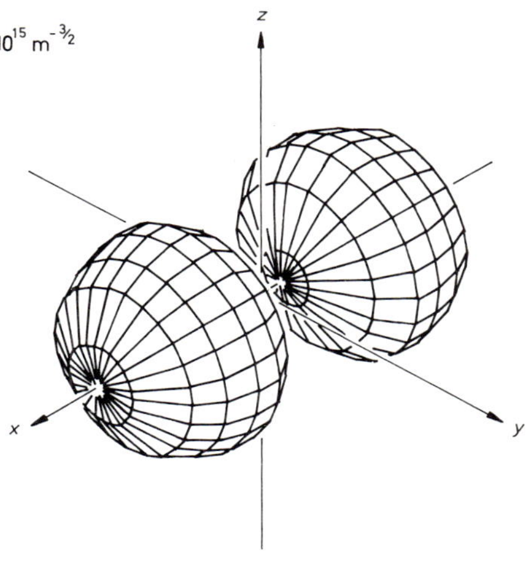

Da man am Elektron sowohl elektrische als auch magnetische Eigenschaften beobachtet, liegt es nahe, zu unterstellen, die stehende Welle sei eine elektromagnetische Welle. Diese Vorstellung führt im Bereich der Chemie zu Folgerungen, die die Wirklichkeit weitgehend angemessen beschreiben. Widersprüche, wie sie bei dem Korpuskelbild vom Elektron auftreten, treten hier nicht auf. Zudem können Schlüsse unter ausschließlicher Benutzung der Regeln der klassischen Physik gezogen werden. Man muß sich allerdings der Tatsache bewußt bleiben,

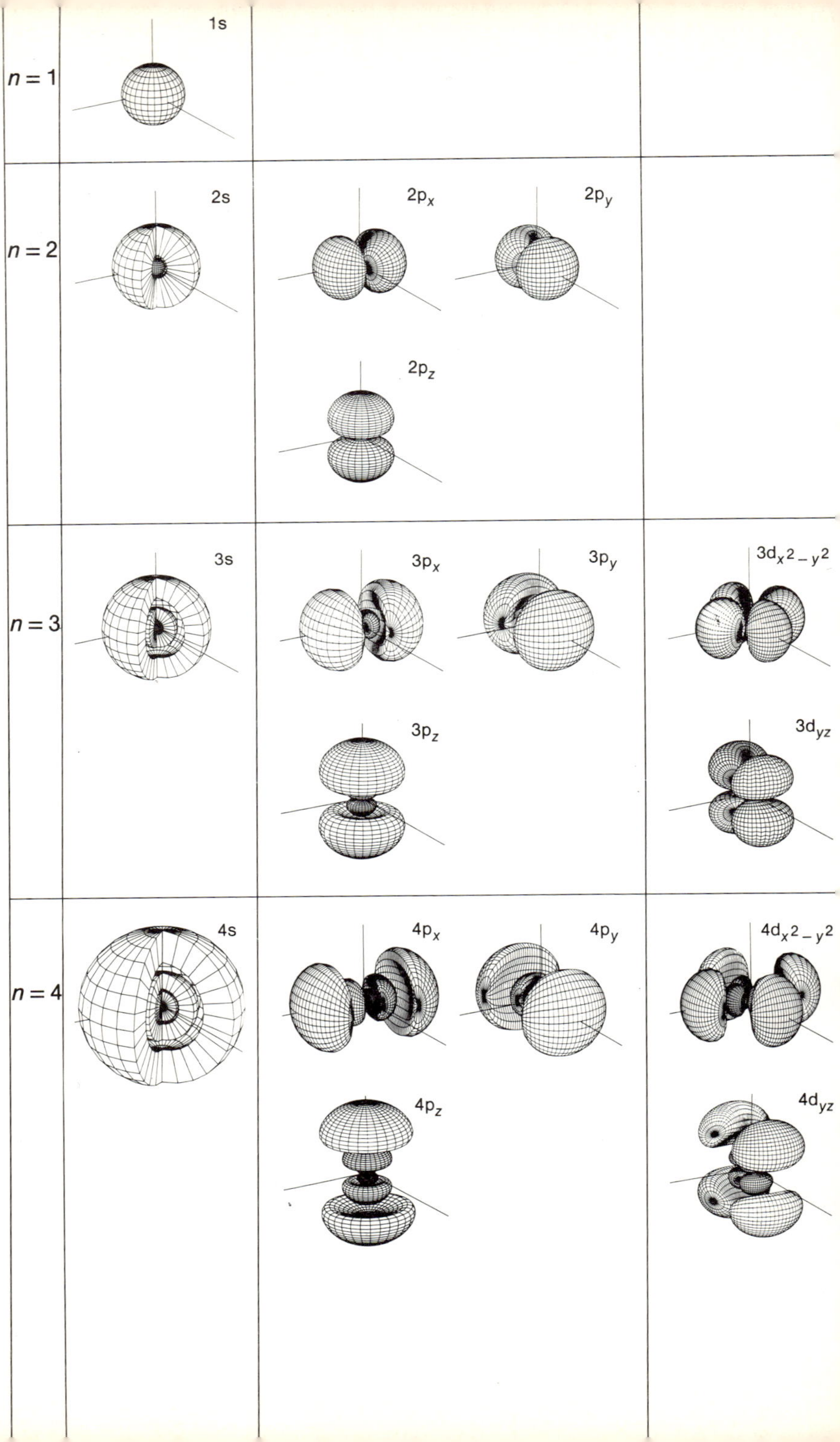

n = 1
1s
n = 2
2s
2p_x
2p_y
2p_z
n = 3
3s
3p_x
3p_y
3d_{x²−y²}
3p_z
3d_yz
n = 4
4s
4p_x
4p_y
4d_{x²−y²}
4p_z
4d_yz

Abb. 11: Räumliche Konturfunktionen [$r = f(\vartheta, \varphi)_\psi$] der 30 einfachsten Lösungen der SCHRÖDINGER-Gleichung für das Wasserstoff-Atom
Fischnetz-Darstellung für $\psi(r, \vartheta, \varphi) = \pm 0{,}01 \cdot 10^{15}\ m^{-3/2}$ (verändert nach BRIEKMANN, KLÖFFLER und RAAB [51]).

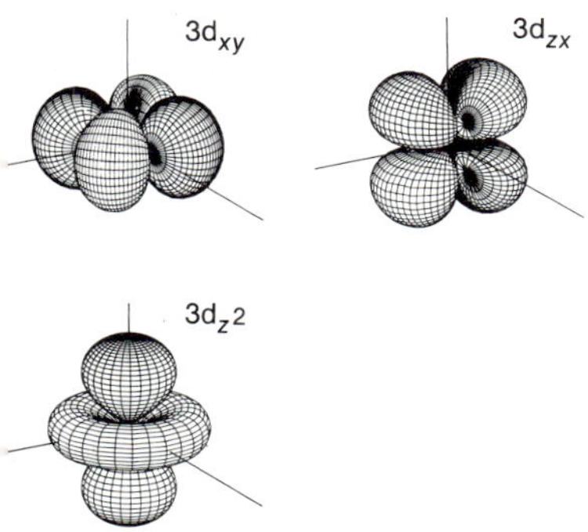

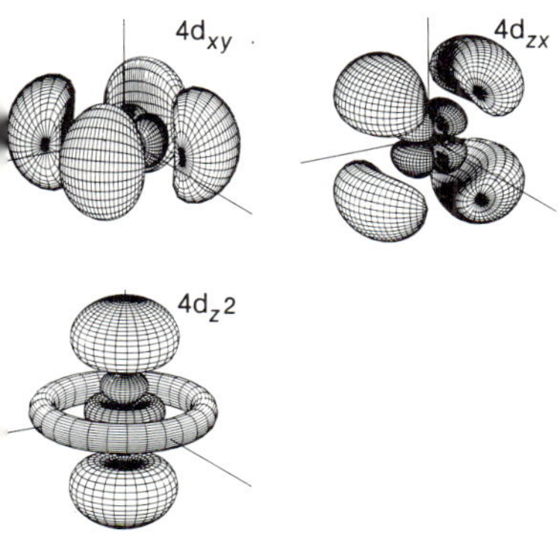

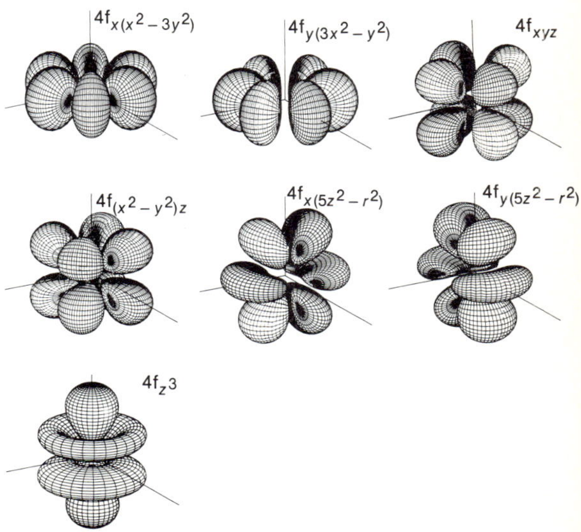

daß diese Deutung durch *Analogie- und Rückschlüsse* gewonnen wurde und deswegen nichts darüber aussagt, was das Elektron *eigentlich* ist (vgl. Kap. 3.6).

Im BOHR-SOMMERFELDschen Atommodell war jeder Zustand für das Elektron im Wasserstoff-Atom durch vier Kennwerte, die sogenannten Quantenzahlen, charakterisiert:

- die Hauptquantenzahl n [$n = 1, 2, 3, \ldots$],
- die Nebenquantenzahl l [$l = 0, 1, 2, \ldots, (n-1)$],
- die magnetische Quantenzahl m_l [$m_l = -l, -(l-1), \ldots, -1, 0, 1, \ldots, (l-1), l$] und
- die Spinquantenzahl m_s [$m_s = +\frac{1}{2}, -\frac{1}{2}$]

Aufgrund der Verknüpfung durch spektroskopische Messungen lassen sich die BOHRschen Elektronenzustände (Elektronenbahnen) und ihre spektroskopischen Bezeichnungen den Lösungen der SCHRÖDINGER-Gleichung zumindest teilweise zuordnen. Dabei muß berücksichtigt werden, daß Elektronenzustände mit unterschiedlichem Spin bei sonst gleichen Quantenzahlen die gleiche zeitunabhängige Lösungsfunktion ψ erfüllen. Lösungsfunktionen ψ, für die die magnetische Quantenzahl $m_l \neq 0$ ist, sind imaginär. Die in Tab. 2 angegebenen reellen Lösungen sind in diesen Fällen nicht immer eindeutig zuzuordnen. In den Tab. 2 und 3 sind die spektroskopischen Bezeichnungen, die Lösungen der SCHRÖDINGER-Gleichung und die Quantenzahlen für gleiche Elektronenzustände einander gegenübergestellt.

3.8 Termschemata

Aus den Lösungen der SCHRÖDINGER-Gleichung lassen sich auch die Energien des Wasserstoff-Elektrons für die unterschiedlichen Zustände berechnen. Sie betragen für einen Zustand mit der Hauptquantenzahl n:

$$E = -\frac{2\pi^2 \mathrm{k}^2 m_e e^4}{n^2 \boldsymbol{h}^2}$$

(Zur Ableitung vgl. [52], siehe auch Gl. (16).)

Zur Darstellung der Energien dieser Zustände braucht man eine sinnfällige Symbolik. In Anlehnung an die Vorstellung von Fallhöhen als Energiemaß gibt man sie üblicherweise als Niveaus in einer eindimensionalen Darstellung wieder. Das Bezugsniveau, das Nullniveau, ist die der spektroskopischen Seriengrenze entsprechende Energie ($n = \infty$). Es entspricht derjenigen Energie, die das System aus Kern und Elektron dann hat, wenn diese einander nicht beeinflussen. In der Korpuskelvorstellung entspräche dies einem unendlich großen Abstand

Tab. 3: Zusammenhänge zwischen spektroskopischen Bezeichnungen und BOHR-SOMMERFELDschen Quantenzahlen

Spektroskopische Bezeichnung	Bezeichnung durch Quantenzahlen n	l	m_l
1s	1	0	0
2s	2	0	0
$2p_x$, $2p_y$	2	1	+1, −1
$2p_z$	2	1	0
3s	3	0	0
$3p_x$, $3p_y$	3	1	+1, −1
$3p_z$	3	1	0
$3d_{x^2-y^2}$, $3d_{xy}$, $3d_{xz}$, $3d_{yz}$	3	2	+2, +1, −1, −2
$3d_{z^2}$	3	2	0
4s	4	0	0
$4p_x$, $4p_y$	4	1	+1, −1
$4p_z$	4	1	0
$4d_{x^2-y^2}$, $4d_{xy}$, $4d_{xz}$, $4d_{yz}$	4	2	+2, +1, −1, −2
$4d_{z^2}$	4	2	0
$4f_{x(x^2-3y^2)}$, $4f_{y(3x^2-y^2)}$, $4f_{z(x^2-y^2)}$, $4f_{xyz}$, $4f_{x(5z^2-r^2)}$, $4f_{y(5z^2-r^2)}$	4	3	+3, +2, +1, −1, −2, −3
$4f_{z^3}$	4	3	0

Zusammenhänge zwischen spektroskopischen Bezeichnungen und den Lösungen der SCHRÖDINGER-Gleichung gehen aus Tab. 2 hervor

beider Teilchen. Geht ein solches »freies« Elektron von diesem Zustand in einen gebundenen über, so gibt es Energie an seine Umgebung ab und wird selbst energieärmer. Ordnet man dem Zustand der völligen Trennung und Ruhe willkürlich die Energie $E = 0$ zu, so müssen allen gebundenen Zuständen negative Energiewerte zugeordnet werden.

Jedes Energieniveau mit der Energie $-E_n$ wird dargestellt als Parallele zum Nullniveau E_∞. Die Übergänge von einem Niveau zum anderen werden, wie in Abb. 12, durch Pfeile gekennzeichnet.

Die Angabe von −13,6 eV für den Grundzustand des H-Atoms bedeutet, daß man zur Trennung eines Elektrons dieses Zustandes aus dem Atomverband mindestens 13,6 eV aufwenden muß. Umgekehrt wird der Energiebetrag von 13,6 eV frei, wenn ein nicht bewegtes freies Elektron von einem Kern in diesen Zustand hinein gebunden wird.

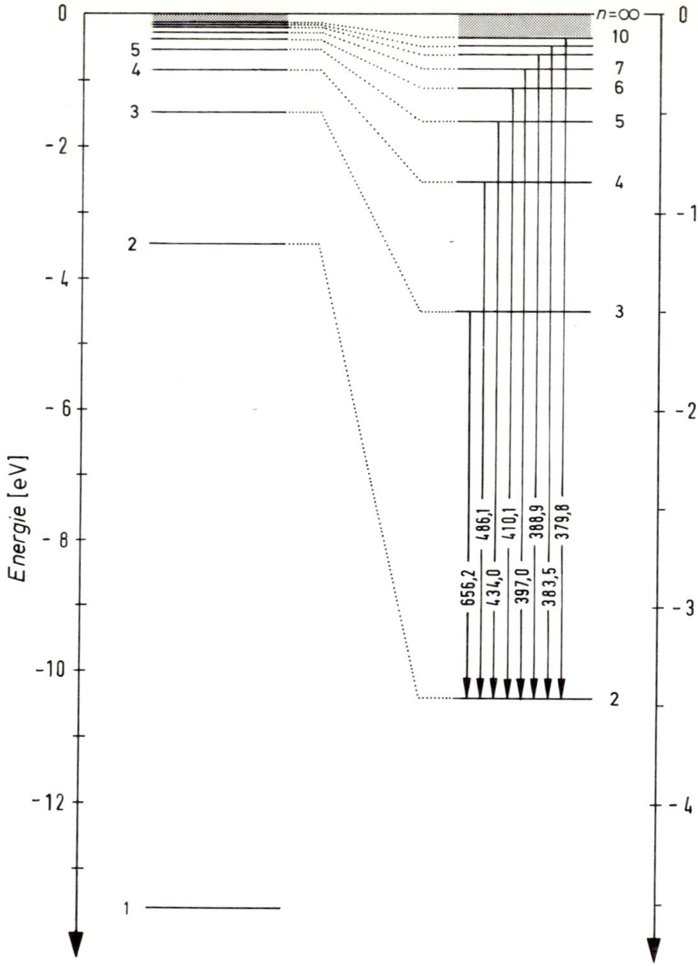

Abb. 12: Termschema des Wasserstoffs mit den Übergängen der BALMER-Serie (rechter Teil der Darstellung mit größerem Maßstab)
Angabe der Wellenlängen in nm. Im gerasterten Bereich liegen die Terme so dicht, daß eine zeichnerische Darstellung nicht sinnvoll ist.

3.9 Die Beschreibung der Vielelektronenatome

Alle bisherigen Überlegungen bezogen sich nur auf das Wasserstoff-Atom. Für alle schwereren Atome sind die Ansätze zur Berechnung von Elektronenbahnen und -energien nach BOHR und die wellenmechanischen Ansätze nach SCHRÖDIN-

GER nicht exakt zu Ende zu führen. Durch Iterativverfahren lassen sich aber mit Computern Lösungen erhalten, die in einem sinnvollen Zusammenhang mit den Ergebnissen aus Elektronenspektren stehen. Man benutzt dabei die Vorstellung, die Elektronenhülle sei in Einzelelektronen zerlegbar, wobei die Einzelelektronen ihrerseits Zustände annehmen, die denen des angeregten Wasserstoff-Elektrons ähnlich sind.

Folgt man diesem Aufbauprinzip, so lassen sich Vielelektronenatome über die nachfolgenden Einzelschritte aufgebaut denken:

Schritt 1 (Kernaufbau):

$$_{x}E + {}^{1}_{1}p^{+} + 1 \text{ oder } 2\,{}^{1}_{0}n \rightarrow {}_{x+1}E^{+}$$

Schritt 2 (Hüllenaufbau):

$$_{x+1}E^{+} + {}^{0}_{0}e^{-} \rightarrow {}_{x+1}E$$

So entsteht, ausgehend von einem H-Atom, zunächst das He^{+}-Ion. Für Einelektronenatome mit der Kernladungszahl Z (bei He^{+} ist $Z = 2$) ist die SCHRÖDINGER-Gleichung exakt lösbar. Die einfachste Lösung lautet:

$$\psi = \left(\frac{Z}{r_0}\right)^{3/2} \frac{1}{\sqrt{\pi}}\, e^{-(1/1)(Z/r_0)r}$$

Für die angeregten Zustände ergeben sich Lösungsfunktionen analog Tab. 2 mit Z/r_0 anstelle von $1/r_0$.

Für das He^{+}-Ion bedeutet das, daß der Wert von ψ am Ort des Kerns größer ist als beim H-Atom, daß er aber nach außen schneller abfällt (vgl. Abb. 13(A)). Die angulären Verteilungen sind die gleichen wie beim Wasserstoff-Atom. Demzufolge sind die Konturfunktionen denen des Wasserstoff-Elektrons geometrisch ähnlich.

Aufgrund der elektrostatischen Anziehung kann He^{+} weiter mit einem Elektron reagieren. Bei dieser Reaktion wird Energie frei. Messungen zeigen, daß sich beide Elektronen in ihrer Energie nicht unterscheiden und den Zustand besetzen, der der Hauptquantenzahl $n = 1$ entspricht. Das bedeutet aber: Beide Elektronen existieren mit gleicher Energie und gleicher Verteilung (etwa der Bruchstücke) um diesen Kern.

Wenn man nun wiederum das Bild vom Elektron als von einer stehenden elektromagnetischen Welle benutzt, so kann man sich vorstellen, daß sie miteinander wechselwirken. Dabei legen Messungen nahe, daß die E-Felder in Phase und die H-Felder um π phasenverschoben schwingen sollten. In diesem Fall würden sich die elektrischen Felder addieren, die magnetischen Felder jedoch kompensieren.

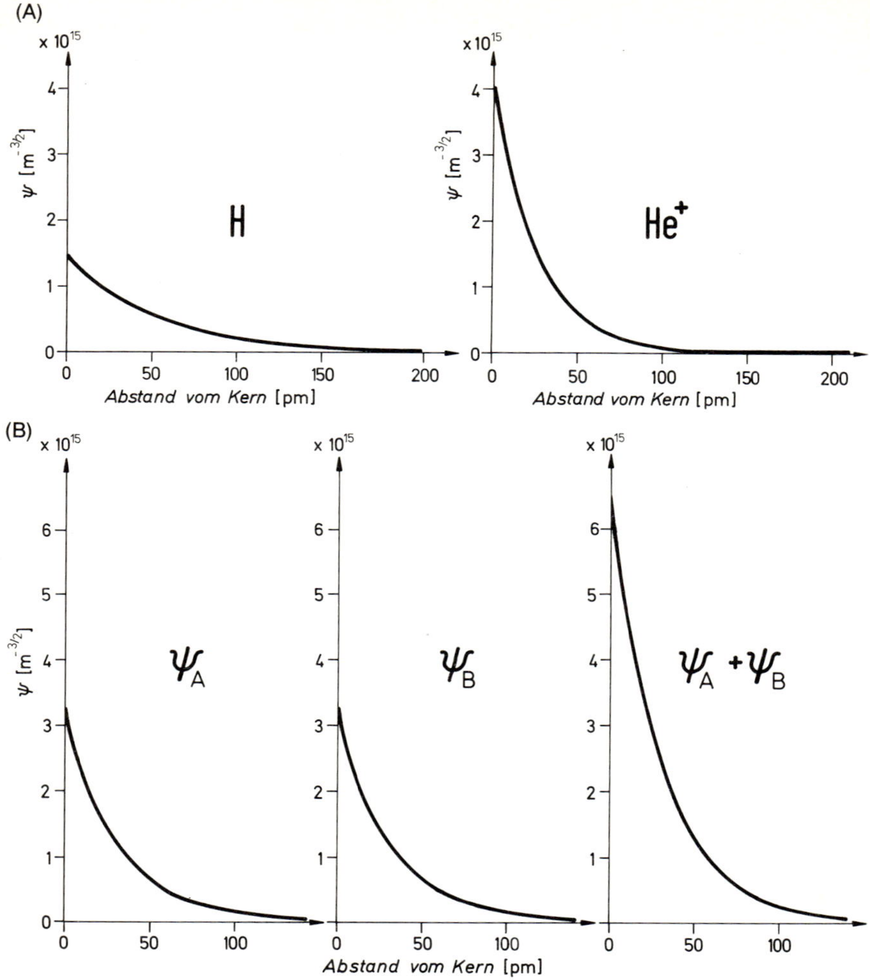

Abb. 13: (A) ψ als Funktion des Kernabstandes für das H- und das He^+-Atom
(B) ψ als Funktion des Kernabstandes für die beiden »Einzelelektronen« im Zweielektronensystem des He-Atoms und die neue ψ-Funktion $\psi_a + \psi_b$ für den Zustand 1s der beiden Elektronen

Dieses Bild wäre eine mögliche Deutung für die Tatsache, daß in der Hülle des Helium-Atoms eine elektrische Ladung von der Größe $2e$, andererseits aber Diamagnetismus beobachtet wird.

Die als Spin bezeichnete Eigenschaft des Elektrons wäre damit auf das *H*-Feld der stehenden Welle zurückgeführt. Spinkopplung bedeutete dann die Kompensierung solcher *H*-Felder.

Nächstes Produkt der Aufbaureaktionen ist das Lithium-Atom mit insgesamt drei Elektronen. Der Energiezustand dieses dritten Elektrons unterscheidet sich jedoch deutlich von demjenigen, den man erwarten würde, wenn dieses ebenfalls den 1s-Zustand besetzte. Das beim Lithium-Atom hinzugetretene dritte Elektron ist relativ leicht abzuspalten (vgl. Abb. 14). Die stufenweise Ionisierung des

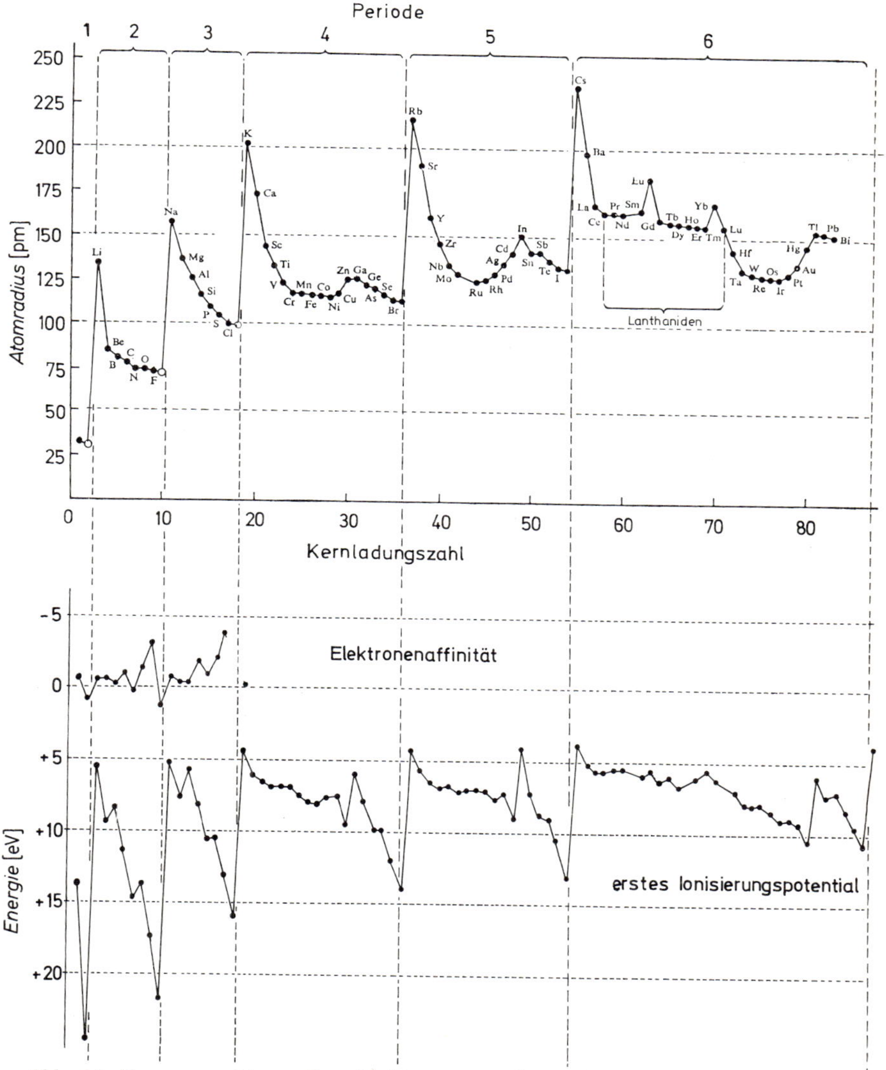

Abb. 14: Gemessene Atomradien, Ionisierungsenergien und Elektronenaffinitäten der Elemente in synoptischer Darstellung

Lithium-Atoms und der Atome der nachfolgenden Elemente bis zum jeweils elektronenlosen Kern zeigt, daß die beiden zuletzt entfernten (zuerst eingebauten) Elektronen offenbar immer eine Gruppe bilden. Überträgt man die Vorstellungen vom Einelektronenatom auf das Lithium- bzw. Beryllium-Atom, so sollte es sich beim dritten bzw. vierten eingebauten Elektron um solche mit einer höheren Hauptquantenzahl handeln (vgl. die Ionisierungsenergien in Abb. 14 und Tab. III im Anhang).

Einen entsprechenden Sprung findet man bei den Atomradien (Abb. 14) zwischen den Elementen Helium und Lithium. Ähnliche Sprünge finden sich auch bei den Ionisierungsenergien und den Atomradien nach dem zehnten und dem achtzehnten Element.

Damit ergibt sich ein Zusammenhang mit den Perioden des bereits 1869 veröffentlichten, empirisch gefundenen Periodensystems der Elemente. Hieraus und aus dem Wissen über das BOHR-SOMMERFELDsche Atommodell entwickelte W. PAULI 1925 intuitiv ein Postulat, mit dessen Hilfe die Art und Anordnung der Elektronen im Vielelektronenatom angebbar wurden, das Aufbauprinzip:

- Zwei Elektronen desselben Teilchens müssen sich in *mindestens einer* Quantenzahl unterscheiden (PAULI-Prinzip) [53]. Quantenzahlen sind hierbei die Hauptquantenzahl n, die Nebenquantenzahl l, die magnetische Quantenzahl m_l und die Spinquantenzahl m_s.

Aus dem PAULI-Prinzip folgt direkt:

- Maximal zwei Elektronen eines entgegengesetzten Spins können einen durch die drei anderen Quantenzahlen festgelegten Zustand besetzen.

Zusätzlich zum PAULI-Prinzip gelten für den Aufbau von Vielelektronenatomen offenbar auch folgende, aus den Hauptsätzen der Thermodynamik abgeleitete Regeln:

- Elektronen besetzen diejenigen Orbitale eines Atoms, bei deren Erreichen die meiste Energie frei wird; im Termschema wird das jeweils tiefste freie Niveau besetzt (Energieregel).
- Sind mehrere Orbitale (fast) gleicher Energie mit mehreren Elektronen zu besetzen, so bildet sich die Konfiguration mit dem größten Gesamtspinmoment aus, also mit den meisten ungepaarten Elektronen vom gleichen Spin (HUNDsche Regel [54]).

Die Energien der einzelnen Elektronen in Vielelektronenatomen lassen sich, ausgehend von gemessenen Ionisierungsenergien und unter Verwendung angepaßter SCHRÖDINGER-Gleichungen berechnen. Die Ergebnisse einer solchen Rechnung sind in Abb. 15 graphisch wiedergegeben.

Unter Berücksichtigung dieser Regeln besetzt das vierte, beim Be-Atom neu hinzugekommene Elektron unter Spinpaarung das 2s-Orbital (Be: $1s^2 2s^2$).

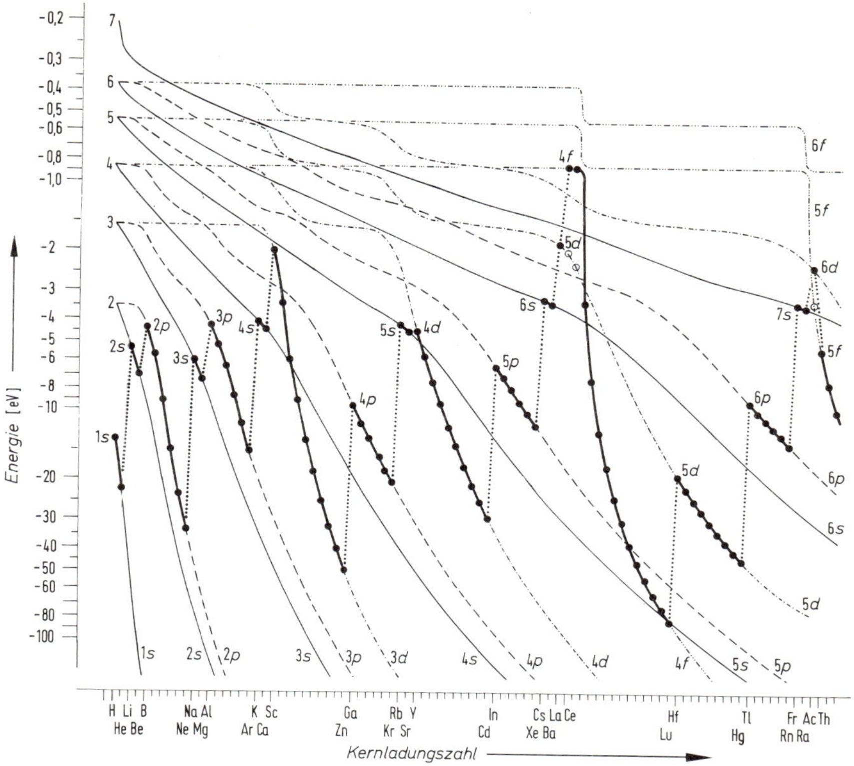

Abb. 15: Veränderungen der Orbitalenergien unter den Einflüssen der Kernladung und der Gesamtelektronenzahl (nach Werten von LATTER [55])
Ausgezogene Linien: s-Orbitale; gebrochene Linien: p-Orbitale; strichpunktierte Linien: d-Orbitale; strich-mehrfachpunktierte Linien: f-Orbitale. Die Reihenfolge der tatsächlichen Besetzung der Orbitale in den neutralen freien Atomen wird durch die fett ausgezogenen oder punktierten Linien angegeben. Offene Kreise geben Orbitalbesetzungen an, die dieser Rechnung zufolge auftreten sollten, aber nicht beobachtet werden.

Das fünfte Elektron beim B-Atom besetzt dann ein 2p-Orbital (B: $1s^2 2s^2 2p^1$).

Für das C-Atom ergibt sich beim Einbau des neu hinzukommenden sechsten Elektrons nur die Möglichkeit, ein weiteres 2p-Orbital einfach zu besetzen (C: $1s^2 2s^2 2p_x^1 2p_y^1$).

Beim N-Atom schließlich sind nach dem Einbau des siebten Elektrons alle 2p-Orbitale einfach besetzt (N: $1s^2 2s^2 2p_x^1 2p_y^1 2p_z^1$).

Danach werden die halbgefüllten 2p-Orbitale mit Elektronen vom entgegengesetzten (antiparallelen) Spin besetzt (O: $1s^2 2s^2 2p_x^2 2p_y^1 2p_z^1$; F: $1s^2 2s^2 2p_x^2 2p_y^2 2p_z^1$; Ne: $1s^2 2s^2 2p_x^2 2p_y^2 2p_z^2$).

Aus der Betrachtung des Verlaufs der Orbitalenergien bei steigender Elektronenzahl, wie sie in Abb. 15 dargestellt sind, ergibt sich, daß durch Anwendung obiger Regeln die Besetzung der Orbitale mit Elektronen für jedes Element befriedigend erklärt werden kann. Insbesondere lassen sich die »Unregelmäßigkeiten« beim Aufbau des Periodensystems der Elemente (z. B. die Auffüllung von 4s vor 3d) als Regelmäßigkeiten erkennen. Schneiden sich Kurvenzüge für die Orbitalenergien, so heißt dies, daß die Energien der zugehörigen Elektronen gleich sind. Die Elektronen können dann zwischen zwei Möglichkeiten »wählen«. Dabei wird jeweils die Anordnung mit möglichst hoher Symmetrie eingenommen, z. B. findet man in $_{24}Cr$ die Elektronenanordnung $4s^1 3d^5$ statt $4s^2 3d^4$.

Die Elektronenkonfiguration der freien Atome der Elemente geht aus Tab. V im Anhang hervor.

3.10 Die historische Entwicklung des Periodensystems der Elemente

Schon geraume Zeit vor einer Klärung des Aufbaus der Atome versuchte man, die chemischen Erfahrungen durch eine bestimmte Anordnung (ein »System«) der Elemente oder auch gewisser Verbindungen zusammenzufassen und übersichtlich darzustellen.

So vermutete J. W. Döbereiner bereits 1817 eine Zusammengehörigkeit (eine »Analogie« *) der Elemente Ca, Sr und Ba, wobei er sich vornehmlich auf die Dichten der zugehörigen Carbonate stützte. 1829 wies er auf Verwandtschaftsbeziehungen zwischen anderen Elementen hin [56]. Die von ihm als sicher erkannten »Dreiheiten« (Triaden),

Li	Ca	S	Cl	Os
|	|	|	|	|
Na	Sr	Se	Br	Ir
|	|	|	|	|
K	Ba	Te	I	Pt

aber auch die noch lückenhaften Gruppierungen

Pd	Bi
|	|
Rh	Sb
|	|
?	?

wurden die Grundlage für nachfolgende umfassendere Anordnungen.

Bereits 1843 erweiterte L. Gmelin [57] einige Triaden zu größeren Gruppen. So ergaben sich die Anordnungen:

Mg	O	F
Ca	S	Cl
Sr	Se	Br
Ba	Te	I

Es blieb unbefriedigend, daß in diese Gruppierungen viele Elemente nicht eingeordnet werden konnten, und daß die Beziehungen der Gruppierungen untereinander nicht deutlich wurden. Insbesondere die Anordnung der Elemente nach steigender Atommasse fand in den Gruppenzusammenstellungen keine Berücksichtigung, weil immer noch große Unsicherheiten bei der Bestimmung der Atommassen bestanden.

Ein erster Versuch, die Ordnungsprinzipien »chemische Ähnlichkeit« und »steigende Atommasse« in *einer* Anordnung zu vereinen, wurde 1862 von Béguyer de Chancourtois [58] unternommen. Er ordnete die Elemente zunächst nach »charakteristischen Zahlen«, also im wesentlichen nach den damals bekannten Atommassen. In Anlehnung an die Überzeugung von W. Proust und J. Dumas verwendete er dabei nur ganzzahlige Werte in der Annahme, die Atommassen der Elemente ließen sich auf *eine* Grundsubstanz, das Protyl*, mit der Masse 1 zurückführen. Die entstehende eindimensionale Reihe legte er

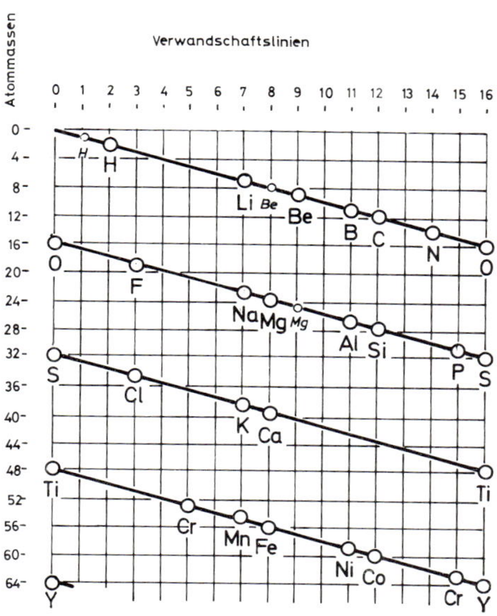

Abb. 16: »Vis tellurique«
Natürliche Anordnung der Elemente nach Béguyer de Chancourtois (Ausschnitt) unter Verwendung moderner Elementsymbole; unsichere Stellungen kursiv (verändert nach Spronsen [59]).

schraubenförmig so um einen Zylinder, daß nach Möglichkeit chemisch ähnliche Elemente vertikale Gruppen bildeten (Abb. 16).

J. A. NEWLANDS [60] führte 1864 eine »Ordnungszahl« für jedes Element ein. Bei der Darstellung der Verwandtschaftsbeziehungen kehrte er wieder zu einer zweidimensionalen Anordnung zurück. Da er die Ordnungszahlen für bedeutsamer als die chemische Ähnlichkeit ansah, war sein »System der Oktaven« (1865) immer noch unbefriedigend (Tab. 4).

Tab. 4: System der Oktaven von NEWLANDS

	No		No		No		No		No		No		No		No
H	1	F	8	Cl	15	Co&Ni	22	Br	29	Pd	36	I	42	Pt&Ir	50
Li	2	Na	9	K	16	Cu	23	Rb	30	Ag	37	Cs	44	Tl	53
G	3	Mg	10	Ca	17	Zn	25	Sr	31	Cd	38	Ba&V	45	Pb	54
Bo	4	Al	11	Cr	19	Y	24	Ce&La	33	U	40	Ta	46	Th	56
C	5	Si	12	Ti	18	In	26	Zr	32	Sn	39	W	47	Hg	52
N	6	P	13	Mn	20	As	27	Di&Mo	34	Sb	41	Nb	48	Bi	55
O	7	S	14	Fe	21	Se	28	Ro&Ru	35	Te	43	Au	49	Os	51

G (Glycium) ≙ Be; Bo ≙ B; Ro ≙ Rh;
Di (Didym) ≙ Nd + Pr

Erst die Anordnungen von J. L. MEYER [61] und insbesondere D. I. MENDELEJEFF [62] führten im wesentlichen zu dem heute benutzten System. MEYER sah die ordnenden Kriterien in dem Ansteigen der Massenzahlen und vornehmlich in der chemischen Wertigkeit der Elemente. Nach diesen Gesichtspunkten stellte er 1864 eine Anordnung auf, die zwei Tabellen mit sechs bzw. sieben Gruppen von Elementen umfaßte (Tab. 5 und 6). Zu einem vollständigen System fehlten noch die Elemente der Bor-Gruppe und eine Verknüpfung beider Tabellen miteinander.

Tab. 5: Anordnung der Elemente nach MEYER [61], erste Gruppe

	4-wertig	3-wertig	2-wertig	1-wertig	1-wertig	2-wertig
	–	–	–	–	Li = 7,03	(Be = 9,32)
△	–	–	–	–	16,02	(14,7)
	C = 12,0	N = 14,04	O = 16,00	Fl = 19,00	Na = 23,05	Mg = 24,0
△	16,5	16,96	16,07	16,46	16,08	16,0
	Si = 28,5	P = 31,0	S = 32,07	Cl = 35,46	K = 39,13	Ca = 40,0
△	$\frac{89,1}{2}$ = 44,55	44,0	46,7	44,51	46,3	47,6
	–	As = 75,0	Se = 78,8	Br = 79,97	Rb = 85,4	Sr = 87,6
△	$\frac{89,1}{2}$ = 44,55	45,6	49,5	46,8	47,6	49,5
	Sn = 117,6	Sb = 120,6	Te = 128,3	J = 126,8	Cs = 133,0	Ba = 137,1
△	89,4 = 2×44,7	87,4 = 2×43,7	–	–	(71 = 2×35,5)	–
	Pb = 207,0	Br = 208,0	–	–	(Tl = 204,2)	–

△: Differenz

Tab. 6: Anordnung der Elemente nach MEYER [61], zweite Gruppe

	4-wertig	6-wertig	4-wertig	4-wertig	4-wertig	2-wertig	
	Ti = 48	Mo = 92	Mn = 55,1 Fe = 56,0	Ni = 58,7	Co = 58,7	Zn = 65	Cu = 63,5
△	42	45	49,2 48,3	45,6	47,3	46,9	44,4
	Zr = 90	Vd = 137	Ru = 104,3	Rh = 104,3	Pd = 106,0	Cd = 111,9	Ag = 107,94
△	47,6	47	92,8 = 2×46,4	92,8 = 2×46,4	93,0 = 2×46,5	88,3 = 2×44,2	88,8 = 2×44,4
	Ta = 137,6	W = 184	Pt = 197,1	Ir = 197,1	Os = 199,0	Hg = 200,2	Au = 196,7

△: Differenz

Der Entwurf von MENDELEJEFF, der alle damals bekannten Elemente enthielt, ist in Abb. 17 wiedergegeben.

Diese Ordnungen der Elemente zu Systemen berücksichtigten zwar die empirisch verfügbaren Daten, konnten sie allerdings nicht erklären. Erst, nachdem gegen Ende des vorigen Jahrhunderts das Elektron als Baustein der Atome erkannt war, wurden Deutungsversuche unternommen, die Periodizität der chemischen Eigenschaften auf eine Periodizität im Atomaufbau zurückzuführen. J. J. THOMSON versuchte, ebene Anordnungen für Elektronen in einem zentralen Feld zu berechnen [30 – 32]. Seine Ergebnisse deckten sich mit den experimentell von MAYER [63] erhaltenen, einfachen geometrischen Mustern (Abb. 19). Berechnungen für große Elektronenzahlen und für die Anordnung von Elektronen in Molekülen wurden später von CREHORE [32] durchgeführt (vgl. Tab. 7).

Tab. 7: Von CREHORE [32] berechnete Anordnungen von gleichgeladenen Teilchen in einem äußeren entgegengesetzt geladenen Feld – ebenes Modell für THOMSONS Atomvorstellung

n_A	1	2	3	4	5	5	6	7	8	8	8	9	10	10	10	11	11	11	11	12	12	12	13	13	13
n_B						1	1	1	1	2	3	3	3	4	5	5	5	6	7	7	8	8	8	8	9
n_C																	1	1	1	1	1	2	2	3	3
n_D																									
n_{ges}	1	2	3	4	5	6	7	8	9	10	11	12	13	14	15	16	17	18	19	20	21	22	23	24	25

n_A	13	13	14	14	15	15	15	15	15	16	16	16	16	16	16	16	17	17	17	17	17	17	17
n_B	10	10	10	10	10	11	11	11	11	11	12	12	12	13	13	13	13	13	13	14	14	15	15
n_C	3	4	4	5	5	5	5	6	7	7	7	8	8	8	8	9	9	10	10	10	10	10	11
n_D							1	1	1	1	1	1	2	2	3	3	3	3	4	4	5	5	5
n_{ges}	26	27	28	29	30	31	32	33	34	35	36	37	38	39	40	41	42	43	44	45	46	47	48

Mit steigender Anzahl n_{ges} der Elektronen nimmt die Anzahl der Glieder n_A, n_B, n_C, ... in den Ringen A, B, C, ... und die Anzahl der gebildeten Ringe zu. Bei den inneren Ringen treten periodisch gleiche Besetzungen auf: Ein neuer Ring wird offenbar dann begonnen, wenn die bereits gebildeten bestimmte Anzahlen von Gliedern enthalten (5, 11, 15, ...)

Neben dem »Langperiodensystem« (Tab. IV), das heute überwiegend herangezogen wird, ist noch eine Form erwähnenswert, die die Beziehungen der Elemente der Haupt- und Nebengruppen deutlicher hervortreten läßt. Fußend auf der Elementanordnung von N. BOHR (1922) [43] wurde sie 1926 von A. ANTROPOFF [64] vorgeschlagen (vgl. Abb. 18).

Ueber die Beziehungen der Eigenschaften zu den Atomgewichten der Elemente

von

D. Mendelejeff.

Zeitschrift für Chemie 12. Jhrg. (Neue Folge, V. Bd.) (1869), S. 405 u. 406.

Ordnet man Elemente nach zunehmenden Atomgewichten in verticale Reihen so, dass die Horizontalreihen analoge Elemente enthalten, wieder nach zunehmendem Atomgewicht geordnet, so erhält man folgende Zusammenstellung, aus der sich einige allgemeinere Folgerungen ableiten lassen.

I.	II.	III.	IV.	V.	VI.*)
			Ti = 50	Zr = 90	? = 180
			V = 51	Nb = 94	Ta = 182
			Cr = 52	Mo = 96	W = 186
			Mn = 55	Rh = 104,4	Pt = 197,4
			Fe = 56	Ru = 104,4	Ir = 198
		Ni =	Co = 59	Pd = 106,6	Os = 199
H = 1			Cu = 63,4	Ag = 108	Hg = 200
	Be = 9,4	Mg = 24	Zn = 65,2	Cd = 112	
	B = 11	Al = 27,4	? = 68	Ur = 116	Au = 197 ?
	C = 12	Si = 28	? = 70	Sn = 118	
	N = 14	P = 31	As = 75	Sb = 122	Bi = 210
	O = 16	S = 32	Se = 79,4	Te = 128?	
	F = 19	Cl = 35,5	Br = 80	J = 127	
Li = 7	Na = 23	K = 39	Rb = 85,4	Cs = 133	Tl = 204
		Ca = 40	Sr = 87,6	Ba = 137	Pb = 207
		? = 45	Ce = 92		
		? Er = 56	La = 94		
		? Yt = 60	Di = 95		
		? In = 75,6	Th = 118 ?		

*) Diese Zahlen sind der Uebersichtlichkeit halber vom Herausgeber beigesetzt worden.

Abb. 17: Wortlaut der Originalveröffentlichung MENDELEJEFFS zum Periodensystem [62]

Immer wieder wurde auch versucht, die Schwierigkeiten, die sich aus der Berücksichtigung von steigender Ordnungszahl und Periodizität bestimmter Merkmale ergeben, durch räumliche Darstellungen (Spiralen, Zylinder, konische Flächen, Stufenanordnungen) besser zu lösen. Einzelne Beispiele sind in [59] beschrieben.

Ueber die Beziehungen der Eigenschaften etc. 19

1. Die nach der Grösse des Atomgewichts geordneten Elemente zeigen eine stufenweise Abänderung in den Eigenschaften.

2. Chemisch-analoge Elemente haben entweder übereinstimmende Atomgewichte (Pt, Ir, Os), oder letztere nehmen gleichviel zu (K, Rb, Cs).

3. Das Anordnen nach den Atomgewichten entspricht der Werthigkeit der Elemente und bis zu einem gewissen Grade der Verschiedenheit im chemischen Verhalten, z. B. Li, Be, B, C, N, O, F.

4. Die in der Natur verbreitetsten Elemente haben kleine Atomgewichte, und alle solche Elemente zeichnen sich durch Schärfe des Verhaltens aus. Es sind also typische Elemente und mit Recht wird daher das leichteste Element H als typischer Maassstab gewählt.

5. Die Grösse des Atomgewichtes bedingt die Eigenschaften des Elementes, weshalb beim Studium von Verbindungen nicht nur auf Anzahl und Eigenschaften der Elemente und deren gegenseitiges Verhalten Rücksicht zu nehmen ist, sondern auf die Atomgewichte der Elemente. Daher zeigen bei mancher Analogie die Verbindungen von S und Te*), Cl und J, doch auffallende Verschiedenheiten.

6. Es lässt sich die Entdeckung noch vieler neuen Elemente vorhersehen, z. B. Analoge des Si und Al mit Atomgewichten von 65—75.

7. Einige Atomgewichte werden voraussichtlich eine Correction erfahren, z. B. Te kann nicht das Atomgewicht 128 haben, sondern 123—126.

8. Aus obiger Tabelle ergeben sich neue Analogien zwischen Elementen. So erscheint Bo (?) **) als ein Analoges von Bo und Al, was bekanntlich schon längst experimentell festgestellt ist.

(Russ. chem. Ges. **1**, 60).

---

*) A. a. O. fälschlich »Tl«. K. S.

**) Die Vergleichung mit der russischen Abhandlung, welche diesem Referat zu Grunde liegt, ergiebt, dass es statt Bo (?) Ur heissen muss. K. S.

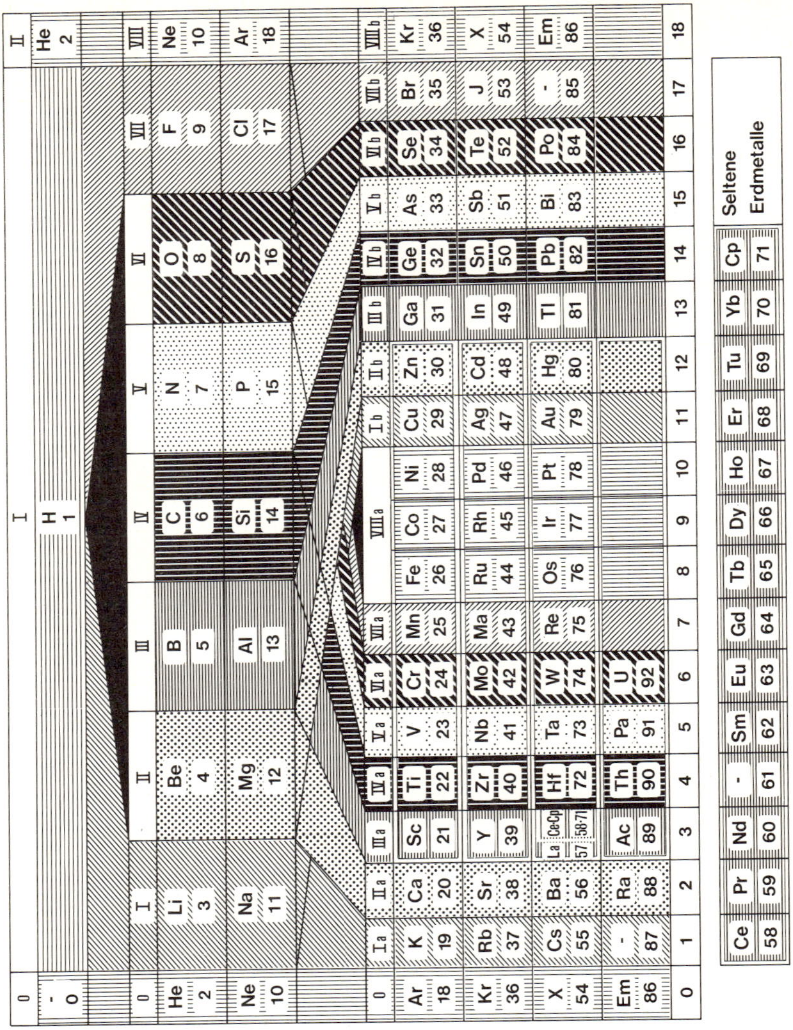

Abb. 18: Periodensystem der Elemente nach Antropoff [64]

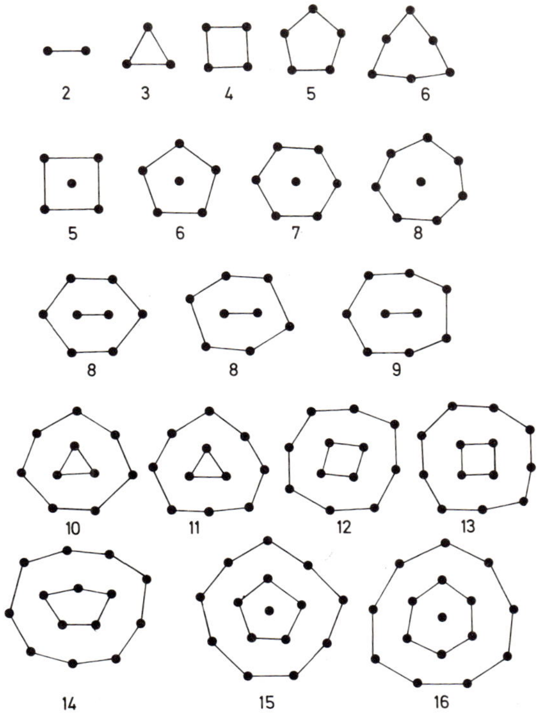

Abb. 19: Stabile Anordnungen von sich abstoßenden Teilchen in einem äußeren Feld Zweidimensionales Analogon zu THOMSONS Atommodell, nach MAYER [63].

4. Aufbau und Eigenschaften einfacher Moleküle

4.1 Das Konzept der Valenz

1931, also Jahre, nachdem die modernen wellenmechanischen Atom- und Bindungsmodelle in ihren Grundzügen formuliert waren, schrieb WERNER HEISENBERG in einem Brief:

»... Die Theorie der Valenz, wie sie von HEITLER und LONDON und von anderen formuliert wurde, hat den großen Vorteil, daß sie zu genau der Vorstellung von chemischer Bindung führt, wie sie die Chemiker benutzen. Es erscheint aber fraglich, ob die Quantentheorie diese Ergebnisse zur Bindung hätte finden oder ableiten können, *wenn sie nicht schon vorher bekannt gewesen wären.*« (zitiert nach [29]).

Die Quantentheorie stützte die empirisch gewonnenen Vorstellungen vom Wesen der chemischen Bindung. Ihre Ergebnisse beschrieben die Phänomene zutreffend, obwohl die Prämissen, die zu dieser Theorie führten, ganz und gar »unchemisch« und unanschaulich waren.

Bis dahin war das Konzept der chemischen Bindung Produkt einer Folge von immer wieder modifizierten Arbeitshypothesen mit ständiger Rückkopplung zu den jeweils verwendeten Atommodellen. So gehen auch die einfachsten Vorstellungen von chemischer Bindung als einer Eigenschaft von Materie bereits auf *den* Mann zurück, der mit der Atomvorstellung die empirischen stöchiometrischen Gesetze deuten konnte, nämlich auf JOHN DALTON. Insbesondere sein siebentes Postulat, welches das Gesetz der multiplen Proportionen deutete, legte nahe, Bindungseigenschaften als Eigenschaften der Atome anzusehen. In seiner letzten Veröffentlichung [65] erwähnte DALTON, daß er schon seit 1810 ein mechanisches Modell zur Veranschaulichung seiner Bindungsvorstellungen angewandt habe:

Er benutzte Kugeln gleicher Größe als Symbole für Atome, die eine für die Atomart charakteristische Anzahl von Löchern trugen, so daß eingesetzte Verbindungsstäbe in die Ecken der einfachen, hochsymmetrischen Körper zeigten. Auf diese Weise konnten Atome zu neuen Einheiten verbunden werden.

Bemerkenswert erscheint seine Annahme, daß die Zurückführung der Phänome auf *einfache Prinzipien* erfolgversprechend sei. Im einzelnen postulierte er für Systeme mit mehreren Bindungen die folgenden räumlichen Geometrien:

2 Bindungen: gestreckte Anordnung (diagonale Anordnung)

3 Bindungen: ausgerichtet in die Ecken eines gleichseitigen Dreiecks (trigonale Anordnung)

4 Bindungen: ausgerichtet in die Ecken eines regulären Tetraeders

5 Bindungen: ausgerichtet in die Ecken einer regelmäßigen dreiseitigen Bipyramide

6 Bindungen: ausgerichtet in die Ecken eines regelmäßigen Oktaeders (quadratische Bipyramide)

Damit nahm DALTON wesentliche Bestandteile des modernen Valenzelektronenpaar-Abstoßungs-Modells von GILLESPIE und NYHOLM (vgl. Kap. 6.6.2) vorweg.

Aus der gleichen Zeit, 1806, datiert DAVYS bemerkenswerte Hypothese, daß eine chemische Vereinigung (d. h. das Knüpfen einer Bindung) und ein chemischer Zerfall (d. h. das Trennen einer Bindung) elektrische Phänomene sind [66].

Über diese qualitative Erkenntnis gingen die Annahmen von J. J. BERZELIUS hinaus: Aufgrund seiner elektrochemischen und thermochemischen Untersuchungen schrieb er allen Atomen einen elektrischen Dipolcharakter zu, deren elektropositiver Pol und elektronegativer Pol ungleiche Stärken aufweisen sollten. Atome unterschiedlicher Elemente sollten sich hinsichtlich ihres Überschusses an positiver oder negativer Ladung unterscheiden. BERZELIUS hielt Sauerstoff für das elektronegativste und Kalium für das elektropositivste Element, Wasserstoff und Kohlenstoff bildeten die Mitte dieser Skala. Als Triebkraft für chemische Reaktionen sah er das Bestreben zum Ausgleich solcher Überschußladungen durch Kombination unterschiedlich geladener Atome an. Er nannte dieses Bestreben *Affinität*. In seinem Lehrbuch der Chemie [67] schrieb er 1818: »... Beim Ausgleich einer kräftigen Affinität steigt die Temperatur oft bis zur Entzündung, während der Ausgleich einer schwachen Affinität die Temperatur nur um wenige Grade steigen läßt.«

BERZELIUS konnte mit dieser Vorstellung bereits alles das erklären, was heute mit den Begriffen *Ionenbindung* und *polare kovalente Bindung* bezeichnet wird. Er nahm damit wesentliche Teile von PAULINGS Elektronegativitätskonzept vorweg. Das Phänomen der unpolaren Bindung und damit alle Reaktionen der Organischen Chemie blieben ohne Erklärung.

Eine Beschreibung der Bindungsverhältnisse in der Organischen Chemie wurde erst möglich, als man auf die Berücksichtigung der »elektrischen Natur« der Bindung verzichtete. Der Erfahrung der Chemiker in der Organischen Chemie entsprach vielmehr, daß jede Atomsorte eine spezifische Anzahl von Bindungen, von *Valenzen*, betätigen konnte. COUPER faßte diese Vorstellungen 1858 in Aufsätzen zusammen, in denen auch zum ersten Mal die heute noch üblichen Strukturformeln verwendet wurden, aus denen die Anzahl der Atome und ihre gegenseitige Verknüpfung hervorgeht [68]. Die Schreibweise, die Atome durch einen Kreis mit Elementsymbolen und Bindungen als Striche wiedergab, wurde von CRUM BROWN und FRANKLAND in London weiterentwickelt [69]. Die folgenden Originalbeispiele sollen verdeutlichen, welche Bedeutung diese Schreibsweise hat, aber auch, welche Unvollkommenheiten sie aufweist.

Auch heute erscheinen uns die Formeln für

Methylamin

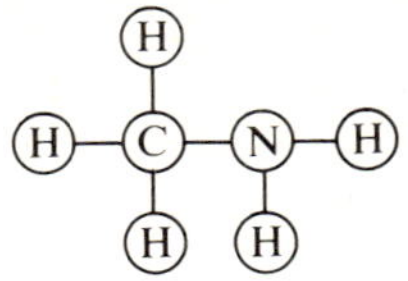

Salpetersäure

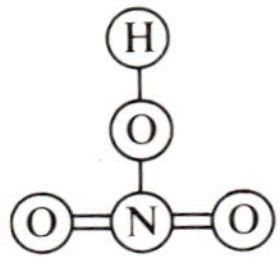

Ethen

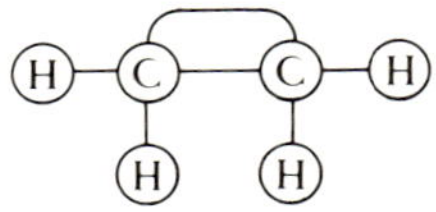

durchaus richtig. Das einsame Elektronenpaar an Zink und Quecksilber war in seiner Bedeutung bereits erkannt und sinnfällig dargestellt:

Die Formel für

Stickstoff

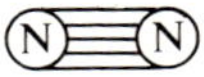

Ammoniumchlorid

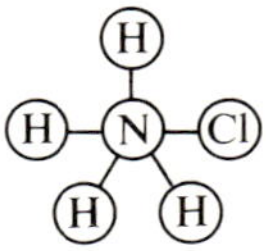

Aluminiumchlorid

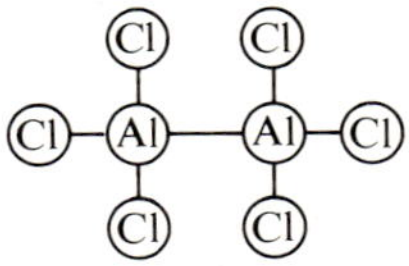

und insbesondere für

Benzol

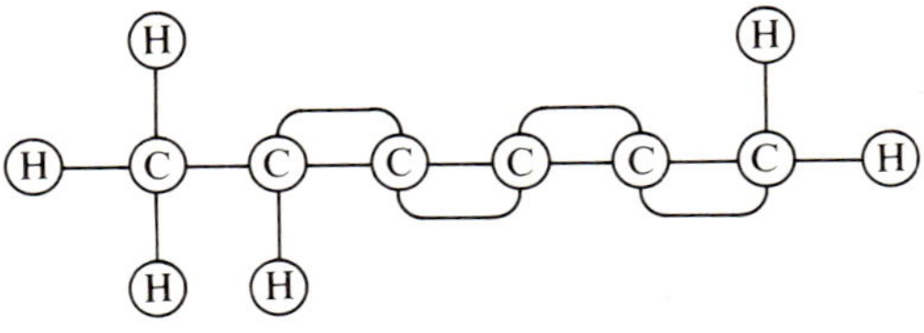

befriedigen jedoch nicht oder nicht mehr.

Der später am gleichen Institut in London tätige HOFMANN definierte den Begriff der Wertigkeit (der heutigen formalen Oxidationszahl) und führte eine auch heute übliche Schreibweise ein [70]:

$$P^{V}, As^{III}, Fe^{II}$$

FRANKLAND und HOFMANN waren aufgrund ihrer Untersuchungen gezwungen, für viele Elemente mehr als eine Wertigkeitsstufe zu berücksichtigen.

Der Organiker F. A. KEKULÉ, der gleichzeitig mit COUPER das Valenzkonzept formulierte, berücksichtigte demgegenüber nur *eine* Wertigkeit (»Atomizität«), die für ihn eine unveränderliche Atomeigenschaft war wie das Atomgewicht. Trotz dieses Fehlers hat sein Konzept für den Bereich der Organischen Chemie den Charakter einer praktischen Wahrheit. Durch ihn selbst hat diese Auffassung zu enormen Fortschritten beim Verständnis von Bindungs- und Moleküleigenschaften geführt.

Die besonderen Bindungsverhältnisse im Benzol erforderten eine Abkehr von der starren Strichsymbolik und die Einsicht, daß ein und derselbe Zustand nur durch die gleichzeitige Angabe von mehreren Strichformeln (»Grenzstrukturen«) beschreibbar ist [71].

Die Valenzvorstellung war von besonderem Wert bei dem Versuch, die chemischen Elemente zu ordnen: chemische Ähnlichkeit wurde deutbar als Gleichheit im Valenzverhalten. Die Ordnung der Elemente nach der Zusammensetzung ihrer Wasserstoff- und Sauerstoffverbindungen führte MENDELEJEFF 1869 zur Formulierung des Periodensystems [62, 72].

L. PASTEUR hat 1860 die unterschiedlichen Formen der Weinsäure als optische Isomere erkannt. Die Deutung dieses Phänomens schien ihm selbst über räumliche Modelle von Atomen und Bindungen möglich. Die Konsequenzen für die Valenzvorstellung zogen allerdings J. H. VAN'T HOFF [73] und J. A. LE BEL [74] (1870). Zwar hatte schon KEKULÉ vorgeschlagen, daß die vom Kohlenwasserstoff ausgehenden Valenzen in die Ecken eines regulären Tetraeders zeigen sollten [71], aber erst VAN'T HOFF und LE BEL vermochten mit diesem Modell das Auftreten optisch aktiver Substanzen verständlich zu machen (vgl. Abb. 20).

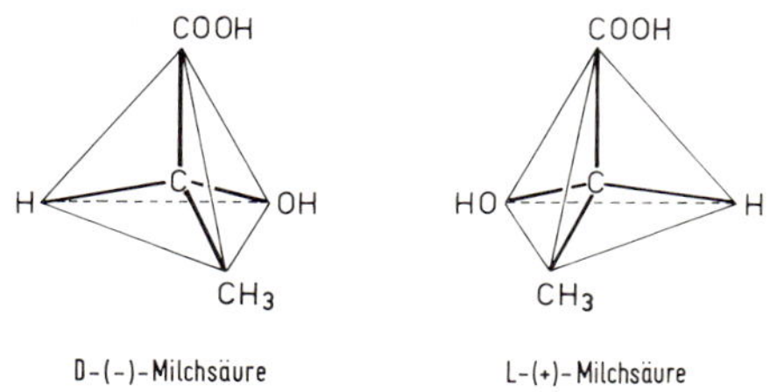

Abb. 20: Die isomeren Formen der Milchsäure
Die beiden Enantiomeren verhalten sich wie Bild und Spiegelbild. Die reinen Substanzen zeigen einen spezifischen Drehwert von +2,26° (L(+)-Milchsäure) bzw. −2,26° (D-(−)-Milchsäure).

Mit dem Valenzkonzept konnte man also nunmehr Aussagen über die Bindungsanzahl und die Bindungsstärke sowie über Bindungsrichtungen und Molekülgeometrie machen.

Die Anorganische Chemie war von den Folgen des organischen Valenzkonzepts weitgehend unberührt geblieben; sie verwandte weiterhin die elektrostatischen Vorstellungen von BERZELIUS. Immer häufiger wurden anorganische Verbindungen synthetisiert, deren Aufbau unvereinbar mit den üblichen Bindungsvorstellungen war. Man versuchte schließlich auch hier, die Valenztheorie anzuwenden. Der Durchbruch gelang A. WERNER [75]. Das rätselhafte Verschwinden von analytisch sonst nachweisbaren Ionen in keineswegs ungewöhnlichen Verbindungen ließ sich mit dem aus der Organischen Chemie entlehnten Valenzkonzept widerspruchsfrei lösen:

Die Nachweisreaktionen auf Cyanid- und Eisen-Ionen fallen nach der Reaktion

$$6\ KCN + FeCl_2 \rightarrow K_4[Fe(CN)_6] + 2\ KCl$$

negativ aus, weil diese Teilchen nicht mehr als Ionen vorliegen; sie müssen über Valenzen aneinander gebunden sein, was WERNER durch folgendes Formelbild veranschaulichte:

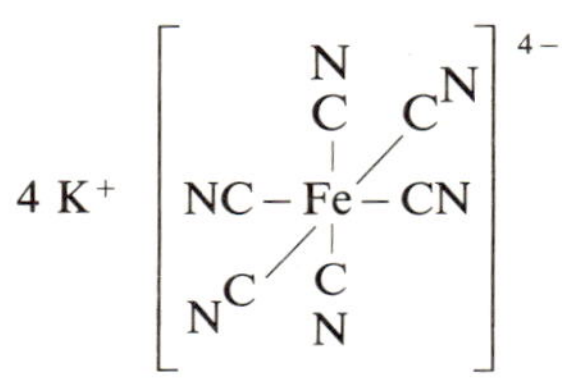

Trotz der *praktischen* Erfolge blieben alle Modelle *logisch* unbefriedigend, weil eine kausale Rückführung auf ein einheitliches Atommodell unmöglich war.

Mit der Erkenntnis, daß das Elektron ein Bestandteil des Atoms und für die chemische Bindung verantwortlich ist, wurde das Modell des Elektrons Ausgangspunkt für die Entwicklung von verfeinerten Atommodellen und Bindungskonzepten.

Als von N. BOHR das erste brauchbare Atommodell veröffentlicht war, ließen sich das Ionenbindungskonzept der Anorganiker und das Valenzkonzept der Organiker unmittelbar einsichtig auf dieses zurückführen. Das BOHRsche Modell unterschied zwischen Valenzelektronen und inneren Elektronen, wobei letztere in Anzahl und Anordnung mit der Elektronenkonfiguration des dem Element vorangehenden Edelgases übereinstimmten. Nach W. KOSSEL [76] können die äußeren Elektronen (Valenzelektronen) eines Atoms so lange abgegeben werden, bis die Elektronenkonfiguration des vorangegangenen Edelgases erreicht ist, bzw. so lange Elektronen von anderen Atomen aufgenommen werden, bis die Elektronenkonfiguration des folgenden Edelgases erreicht ist.

So werden aus den Atomen

$$\mathrm{Na}\cdot \text{ und } \cdot\underset{\cdot\cdot}{\dot{\mathrm{Cl}}}:$$

die Ionen

$$\mathrm{Na}^{+} \text{ und } :\underset{\cdot\cdot}{\dot{\mathrm{Cl}}}:^{-}\ ,$$

wobei Na^{+} und Cl^{-} die Elektronenkonfigurationen von Ne bzw. Ar erreichen.

Genau wie das BERZELIUSsche Konzept erwies sich diese Annahme als unzureichend für die Beschreibung typisch kovalenter Bindungen wie etwa im Methan-Molekül:

$$\begin{array}{c} \\ 4\,\mathrm{H}\cdot + \cdot\underset{\cdot}{\dot{\mathrm{C}}}\cdot \rightarrow \\ \\ \end{array} \begin{array}{c} \mathrm{H}^{+} \\ \mathrm{H}^{+}\ :\underset{\cdot\cdot}{\dot{\mathrm{C}}}:^{4-}\ \mathrm{H}^{+} \\ \mathrm{H}^{+} \end{array}$$

Ein anderes, auf dem BOHRschen Atommodell aufbauendes »Valenzelektronen-Rumpfelektronen-Modell« wurde von G. N. LEWIS [77] ebenfalls 1916 im Hinblick auf die Verbindungen entwickelt, die sich mit dem COUPERschen Valenz-Konzept beschreiben ließen.

Er schlug dazu vor, die »normale« Bindung, etwa die zwischen C und H oder C und C, als Elektronen*paar* aufzufassen, das sich beide Atome teilen und zu dem jedes Atom ein Elektron beisteuert. Entsprechend der Erfahrung, daß in Verbindungen meist Konfigurationen mit vier Elektronenpaaren pro Atom gefunden werden, entwickelte er ein *Oktett-Modell*. Diese Paare sollten dabei die Hälfte der Ecken eines den Atomkern umgebenden Würfels besetzen. Einzelbindungen stellten sich hiernach als Eckenverknüpfungen, Doppelbindungen als Flächenverknüpfungen von Würfeln dar.

Außerdem schlug er folgende Kurzschreibweise vor:

$$:\underset{\cdot\cdot}{\ddot{\mathrm{Cl}}}\cdot + \cdot\underset{\cdot\cdot}{\ddot{\mathrm{Cl}}}: \rightarrow\ :\underset{\cdot\cdot}{\ddot{\mathrm{Cl}}} : \underset{\cdot\cdot}{\ddot{\mathrm{Cl}}}:$$

Ersetzte man nun jeweils zwei Punkte durch einen Strich, so erhielt man das gleiche Bild wie in der Valenz-Schreibweise.

Die Aussage der LEWISschen Symbolik ging allerdings über die der Valenz-Strich-Symbolik hinaus: Man konnte nunmehr unterscheiden zwischen Elektronenpaaren, die eine Bindung bewirkten (bindende Elektronenpaare) und solchen, die nicht an einer Bindung beteiligt waren (freie Elektronenpaare). Solche freien Elektronenpaare konnten ihrerseits zum Auffüllen von Elektronenlücken an anderen Atomen dienen und so Bindungen bilden. Dieser Bindungstyp konnte nun auf einfache Art die »neuen« Valenzen der WERNERschen Koordinationslehre und den Aufbau solcher Teilchen wie etwa des Kupfer-Ammin-Komplexes und des Sulfat-Ions erklären:

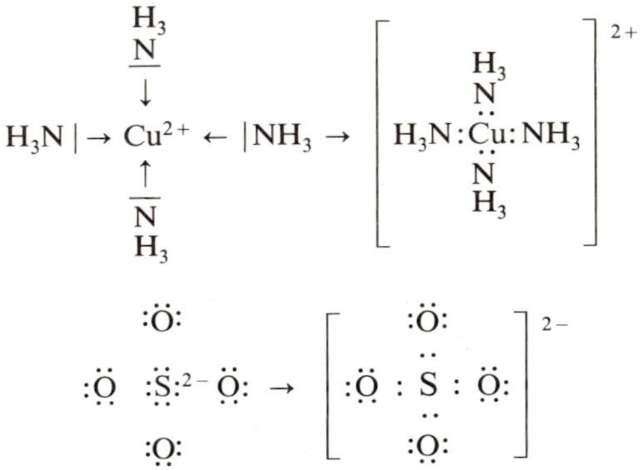

Das Korpuskelmodell des Elektrons und die sich daraus ergebenden Bindungsmodelle waren nicht in der Lage, eine Reihe von wichtigen Erscheinungen plausibel zu deuten: Dazu zählten beispielsweise die polare kovalente Bindung (und damit der wichtigste Bindungstyp), die Beschreibung von Elektronenmangelverbindungen (z. B. die Chemie des Bors und seiner Verbindungen) und das Reaktionsverhalten von Benzol. Viele stereochemische Probleme waren nicht deutbar, so der Wegfall der freien Drehbarkeit bei Mehrfachbindungen. Auch ließen sich Aussagen über die Energetik und Kinetik selbst einfacher chemischer Reaktionen und die Wechselwirkung von Materie und Licht (Farbigkeit von Verbindungen) nicht ableiten.

Ein wesentlicher Fortschritt ergab sich erst durch die Einführung des Wellenmodells für das Elektron.

4.2 Die Beschreibung von Bindungen mit Hilfe des Wellenmodells für das Elektron

Unmittelbar im Anschluß an SCHRÖDINGERS Veröffentlichungen zur Beschreibung der Zustände des Elektrons im Wasserstoff-Atom wurden Versuche unternommen, diesen Ansatz auf Moleküle zu übertragen. Man begann zunächst mit den einfachsten, dem H_2^+- und dem H_2-Molekül. Zwei Konzepte erlangten in der Folgezeit Bedeutung:

- Bei der *Valenz-Bindungs-Methode (VB-Methode)*, die auf HEITLER und LONDON [78] zurückgeht, wird das neue Teilchen als Produkt der Wechselwirkung der Orbitale der Einzelatome aufgefaßt.

- Bei der *Molekülorbital-Methode (MO-Methode)*, die zum ersten Mal von HUND [79] angewandt wurde, versuchte man, die SCHRÖDINGER-Gleichung für Elektronen im Potentialfeld mehrerer Kerne aufzustellen und zu lösen.

4.2.1 Die Molekülorbital-Methode

4.2.1.1 Die Beschreibung von H_2^+ *mit der Molekülorbital-Methode*

Die SCHRÖDINGER-Gleichung für ein Elektron im Bereich zweier Protonen ist prinzipiell die gleiche wie die für das Elektron im H-Atom:

$$\frac{\partial^2 \psi}{\partial x^2} + \frac{\partial^2 \psi}{\partial y^2} + \frac{\partial^2 \psi}{\partial z^2} + \frac{8\pi^2 m_e}{h^2} [E_{ges} - E_{pot}] \psi = 0$$

Sie unterscheidet sich von dieser lediglich in dem Term für die potentielle Energie, in dem nun sowohl die potentielle Energie der Kerne untereinander (E_{pot_1}) als auch die potentielle Energie des Elektrons im Feld der beiden Kerne (E_{pot_2}) berücksichtigt wird. Es gilt

- für die Abstoßungsenergie E_{pot_1} der beiden Kerne:

$$E_{pot_1} = -k \frac{e^2}{R} \quad (R \text{ Kernabstand}) ,$$

- für die Anziehungsenergie E_{pot_2} zwischen dem Elektron und den beiden Kernen:

$$E_{pot_2} = +k \frac{e^2}{r_A} + k \frac{e^2}{r_B}$$

Dabei sind: r_A und r_B Abstände des Elektrons von den Kernen.

Die SCHRÖDINGER-Gleichung lautet dann:

$$\left[\frac{\partial^2 \psi}{\partial x^2} + \frac{\partial^2 \psi}{\partial y^2} + \frac{\partial^2 \psi}{\partial z^2}\right] + \frac{8\pi^2 m_e}{h^2} \left(E_{ges} + k \frac{e^2}{R} - k \frac{e^2}{r_A} - k \frac{e^2}{r_B}\right) \psi = 0$$

Eine Lösung dieser Gleichung ist möglich, wenn man ein dem Problem angemessenes Koordinatensystem wählt. Im Fall des Wasserstoff-Atoms wählte man aus Gründen der Zweckmäßigkeit Polarkoordinaten (vgl. Kap. 3.7). Hier kann man eine Separation nach Variablen vornehmen, wenn man Elliptische Zylinderkoordinaten wählt. Entsprechend Abb. 21 werden r_A und r_B durch ρ und P ersetzt.

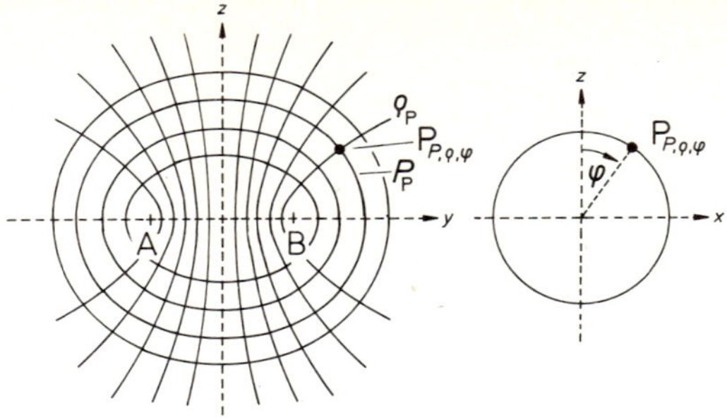

Abb. 21: Elliptische Zylinderkoordinaten
Die Verwendung dieser Koordinaten ist zweckmäßig, weil in einem Potentialfeld zweier gleicher Kerne die Orte gleicher Feldstärke auf Rotationsellipsoiden liegen, deren Brennpunkte die Kerne sind. Die Richtung des Feldes in den Punkten des Raumes wird durch die Hyperbel angegeben, die durch diesen Punkt verläuft und die Kerne als Brennpunkte hat. Ein Punkt P im Raum um A und B, die voneinander den Abstand R haben, wird beschrieben durch die elliptischen Koordinaten P [groß Rho; $P = (r_A + r_B) \cdot R^{-1}$; r_A und r_B sind die Abstände des Punktes P von A und B], ρ [klein Rho; $\rho = (r_A - r_B) \cdot R^{-1}$] und den Azimutalwinkel φ.

Dabei geht der LAPLACE-Operator Δ

$$\left[\frac{\partial^2}{\partial x^2} + \frac{\partial^2}{\partial y^2} + \frac{\partial^2}{\partial z^2}\right] = \Delta$$

über in:

$$\left[\frac{4}{R(P^2-\rho^2)}\left\{\frac{\partial}{\partial P}\left((P^2-1)\frac{\partial}{\partial P}\right) + \frac{\partial}{\partial \rho}\left((1-\rho^2)\frac{\partial}{\partial \rho}\right) + \frac{P^2-\rho^2}{(P^2-1)(1-\rho^2)}\frac{\partial^2}{\partial \varphi^2}\right\}\right] = \Delta$$

Die SCHRÖDINGER-Gleichung lautet jetzt:

$$\left[\frac{4}{R(P^2-\rho^2)}\left\{\frac{\partial}{\partial P}\left((P^2-1)\frac{\partial \psi}{\partial P}\right) + \frac{\partial}{\partial \rho}\left((1-\rho^2)\frac{\partial \psi}{\partial \rho}\right) + \frac{P^2-\rho^2}{(P^2-1)(1-\rho^2)}\frac{\partial^2 \psi}{\partial \varphi^2}\right\}\right]$$

$$+ \frac{8\pi^2 m_e}{h^2}\left(E_{ges} - \mathrm{k}\frac{e^2}{R} + \mathrm{k}\frac{e^2}{P+\rho} + \mathrm{k}\frac{e^2}{P+\rho}\right)\psi = 0$$

Zur Lösung betrachtet man zunächst R als willkürlich festlegbare Konstante und separiert die Gesamtfunktion in drei Teilfunktionen nach den Variablen ρ, P und φ. Im einfachsten Falle sind die Lösungen auch von φ unabhängig. Die beiden verbleibenden Differentialgleichungen müssen, da die Stammfunktionen nicht bekannt sind, in LEGENDRE-Polynome entwickelt und numerisch integriert werden (vgl. [98, 99]).

Wie für das Wasserstoff-Elektron erhält man für das Elektron im H_2^+ beliebig viele Lösungen. Analog der in Kap. 3.7 beschriebenen Darstellung werden für jede Lösungsfunktion Wertepaare von Ortskoordinaten bestimmt, für die ψ bzw. ψ^2 konstant sind. Diese Orte werden miteinander verbunden. Es entstehen zweidimensionale Konturfunktionen. Für die energetisch niedrigsten Lösungen erhält man so Darstellungen wie in Abb. 22.

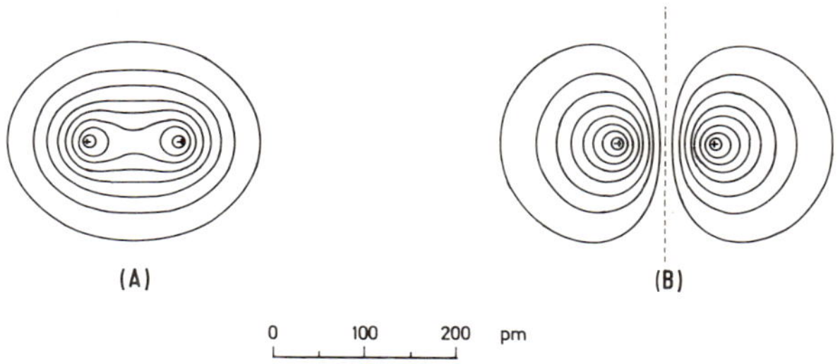

Abb. 22: Konturfunktionen der einfachsten »natürlichen« Orbitale für H_2^+ (verändert nach BATES et al. [80])
(A) Grundzustand (bindend)
(B) erster angeregter Zustand (antibindend), Projektion der Knotenfläche gestrichelt.
Die Konturlinien für ψ^2 haben (von außen nach innen) folgende Werte (Angaben in 10^{30} m^{-3}): 0,338; 0,676; 1,01; 1,35; 1,69; 2,03; 2,36; 2,70. (Zu den Begriffen »bindend« und »antibindend« vgl. Kap. 4.2.1.3.).

4.2.1.2 Die Beschreibung von zweikernigen Vielelektronensystemen nach dem Aufbauprinzip

SCHRÖDINGER-Gleichungen für zweikernige Systeme sind nur exakt lösbar, wenn sie wie H_2^+ nur *ein* Elektron aufweisen. Bereits für das H_2-Molekül sind nur noch Näherungslösungen möglich, die, wenn sie mit experimentellen Daten in Einklang stehen sollen, äußerst aufwendig sind [81, 82]. Aus dem gleichen Grunde beschrieb man bereits Vielelektronenatome vereinfachend mit der Vorstellung, daß die jeweiligen (hypothetischen) Einzelelektronen dieses Systems Zustände einnehmen, die denen des angeregten Wasserstoff-Elektrons ähnlich sind (Kap. 3.9). Da sich dieser Ansatz als nützlich erwiesen hatte, übertrug man ihn sinngemäß auf Vielelektronensysteme mit zwei Kernen, wobei die Elektronen hier Zustände (Molekülorbitale) besetzen sollten, die denen des Elektrons im angeregten H_2^+ ähnlich sind. Ebenso übertrug man die Aufbauregeln für Vielelektronenatome auf die Vielelektronenmoleküle. Bei den Vielelektronenatomen war die Energie der Orbitale eine Funktion der Kernladungszahl und der Gesamtelektronenanzahl (vgl. Abb. 15); hier ist sie außerdem abhängig vom Abstand der Kerne, dem sogenannten *Bindungsabstand.* Dies geht aus der Abb. 23 hervor. Wollte man beide Abhängigkeiten gemeinsam darstellen, so müßten Abb. 15 oder Abb. 23 um je eine Dimension erweitert werden.

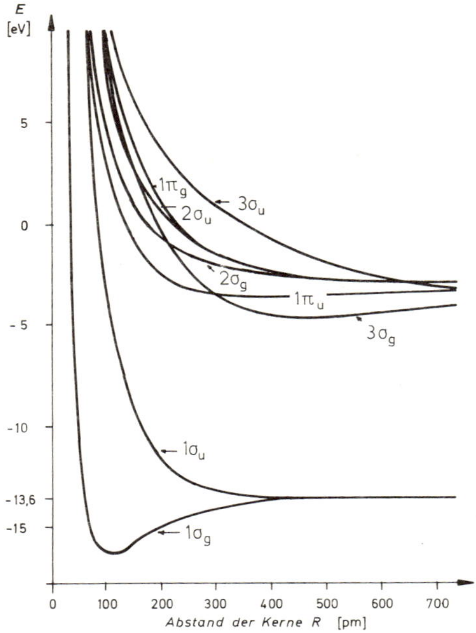

Abb. 23: Energien für unterschiedliche Zustände des Elektrons im System H_2^+ als Funktion des Kernabstandes *R* (verändert nach SLATER [83])
Bezeichnung der acht einfachsten Zustände des Elektron in spektroskopischer Notierung. Dabei bedeuten σ rotationssymmetrische und π spiegelsymmetrische Zustände; 1, 2 und 3 sind Laufzahlen; g (gerade) und u (ungerade) geben an, daß die Wellenfunktion symmetrisch (g) bzw. nichtsymmetrisch (u) bezüglich einer Inversion am Mittelpunkt zwischen den beiden Kernen ist.

Dies wurde um 1932 auch ansatzweise von HUND und MULLIKEN versucht [79, 84]. Ihre sogenannten Korrelationsdiagramme haben jedoch an Bedeutung verloren, seit man die Wellenfunktionen zweiatomiger Moleküle halbempirisch berechnen kann.

Der Wahrheitsgehalt dieses durch Übertragung eines Denkansatzes entstandenen, vereinfachenden Molekülorbital-Modells mußte durch Experimente erwiesen werden. Selbst bei einfachen Molekülen war es schwer, Experimente zur Bestätigung der Hypothesen zu finden. Man mußte auf – letztlich indirekte – spektroskopische Methoden zurückgreifen. Möglich waren

- Emissions- und Absorptionsmessungen an elektromagnetischer Strahlung. Dabei ließen sich Elektronenübergänge mit der Spektroskopie im ultravioletten und sichtbaren Bereich und mit der Photoelektronenspektroskopie erfassen, Schwingungsübergänge mit der Infrarot- und RAMAN-Spektroskopie.
- Interferenzmessungen aus Beugungsphänomenen (Neutronenstrahlbeugung und Elektronenstrahlbeugung).

HUND und MULLIKEN konnten durch die Auswertung von UV/VIS-Spektren zeigen, daß ihr Konzept qualitativ richtig, aber quantitativ unzureichend war [79, 84, 85].

4.2.1.3 Die Beschreibung von zweikernigen Vielelektronenmolekülen mit der LCAO-MO-Näherung

Die Beschreibung von Molekülen, die mehr als zwei Elektronen aufweisen, bleibt unbefriedigend, wenn man nach dem in Kap. 4.2.1.2 geschilderten Aufbauprinzip verfährt. Nach den Abb. 15 und 23 ist auch nicht zu erwarten, daß

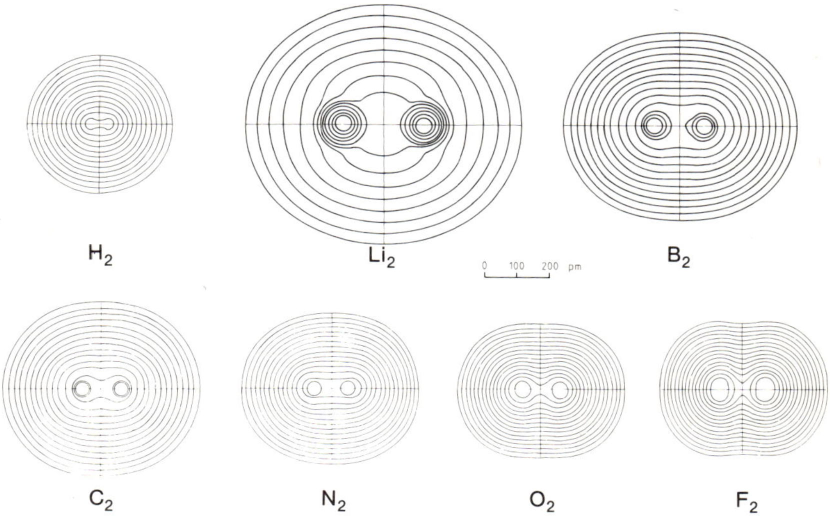

Abb. 24: Konturdiagramme der Gesamtelektronendichten, d. h. Summen der Einzelelektronendichten, für Moleküle A_2 aus Atomen von Elementen der ersten und zweiten Periode (verändert nach WAHL [86])
Die Dichten betragen für die äußersten dargestellten Isolinien für alle Moleküle $41{,}2 \cdot 10^{25}$ m^{-3}. Nach innen verdoppeln sich diese Werte von Linie zu Linie. Die innerste Isolinie entspricht damit für H_2 $1{,}69 \cdot 10^{30}$ m^{-3}, für alle anderen $6{,}76 \cdot 10^{30}$ m^{-3}.

man auf einfache Art einen Zusammenhang zwischen Kernladungszahl, Kernabstand, Anzahl der Elektronen und der Elektronenenergie in den einzelnen Zuständen herstellen kann.

Mit modernen Großrechnern lassen sich auch ψ-Funktionen für kompliziertere Moleküle berechnen. So können auch Konturfunktionen für bestimmte Werte von ψ oder ψ^2 analog zu Abb. 22 erhalten werden. Für einige einfache Moleküle sind derartige Konturfunktionen in Abb. 24 wiedergegeben.

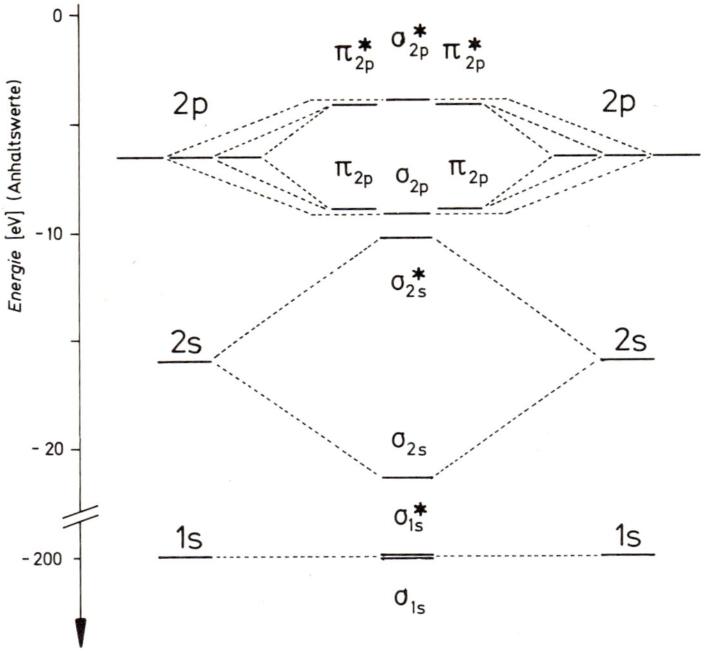

Abb. 25: MO-Schema für O_2 mit zugehörigen Energiewerten

Wie vorsichtig man sein muß, wenn man die Ergebnisse derartiger Rechnungen benutzen will, geht aus einem Vergleich von nach verschiedenen Näherungsverfahren berechneten Orbitalenergien mit Meßdaten hervor, die aus Photoelektronenspektren (PES) gewonnen wurden (Tab. 8). Man geht davon aus, daß die PES eine Bestimmung der MO-Energien ermöglichen (zum Meßverfahren und den möglichen Aussagen vgl. [87, 88]).

Um dennoch mit relativ einfachen Mitteln Aussagen über Elektronenzustände im Molekül machen zu können, wurde ein anderer Ansatz verfolgt, der auch auf das wellenmechanische Bild vom Elektron zurückgriff. Dabei versuchte man, ψ-Funktionen für die Zustände von Elektronen in Molekülen zu gewinnen, indem

Tab. 8: Energien der Molekülorbitale im N_2 (Angaben in eV)

MO	(1)	(2)	(3)	(4)	(5)	(6)	(7)
σ^*_{2p}				+33,4	+14,3	+52,8	+30
π^*_{2p}				+8,2	+5,8	−9,2	+6
σ_{2p}	−15,57	−16,7	−17,3*	−15,1*	−18,3	−13,1	−14
π_{2p}	−16,69	−17,3	−16,9*	−14,8*	−20,4	−15,1	−15
σ^*_{2s}	−18,75	−21,2	−21,2	−19,4	−25,2	−19,2	−19
σ_{2s}	−37	−40,1	−40,0	−38,6	−43,3	−30,8	−39
σ^*_{1s}	−410	−427	−426				
σ_{1s}	−419	−427	−427				

(1) Meßwerte aus PES [89, 90]
(2) berechnet nach HARTREE-FOCK [91]
(3) berechnet nach HARTREE-FOCK [92]
(4) berechnet *ab initio* [93]
(5) berechnet nach CNDO [94]
(6) berechnet nach Extended HÜCKEL [95]
(7) berechnet nach LCAO-MO [87]
Bei den mit * versehenen Werten ist die Abfolge der MO gegenüber der Messung vertauscht. Die so gekennzeichneten Werte entsprechen der Abfolge im »Normalschema« (vgl. Abb. 25)

man Linearkombinationen der ψ-Funktionen der beteiligten Zustände der Einzelatome bildete. Die so erhaltenen ψ-Funktionen führten zu Termschemata, die in einem weiteren Schritt mit den dem Molekül zur Verfügung stehenden Elektronen besetzt wurden.

Für das H_2-Molekül ergaben sich nach diesem Prinzip folgende neue ψ-Funktionen:

$$\psi_{MO_{H_2}} \approx \psi_{H_A} \pm \psi_{H_B}$$

Fragt man nach den bei der Kombination zu berücksichtigenden Zuständen, so ergibt sich, daß zur Beschreibung des Grundzustandes die 1s-Atomorbitale ausreichen, da sie die energetisch niedrigsten sind und energetisch höhere nur in den angeregten Atomen besetzt werden:

$$\psi_{MO_{H_2}} \approx \psi_{1s(A)} \pm \psi_{1s(B)}$$

Da für jedes einzelne Elektron $\int_{-\infty}^{\infty}\int_{-\infty}^{\infty}\int_{-\infty}^{\infty} \psi^2 dx\,dy\,dz = 1$ gilt, muß ein geeigneter Normierungsfaktor eingefügt werden:

$$\psi_{MO_{H_2}} = \frac{1}{\sqrt{2}}(\psi_{1s(A)} \pm \psi_{1s(B)})$$

Stellt man die so erhaltenen Funktionen $\psi_{MO_{H_2}^+}$ und $\psi_{MO_{H_2}^-}$ als Konturfunktionen dar, so ergeben sich Bilder, die denen der Abb. 22 sehr ähnlich sind.

Berechnet man die Energien für Elektronen in diesen Molekülorbitalen, so liegen diese für $\psi_{MO_{H_2}^+}$ um denselben Betrag unter der Energie der Ausgangselektronen, wie die für $\psi_{MO_{H_2}^-}$ darüberliegen. Ist das energetisch niedrigere Niveau mit Elektronen besetzt, so resultiert eine Bindung. Man nennt die Orbitale mit diesem Energieniveau *bindende* Molekülorbitale (MO). Die Besetzung der höhergelegenen Niveaus erfordert einen (großen) Energieaufwand. Regt man eines der bindenden Elektronen zu einem Übergang in ein solches Niveau an, so ergibt sich ein instabiler Zustand: Ein derartiges Teilchen spaltet sich spontan in zwei H-Atome. Elektronen mit diesen Wellenfunktionen heißen deshalb *antibindend*, die entsprechenden Orbitale *antibindende* Molekülorbitale (MO*).

Molekülorbitale, deren Energie über der der Ausgangs-AO liegt und die demzufolge antibindend bzw. lockernd sind, werden mit einem Stern (*) gekennzeichnet.

Diese einfachste LCAO-MO-Näherung (**L**inear **C**ombination of **A**tomic **O**rbitals) sagt für ein H_2-Molekül mit je einem Elektron in einem bindenden und einem antibindenden Molekülorbital die gleiche Energie voraus wie für zwei getrennte H-Atome. Dies entspricht nicht den experimentellen Befunden: Da H_2^* – das ist ein derart angeregtes H_2-Molekül – nicht existiert, muß die Besetzung $\psi_{MO_{H_2}^-}$ mehr Energie erfordern, als bei der Besetzung von $\psi_{MO_{H_2}^+}$ freigesetzt wird.

Vergleicht man für das Molekül H_2^+ die Ergebnisse dieser einfachen Linearkombination mit den experimentell bestimmten Bindungsenergien, so zeigt sich, daß die Näherung zu qualitativ richtigen Aussagen führt. Allerdings weist der Vergleich der für H_2 mit der LCAO-MO-Methode errechneten Bindungsenergie mit der experimentell bestimmten (ber.: 2,7 eV; gef.: 4,7 eV) darauf hin, daß das Verfahren auch bei einfachen Molekülen schon quantitativ unbefriedigend ist.

Obwohl die quantitativen Aussagen bei komplizierteren Molekülen ähnlich unzureichend sind, wendet man dieses Modell doch häufig an, weil sein mathematischer Ansatz auch eine anschauliche Interpretation zuläßt.

In der klassischen Wellenmechanik würde die aus einer Linearkombination erhaltene Wellenfunktion eine aus einer Interferenz resultierende Welle beschreiben. Die für H_2 und andere homonucleare zweiatomige Moleküle benutzte Vorschrift

$$\psi_{MO} = a(\psi_A \pm \psi_B)$$

legt nahe, das Molekülorbital als Ergebnis der Interferenz der Atomorbitale zu deuten. Wenn man das Elektron als stehende Welle auffaßt und ψ den Charakter einer Amplitudenfunktion zumißt, dann ist auch die Linearkombination etwas Deutbares.

Bei der Anwendung dieser Methode auf kompliziertere Moleküle ist man zwar zu weiteren Vereinfachungen gezwungen, erhält aber trotz Einschränkung der Anzahl der Orbitalkombinationen in der Regel qualitativ richtige Ergebnisse.

Die Zahl der denkbaren Kombinationen erhöht sich bei komplizierteren Molekülen erheblich. Es zeigt sich aber, daß es in den meisten Fällen ausreicht, eine überschaubare Anzahl von Kombinationen zu berücksichtigen:

- Eine ganze Reihe von Kombinationen scheidet aus Symmetriegründen aus, etwa die Überlagerung eines s-Orbitals mit einem senkrecht zur Bindungsachse stehenden p-Orbital oder einem d_{xy}-Orbital. Sieht man die x-Achse als Bindungsachse an, so sind folgende Kombinationen erlaubt:

s	mit	s, p_x, $d_{x^2-y^2}$, d_{z^2}
p_x	mit	s, p_x, $d_{x^2-y^2}$, d_{z^2}
p_y	mit	p_y, d_{xy}
p_z	mit	p_z, d_{xz}
$d_{x^2-y^2}$	mit	s, p_x, $d_{x^2-y^2}$, d_{z^2}
d_{z^2}	mit	s, p_x, $d_{x^2-y^2}$, d_{z^2}
d_{xy}	mit	p_y, d_{xy}
d_{xz}	mit	p_z, d_{xz}
d_{yz}	mit	d_{yz}

- Darüber hinaus reicht es in den meisten Fällen, nur solche Atomorbitale zu kombinieren, die vergleichbare Energien aufweisen.

Zur Abschätzung des Beitrages, den bestimmte mögliche Orbitalkombinationen liefern, können folgende Kriterien dienen:

- Eine Bindung ist um so stärker, je größer die Räume sind, in denen eine Überlagerung von Wellenfunktionen mit gleichem Vorzeichen eintritt.
- Eine Bindung ist um so stärker, je größer die Werte der ψ-Funktionen in diesen Räumen sind.

Als Beispiel für die Beschreibung eines komplizierteren homonuclearen Moleküls möge das O_2-Molekül dienen. Für eine Überlagerung kommen in erster Näherung folgende Atomorbitale in Frage: 1s mit 1s, 2s mit 2s, $2p_x$ mit $2p_x$, $2p_y$ mit $2p_y$ und $2p_z$ mit $2p_z$. Bei dem auftretenden Bindungsabstand erfolgt die Überlagerung der 1s-Orbitale mit geringen Werten für ψ, so daß bei Besetzung dieser Molekülorbitale mit Elektronen nur eine kleine Energiedifferenz zwischen bindendem und antibindendem Zustand auftritt. Größere Energiedifferenzen sind bei der Wechselwirkung der ψ-Funktionen mit der Hauptquantenzahl $n = 2$ zu erwarten. Berechnet man, welche Energien derartige MO im Vergleich zu den ursprünglichen AO besitzen, so ergibt sich ein Termschema wie in Abb. 25. Ein solches Schema sollte im Prinzip für alle Moleküle A_2 aus Atomen der Elemente der zweiten Periode gelten. Wird dieses Termschema nach den Aufbauregeln mit den dem Molekül insgesamt angehörenden Elektronen besetzt, ergibt sich ein Bild wie in Abb. 26. Offenbar kompensieren sich die Wirkungen der Elektronen in den bindenden und den antibindenden MO, die aus den 1s-AO und den 2s-AO gebildet wurden. In den MO aus den 2p-AO stehen sechs bindenden Elektronen zwei antibindende gegenüber. Dies steht im Einklang mit der beobachtbaren Tatsache, daß ein O_2-Molekül gegenüber zwei einzelnen O-Atomen energetisch begünstigt ist.

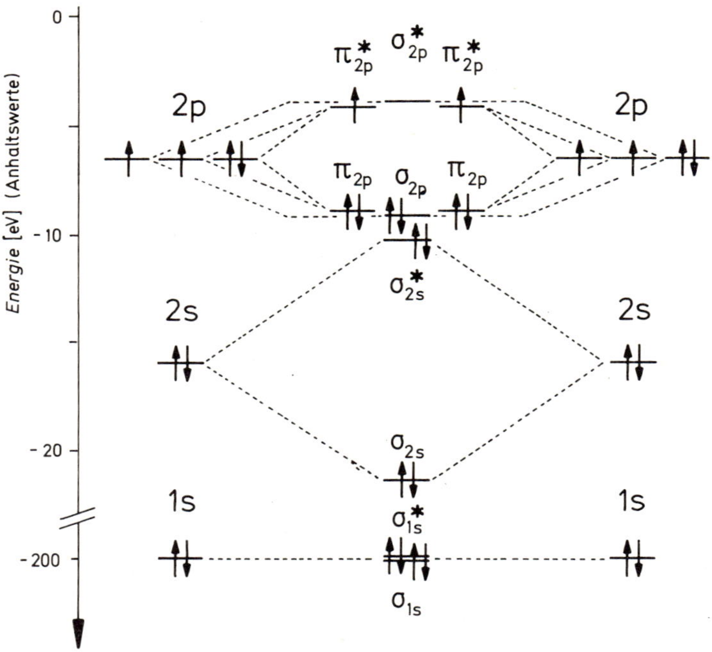

Abb. 26: Elektronenbesetzung der MO im O_2
Reihenfolge der Besetzung entsprechend der HUNDschen Regel.

Das Molekül sollte ein magnetisches Moment haben, da es zwei ungepaarte Elektronen aufweist. Auch dies steht im Einklang mit der Beobachtung.

Die klassische Beschreibung von Bindungen benutzt eine Strichsymbolik, die die Anzahl der an einer Bindung beteiligten Elektronenpaare wiedergibt. Die

---

Abb. 27: Räumliche Konturfunktionen von Atomorbitalen und den durch LCAO entstandenen Molekülorbitalen für die Hauptquantenzahl $n = 2$ bei homonuclearen Molekülen A_2; Bereiche, in denen die zugrundeliegenden ψ-Funktionen unterschiedliches Vorzeichen haben, sind unterschiedlich gerastert.

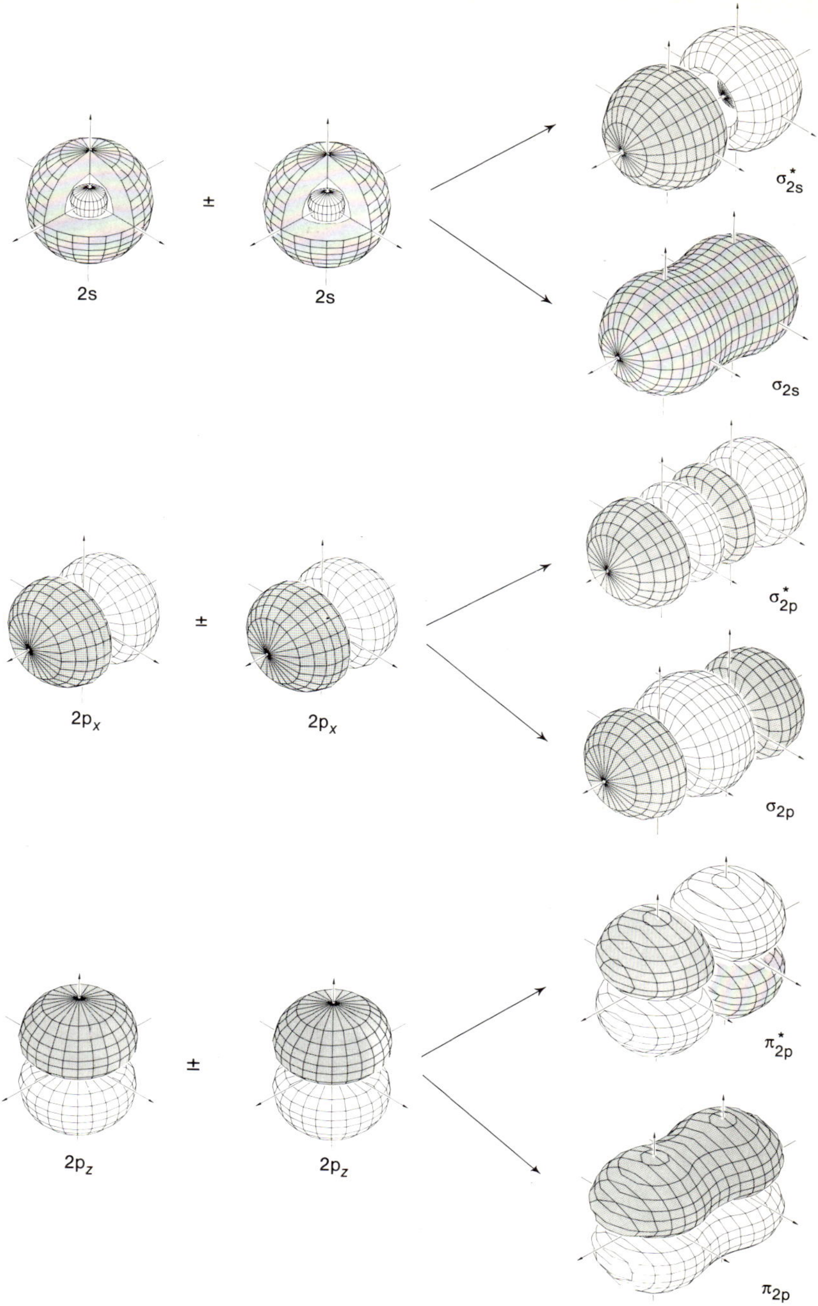

2s
±
2s
σ^*_{2s}
σ_{2s}
$2p_x$
±
$2p_x$
σ^*_{2p}
σ_{2p}
$2p_z$
±
$2p_z$
π^*_{2p}
π_{2p}

Anzahl der Paare pro Bindung wird als *Bindungsgrad* bezeichnet. Eine analoge Aussage über den Bindungsgrad läßt sich auch aus dem Termschema ableiten. Hier ist der Bindungsgrad definiert als *die Hälfte der Differenz der Anzahlen von bindenden und antibindenden Elektronen.* Für das Sauerstoff-Molekül O_2 beträgt er

$$BG = \frac{10 - 6}{2} = 2$$

Die Darstellung der ψ-Funktionen der Atomorbitale für bestimmte vorgegebene Werte von ψ lieferte die sogenannten Konturfunktionen (Kap. 3.7). Aus ihnen konnte man Aussagen über die »Gestalt« der Orbitale, ihre Ausrichtung im Raum, ihre Symmetrieeigenschaften und ihre Knotenflächen gewinnen. In analoger Weise kann man für die durch Linearkombination von Atomorbitalen erhaltenen Molekülorbitale räumliche Konturfunktionen erhalten, die entsprechende Aussagen möglich machen. Solche Funktionen sind für die hier notwendigen Kombinationstypen in Abb. 27 dargestellt.

Danach haben alle bindenden Molekülorbitale zwischen den Kernen nennenswerte Elektronendichten, die nicht durch eine unendlich ausgedehnte Knotenfläche unterbrochen sind. Antibindende Orbitale zeigen demgegenüber derartige Knotenflächen zwischen den Kernen.

Die Kombinationen von 2s- bzw. $2p_x$-AO mit ihresgleichen liefern Molekülorbitale, die rotationssymmetrisch zur Bindungsachse sind. Die Kombinationen von zur Bindungsachse senkrechten p-AO ergibt Molekülorbitale, die nicht rotationssymmetrisch sind. Sieht man vom Vorzeichen der ψ-Funktionen ab, so sind diese Molekülorbitale spiegelsymmetrisch zu derjenigen Knotenebene, die auch die Ausgangsorbitale besaßen.

Alle zur Bindungsachse rotationssymmetrischen Molekülorbitale werden als σ-MO bezeichnet und beschreiben sogenannte σ-Bindungen. Sie können aber, wie auch Abb. 27 zeigt, auf Grund ihrer Entstehung sehr unterschiedliche Gestalt haben, so daß es in vielen Fällen zweckmäßig ist, zur näheren Kennzeichnung die Ausgangsorbitale, etwa als Index, anzugeben, wie σ_{2s}, σ_{2p}, $\sigma_{3d_{z^2}}$, ... $\sigma_{4f_{z^3}}$ ... .

Als π-MO bezeichnet man solche Orbitale, die bezüglich einer die Bindungsachse enthaltenden Knotenebene antisymmetrisch sind. Sie beschreiben sogenannte π-Bindungen. Zu π-Bindungen sind p-, d- und f-AO befähigt. Die jeweilige Herkunft der π-MO geht aus Indices oder einer entsprechenden Kennzeichnung hervor. Neben σ- und π-Bindungen gibt es auch solche noch geringerer Symmetrie, etwa δ-Bindungen, wie sie zur Beschreibung von Vierfachbindungen notwendig werden (vgl. [95, 96]).

Schon bei Molekülen A_2 aus Atomen der Elemente der zweiten Periode führt die Anwendung eines »normalen« Termschemas wie in Abb. 25 zu qualitativen Widersprüchen gegenüber den Meßergebnissen. Die Anwendung des Schemas etwa auf das Molekül C_2 ergäbe, daß das σ_{2p}-MO doppelt, die beiden π_{2p}-MO einfach besetzt wären. C_2 müßte demnach paramagnetisch sein. Der im Experiment gefundene Diagmagnetismus läßt sich mit der LCAO-MO-Methode erst erklären, wenn man die Überlappung der Atomorbitale 2s und $2p_x$ nicht mehr vernachlässigt (vgl. Tab. 8). In Tab. 9 sind Orbitalenergien einiger zweiatomiger Spezies einander gegenübergestellt. Es zeigt sich, daß die Abfolgen der Orbitale in F_2, O_2 und C_2 im Ethen den Abb. 25 und 26 entsprechen, bei N_2 und C_2 jedoch das σ_{2p}-MO über den π_{2p}-MO liegt, daß also dieses Prinzipschema nur eine erste Näherung darstellt.

Will man unter chemischen Aspekten Schlüsse aus Bindungsbeschreibungen nach der MO-Methode ziehen, ist es notwendig, die für den jeweiligen Fall zutreffenden MO-Schemata zu kennen. Eine Reihe von Typen findet sich bei GRAY [97], andere lassen sich aus den Angaben bei JORGENSEN und SALEM [93] erhalten.

Tab. 9: Berechnete Energien der Molekülorbitale in einfachen Molekülen, abgerundete Werte in eV (nach [93, 94, 107])

	F_2	O_2	N_2	C_2 in C_2H_4	C_2
σ^*_{2p}	−11			+23	
π^*_{2p}	−12	−14		−6,5	
π_{2p}	−15	−19	−16	−10	−13
σ_{2p}	−15	−20	−17	−15	
σ^*_{2s}	−38	−30	−21	−21	−14
σ_{2s}	−46	−45	−41	−27	−30
σ^*_{1s}	−718	−563	−427		−310
σ_{1s}	−718	−563	−427		−310

4.2.2 Die Valenz-Bindungs-Methode

4.2.2.1 Das Wasserstoff-Molekül aus der Sicht der Valenz-Bindungs-Methode

Der Ansatz der Valenz-Bindungs-Methode (VB-Methode), der auf HEITLER und LONDON [78, 98, 99] zurückgeht und praktisch gleichzeitig mit der Molekülorbital-Methode entwickelt wurde, geht von zwei zunächst getrennten Atomen aus, deren Elektronen nach der Wellenvorstellung jeweils durch ihre Wellenfunktionen ψ_A bzw. ψ_B beschrieben werden. Nähern sich die beiden Atome, so werden ihre Orbitale zunehmend miteinander in Wechselwirkung treten. Den neuen Zustand versucht man durch geeignete Wellenfunktionen zu beschreiben. Eine derartige Wellenfunktion, die beide Elektronen an ihren jeweiligen Kernen berücksichtigt, lautet:

$$\psi_1 = \psi_A(1) \cdot \psi_B(2)$$

Dabei ist $\psi_A(1)$ die Wellenfunktion des Elektrons (1) am Kern A, $\psi_B(2)$ die des Elektrons (2) am Kern B.

Geht man davon aus, daß bei einer solchen Wechselwirkung die Elektronen (1) und (2) ununterscheidbar werden, und daß sie den Kernen nicht mehr eindeutig zugeordnet werden können, dann ist auch die Wellenfunktion

$$\psi_2 = \psi_B(1) \cdot \psi_A(2)$$

eine das System beschreibende Gleichung.

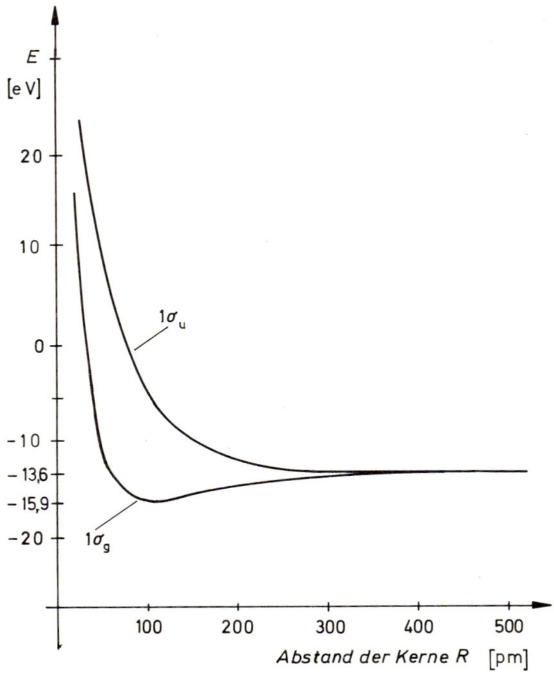

Abb. 28: Gesamtenergie $E(R)$ pro Elektron nach der VB-Methode für H_2 für die beiden sich aus den 1s-AO ergebenden Zustände (verändert nach SUGIURA [100])

ψ_1 und ψ_2 geben dabei jeweils Grenzsituationen bezüglich der Zuordnung der Elektronen zu den Kernen an. HEITLER und LONDON versuchten, die »tatsächlichen« Verhältnisse dadurch zu beschreiben, daß sie eine Mischung der Wellenfunktionen für die beiden Extremfälle vornahmen. In einer ersten Näherung ergab sich damit

$$\psi_{ges} = a\psi_1 + b\psi_2$$

Aussagen über die Größe und das Vorzeichen von a und b ergeben sich, wenn man an Stelle von ψ das Quadrat des Absolutbetrages von ψ betrachtet:

$$\psi_{ges}^2 = a^2\psi_1^2 + b^2\psi_2^2 + 2ab\,\psi_1\psi_2$$

Da im vorliegenden Fall beide Atome gleich sind, muß $a^2 = b^2$ sein. Dies gilt für a = b und für a = – b, so daß für ψ_{ges} resultiert:

$$\psi_{ges}^+ = a(\psi_1 + \psi_2) \qquad \psi_{ges}^- = a(\psi_1 - \psi_2)$$

Der Normierungsfaktor a ist dabei selbst eine Funktion des Kernabstandes R.

SUGIURA [100] konnte zeigen, daß die Lösung dieses Ansatzes zwei Funktionen $E(R)$ liefert, die je zwei Elektronen beschreiben, die sich nur in ihrem Spin unterscheiden. Von diesen weist die eine, $E_+(R)$, ein Minimum bei 75 pm, die andere, $E_-(R)$, kein Minimum auf, (Abb. 28). Die Dissoziationsenergie für H_2 ergab sich nach dieser Rechnung zu 3,2 eV und wich damit von der experimentell gefundenen von 4,4 eV weniger ab als die nach der MO-Methode bestimmte. Berechnet man nach diesem Verfahren die Konturfunktionen für vorgegebene Werte von ψ und ψ^2, so erhält man Diagramme, die denen in Abb. 22 ähnlich sind.

Die Berechnung der Energien $E_+(R)$ und $E_-(R)$ für das Molekül H_2 führte zu Ausdrücken, in denen drei Integrale auftreten, die jeweils einer physikalischen Deutung zugänglich schienen. Eines erfaßt die elektrostatische Wechselwirkung der vorhandenen Ladungen (COULOMB-Integral), ein anderes das relative Ausmaß der Überlappung der beiden Ausgangswellenfunktionen (Überlappungsintegral), das dritte (Austauschintegral) hat, wie das COULOMB-Integral, die Dimension einer Energie und wurde ursprünglich als Austauschenergie interpretiert. Für dieses Austauschphänomen gebrauchte bereits SUGIURA den Begriff »Resonanz«. Obwohl diese Hypothese offenbar keiner physikalischen Realität entspricht, hat sie sich – vielleicht auch wegen ihrer Vorstellbarkeit – als nützlich für die Beschreibung auch von komplizierteren Bindungen und deren Eigenschaften erwiesen. Eine umfassende Anwendung dieser Resonanzvorstellung auf chemische Probleme erfolgte insbesondere durch L. PAULING.

4.2.2.2 Die Beschreibung komplizierterer Moleküle mit Hilfe anschaulicher Anteile der VB-Methode

PAULING deutete die Energie der kovalenten Bindung im wesentlichen als Resonanzenergie, »die dem Austausch der beiden Elektronen zwischen den atomaren Orbitalen zuzuschreiben ist« [101]. Die Frage nach Art und Anzahl der Orbitale,

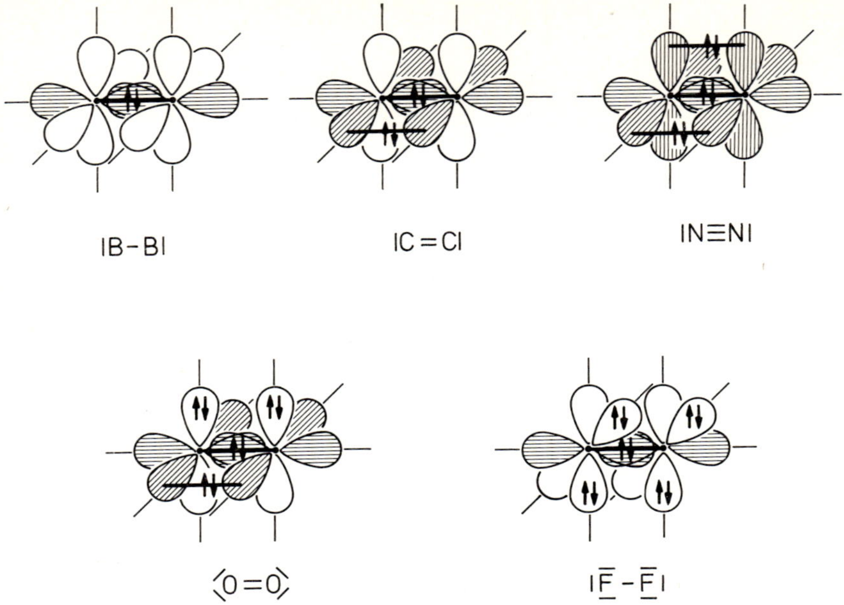

Abb. 29: Schematische Darstellung der Überlappungsmöglichkeiten von AO nach der vereinfachten VB-Methode für B_2, C_2, N_2, O_2 und F_2
Kopplungsfähige Orbitale schraffiert, nicht an der Bindung beteiligte Orbitale hell. Die Bindungen über ein gemeinsames Elektronenpaar sind durch einen Strich angedeutet. Auf die Darstellung der 2s-AO wurde verzichtet.
In der Valenzstrich-Schreibweise geben die Striche *neben* den Elementsymbolen freie Elektronenpaare wieder.

die an jedem Atom Bindungen bewirken können, beantwortete er mit der Aufstellung von Regeln, die sich aus der VB-Methode ableiten ließen.

- Atome können jeweils mit ihren *stabilen Orbitalen* Elektronenpaarbindungen eingehen, wobei einfach besetzte mit einfach besetzten Orbitalen, aber auch leere mit doppelt besetzten kombiniert werden können.
- Stabile Orbitale sind alle diejenigen, deren Hauptquantenzahl der Periodennummer des betreffenden Elements entspricht.
- Die größtmögliche Stabilität eines Systems ist dann erreicht, wenn alle stabilen Orbitale mit *bindenden* Elektronenpaaren oder wenigstens mit *nichtbindenden*, sogenannten *freien* Elektronenpaaren besetzt sind.

Für B_2, C_2, N_2, O_2 und F_2 ergeben sich damit Kopplungsmöglichkeiten wie in Abb. 29.

Nach diesen Regeln sollte von den drei denkbaren Bindungsmöglichkeiten in N_2-Molekülen

$|\underline{N}-\underline{N}|$ $\cdot\underline{N}=\underline{N}\cdot$ $|N\equiv N|$

nur die letzte stabil sein. Eine zusätzliche Stabilisierung erfährt das N_2-System, wenn es mit seinen freien Elektronenpaaren als Donator fungieren kann (zu solchen Distickstoff-Komplexen vgl. [102, 103]).

Entsprechend sollte das C_2-Molekül ($|C=C|$) instabil sein. Dies entspricht den Beobachtungen.

Grenzen werden allerdings schon bei der Beschreibung des O_2-Moleküls deutlich. Aus zwei Sauerstoff-Atomen ($|\overline{\underset{\cdot}{O}}\cdot$) ergäbe sich ein Molekül mit zwei bindenden und zwei freien Elektronenpaaren, nämlich $|\overline{O}=\overline{O}|$. Der Paramagnetismus von Sauerstoff wird durch diese Beschreibung aber in keiner Weise erklärt.

4.2.3 Die Genauigkeit der Beschreibung von Bindungen mit der LCAO-MO- und der vereinfachten VB-Methode – ein Vergleich

Weil die Beschreibung von Vielelektronensystemen im Bereich mehrerer Kerne mit der SCHRÖDINGER-Gleichung nicht exakt möglich ist, wurden als Näherungsverfahren die VB- und die MO-Methode entwickelt. Praktisch verwertbare Ergebnisse, also solche, die zur Deutung oder Vorhersage von chemischen Reaktionen direkt brauchbar sind, werden aber nur mit großem Aufwand und in so wenigen Fällen erhalten, daß man noch weiter vereinfachte Beschreibungen entwickeln mußte. Der Umgang mit den so vereinfachten Modellen setzt jedoch ganz besonders die *Kenntnis der Grenzen der Anwendbarkeit* voraus.

Tab. 10 enthält eine Gegenüberstellung von Meßwerten an verschiedenen einfachen Molekülen mit den Ergebnissen der LCAO-MO- und der vereinfachten VB-Methode. Dabei wird deutlich, daß die MO-Näherung für diese einfachen (weil aus wenigen Teilchen aufgebauten) Moleküle deutliche Vorteile hat. Die magnetischen Eigenschaften werden nur von der LCAO-MO-Methode zutreffend vorausgesagt. Auch der Bindungsgrad und die Bindungslänge sowie die Bindungsenergie stehen nur dort zueinander in einem sinnvollen Zusammenhang. Die Unstimmigkeiten, die sich nach der VB-Methode ergeben, werden auch dann nicht völlig behoben, wenn man nach PAULING [105] ergänzend – etwa für O_2^+ – eine Dreielektronenbindung mit dem Bindungsgrad $\frac{1}{2}$ einführt.

Beide Methoden jedoch versagen bei der Deutung der im Vergleich zu Li_2 größeren Bindungsenergie von Li_2^+ (vgl. [106]).

Es hat sich gezeigt, daß dem praktischen Anspruch am besten durch eine gleichzeitige Benutzung der beiden vereinfachten Modelle Rechnung getragen wird, wobei die VB-Methode insbesondere Aussagen zur Geometrie von Molekülen ermöglicht, die MO-Methode zur Deutung von Eigenschaften wie Bindungsenergie, Bindungslänge, Verhalten im Magnetfeld, Lichtabsorption, elektrische Leitfähigkeit und manchmal Reaktivität beiträgt.

Tab. 10: Beschreibung einfacher Moleküle mit Hilfe der LCAO-MO- bzw. der VB-Methode; Vergleich mit Meßwerten

Species	LCAO-MO-Methode					vereinfachte VB-Methode				Empirische Werte		
	von Valenzelektronen besetzte MO	bindende Elektronen	antibindende Elektronen	Bindungsgrad	magnet. Verhalten	koppelnde AO	Bindungen	Bindungsgrad	magnet. Verhalten	Bindungslänge in pm	Bindungsenergie in kJ/mol	magnet. Verhalten
H_2^+	σ_{1s}^1	1	0	$\frac{1}{2}$	pa.	$1s^1 + 1s^0$	$\frac{1}{2}\sigma$	$\frac{1}{2}$	pa.	106		
H_2	σ_{1s}^2	2	0	1	di.	$1s^1 + 1s^1$	1σ	1	di.	74	456	di.
H_2^- } He_2^+ }	$\sigma_{1s}^2\sigma_{1s}^{*1}$	2	1	$\frac{1}{2}$	pa.	$1s^2 + 1s^1$	–*)	?	pa.	{ 103 / 108		
He_2	$\sigma_{1s}^2\sigma_{1s}^{*2}$	2	2	0				0		nicht existent		
Li_2^+	σ_{2s}^1	1	0	$\frac{1}{2}$	pa.	$2s^1 + 2s^0$	$\frac{1}{2}\sigma$	$\frac{1}{2}$	pa.	314	125,4	
Li_2	σ_{2s}^2	2	0	1	di.	$2s^1 + 2s^1$	1σ	1	di.	267,2	109	di.
Li_2^- } Be_2^+ }	$\sigma_{2s}^2\sigma_{2s}^{*1}$	2	1	$\frac{1}{2}$	pa.	$2s^2 + 2s^1$	1σ*)	?	pa.			
Be_2	$\sigma_{2s}^2\sigma_{2s}^{*2}$	2	2	0				0		nicht existent		
B_2	$\sigma_{2s}^2\sigma_{2s}^{*2}\pi_{2p}^2$	4	2	1	pa.	$2p^1 + 2p^1$	1σ	1	di.	158,9	289	pa.
C_2	$\sigma_{2s}^2\sigma_{2s}^{*2}\pi_{2p}^4$	6	2	2	di.	$2p^2 + 2p^2$	$1\sigma, 1\pi$	2	di.	131,2	628	di.
C_2^{2-}	$\sigma_{2s}^2\sigma_{2s}^{*2}\pi_{2p}^4\sigma_{2p}^2$	8	2	3	di.	$2p^3 + 2p^3$	$1\sigma, 2\pi$	3	di.	124,0	812	di.
N_2^+	$\sigma_{2s}^2\sigma_{2s}^{*2}\pi_{2p}^4\sigma_{2p}^1$	7	2	$\frac{5}{2}$	pa.	$2p^3 + 2p^2$	$1\sigma, \frac{3}{2}\pi$	$\frac{5}{2}$	pa.	111,6	855	pa.
N_2	$\sigma_{2s}^2\sigma_{2s}^{*2}\pi_{2p}^4\sigma_{2p}^2$	8	2	3	di.	$2p^3 + 2p^3$	$1\sigma, 2\pi$	3	di.	109,8	941	di.

Tab. 10: (Fortsetzung)

O_2^+	$\sigma_{2s}^2\sigma_{2s}^{*2}\sigma_{2p}^2\pi_{2p}^4\pi_{2p}^{*1}$	8	3	$\frac{5}{2}$	pa.	$2p^4 + 2p^3$	1σ*)	1?	pa.	112,3	632	pa.
O_2	$\sigma_{2s}^2\sigma_{2s}^{*2}\sigma_{2p}^2\pi_{2p}^4\pi_{2p}^{*2}$	8	4	2	pa.	$2p^4 + 2p^4$	$1\sigma, 1\pi$*)	2	di.	120,7	493	pa.
O_2^-	$\sigma_{2s}^2\sigma_{2s}^{*2}\sigma_{2p}^2\pi_{2p}^4\pi_{2p}^{*3}$	8	5	$\frac{3}{2}$	pa.	$2p^5 + 2p^4$	1σ*)	1?	pa.	126		pa.
O_2^{2-}	$\sigma_{2s}^2\sigma_{2s}^{*2}\sigma_{2p}^2\pi_{2p}^4\pi_{2p}^{*4}$	8	6	1	di.	$2p^5 + 2p^5$	1σ	1	di.	149	139	di.
F_2										141,8	151	di.
Ne_2	$\sigma_{2s}^2\sigma_{2s}^{*2}\sigma_{2p}^2\pi_{2p}^4\pi_{2p}^{*4}\sigma_{2p}^{*2}$	8	8	0				0		nicht existent		

Empirische Werte nach [97] und [104]

*) Mit der vereinfachten VB-Methode nicht beschreibbar; PAULING führte hier eine Dreielektronenbindung (DEB) ein [105]. Man erhält dann für H_2^-, He_2^+ 1 DEB mit BG $\frac{1}{2}$; Li_2^-, Be_2^+ 1 DEB mit BG $\frac{1}{2}$; O_2^+ 1σ, 1π, 1 DEB mit BG $\frac{5}{2}$; O_2 1σ, 2 DEB mit BG 2; O_2^- 1σ, 1 DEB mit BG $\frac{3}{2}$

5. Aufbau und Eigenschaften der Elemente

Zur Beschreibung und Deutung der Eigenschaften der Elemente wird stets auf bereits erörterte Modelle zurückgegriffen. Nur dies erscheint folgerichtig. Dabei werden schrittweise Ergänzungen der Modelle notwendig, die die vorgenommenen Vereinfachungen zum Teil aufheben. Solche Ergänzungen werden immer dann eingeführt, wenn Phänomene* mit den bisherigen Modellen nicht mehr gedeutet werden können.

5.1 Die Elemente der 8. Hauptgruppe (Edelgase), die VAN-DER-WAALS-Kräfte

Die Atome dieser Elemente weisen im Grundzustand keine kopplungsfähigen Elektronen auf (VB-Beschreibung) oder gleichviel bindende und antibindende Elektronen in ihren Molekülorbitalen (MO-Beschreibung; für He und Ne vgl. Tab. 10 oder ein mit Elektronen besetztes MO-Schema entsprechend Abb. 25). Sie müssen deshalb als einatomige Teilchen vorliegen, zwischen denen keine Kräfte wirksam sein sollten: Die Edelgase sollten ideale Gase sein.

Einige Eigenschaften der Edelgase sind in Tab. 11 zusammengefaßt.

Tab. 11: Einige Eigenschaften der Edelgase

Element	Valenzelektronenanordnung	Elementbausteine	*Fp* in °C	*Kp* in °C	Farbe	Literatur zur Kristallstruktur
He	$1s^2$	He_1	–272,2*	–268,9	fbl.	[108]
Ne	[He] $2s^2 2p^6$	Ne_1	–248,7	–246	fbl.	[109]
Ar	[Ne] $3s^2 3p^6$	Ar_1	–189,2	–185,7	fbl.	[109]
Kr	[Ar] $4s^2 3d^{10} 4p^6$	Kr_1	–156,6	–152,3	fbl.	[110]
Xe	[Kr] $5s^2 4d^{10} 5p^6$	Xe_1	–111,9	–107,1	fbl.	[110]
Rn	[Xe] $6s^2 5d^{10} 6p^6$	Rn_1	–71	–61,8	fbl.	

* bei 26 bar; beim He liegt kein normaler Schmelz- oder Tripelpunkt vor. Bei den Temperaturen, bei denen man sie erwarten würde, tritt als weitere Phase suprаflüssiges He auf.

Danach weicht zumindest das Verhalten der schwereren Edelgase deutlich vom Idealverhalten ab, d.h., es müssen zwischen den einzelnen Teilchen Kräfte wirksam sein, die mit dem bisher erarbeiteten Modell nicht erfaßt sind. Solche Kräfte lassen sich experimentell ermitteln [111] und die erhaltenen Energie-Abstand-Funktionen durch Potenzreihen darstellen. Zur Deutung der Potenzreihen greift man auf ein *Multipol-Modell* der Elektronenhülle zurück und schreibt den einzelnen Gliedern der Potenzreihe solche Multipol-Multipol-Wechselwirkungen zu (vgl. z.B. [112]).

In guter Näherung läßt sich die Energie-Abstand-Funktion dieser sogenannten VAN-DER-WAALS-Kräfte bereits mit der folgenden einfachen LENNARD-JONES-Gleichung beschreiben [113]:

$$E(R) = +\mu R^{-a} - \lambda R^{-6}$$
$$a \approx 12$$

Dabei sind μ und λ empirisch bestimmte Konstanten. Bei großen Abständen ($R \gg R_0$, vgl. Abb. 30) wird der Kurvenverlauf vorwiegend durch den zweiten, eine Anziehung beschreibenden Term bestimmt, während bei kleineren Abständen ($R < R_0$) der eine Abstoßung beschreibende erste Term wesentlich ist.

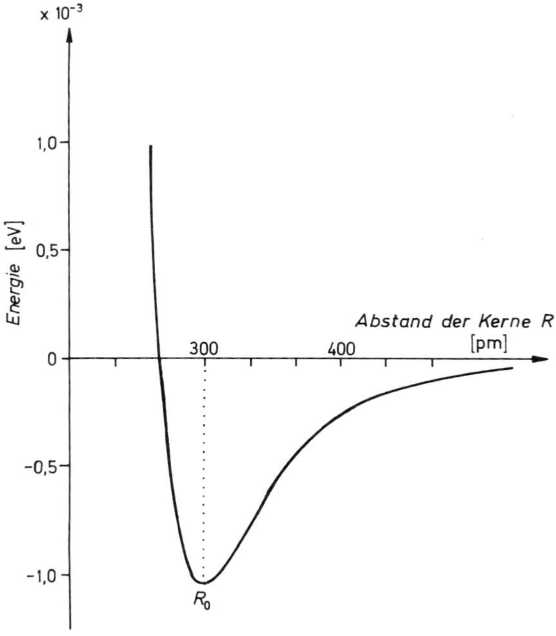

Abb. 30: $E(R)$ für die VAN-DER-WAALS-Bindung im He_2 (verändert nach BERNSTEIN und MUCKERMANN [111])

Die Tatsache, daß die Anziehung mit der 6. Potenz des Abstandes abnimmt, legt nahe, hierfür eine Dipol-Dipol-Wechselwirkung anzunehmen, die Rücksicht darauf nimmt, daß das Elektron im Gegensatz zum Kern als ausgedehnte Ladung angesehen werden muß (LONDON [114]). Für eine quantitative Abschätzung der Energie einer VAN-DER-WAALS-Bindung E_{VDW} kann man folgende, auf den Ansatz von LONDON zurückgehende Gleichung [115] heranziehen:

$$E_{VDW} = -\frac{3}{2}\frac{E_{I(A)} \cdot E_{I(B)}}{E_{I(A)} + E_{I(B)}} \cdot \frac{\alpha_{0(A)} \cdot \alpha_{0(B)}}{R^6}$$

Darin sind: $E_{I(A)}$; $E_{I(B)}$ die ersten Ionisierungsenergien der Moleküle A bzw. B

$\alpha_{0(A)}$; $\alpha_{0(B)}$ die statischen Polarisierbarkeiten der Moleküle A bzw. B

R der Abstand der Schwerpunkte der Teilchen A und B

Mit dieser Beziehung lassen sich VAN-DER-WAALS-Bindungsenergien mit großer Genauigkeit berechnen; vor allem sind qualitative Abschätzungen schnell durchführbar.

Die Bindungsenergien in sogenannten VAN-DER-WAALS-Molekülen sind verglichen mit chemischen Bindungsenergien sehr klein; dies wird aus dem folgenden Vergleich deutlich:

C – C-Einfachbindung	ca. 400 kJ/mol
H-Brücken-Bindung	ca. 40 kJ/mol
He – He-VAN-DER-WAALS-Bindung	ca. 0,1 kJ/mol

Obwohl die zwischen den Teilchen auftretenden Kräfte klein sind, bewirken sie dennoch bei hinreichend niedrigen Temperaturen die Existenz kondensierter Phasen. Der Umstand, daß alle Edelgase in dichten Kugelpackungen kristallisieren, deutet darauf hin, daß die VAN-DER-WAALS-Kräfte im wesentlichen sphärische Symmetrie aufweisen. Daß allerdings Helium in hexagonal dichter und Neon, Argon, Krypton und Xenon in kubisch dichter Packung vorliegen, macht deutlich, daß auch mit diesem erweiterten Modell keineswegs alle Einflüsse erfaßt sind, denn woher »weiß« die dritte Schicht, wie die erste liegt? (Zu den unterschiedlichen Kugelpackungen vgl. 5.5.2.7 und Abb. 45 und 46).

5.2 Die Elemente der 7. Hauptgruppe (Halogene)

Die Atome der Halogene weisen ein kopplungsfähiges Elektron auf, mit dem sie zu einem weiteren Halogen-Atom eine Einfachbindung aufbauen können (VB-Methode). In der MO-Beschreibung besitzt ein solches X_2-Molekül zwei bindende Elektronen mehr als antibindende und somit einen Bindungsgrad von 1 (vgl. Abb. 25 mit 18 Elektronen bzw. Tab. 10). Die Halogene sollten daher nur als zweiatomige Moleküle vorliegen. Die Experimente bestätigen dies.

Einige Eigenschaften der Halogene gehen aus Tab. 12 hervor.

Die physikalischen Eigenschaften des Elementes Astat sind wegen der geringen Halbwertszeit der At-Isotope nur schwer zu bestimmen; das längstlebige Isotop hat eine Halbwertszeit von nur 8,3 h.

Tab. 12: Einige Eigenschaften der Halogene

Element	Valenzelektronenanordnung	Elementbausteine	Bindungslängen in pm	Bindungsenergien in kJ/mol	*Fp* in °C	*Kp* in °C	Farbe	λ_{max} in nm	Literatur zur Kristallstruktur
F	[He] $2s^2 2p^5$	F_2	141,8	−150,5	−219,6	−188,1	blaßgelb	290	[116]
Cl	[Ne] $3s^2 3p^5$	Cl_2	198,8	−239	−101,0	−34,6	gelbgrün	334	[117]
Br	[Ar] $4s^2 3d^{10} 4p^5$	Br_2	228,3	−190,0	−7,2	58,8	rotbraun	420	[118]
I	[Kr] $5s^2 4d^{10} 5p^5$	I_2	266,7	−148,4	113,5	184,4	schwarz	560	[119]

Die Angaben für die Absorptionsmaxima λ_{max} beziehen sich auf die gasförmigen Substanzen.

Die gegenüber den Edelgasen stark gewachsenen VAN-DER-WAALS-Kräfte bewirken, daß die leichten Halogene Fluor und Chlor Gase sind, die schon unter Normalbedingungen vom idealen Verhalten erheblich abweichen; Brom ist flüssig; Iod ist fest. Da zwischen den Molekülen allerdings nur VAN-DER-WAALS-Kräfte wirksam werden, sind die Schmelz- und Verdampfungsenthalpien recht klein und die Dampfdrücke hoch. Dies führt dazu, daß man beim Iod Sublimation beobachtet, obschon es bei Normaldruck einen Siedepunkt besitzt.

Im Gegensatz zu den Edelgasen sind die Halogene ausgeprägt farbig. Man stellt mit zunehmendem Atomgewicht eine Verschiebung der Absorptionsmaxima der freien Moleküle zu größeren Wellenlängen fest. Dieses Verhalten läßt sich mit der MO-Methode unmittelbar deuten: Bei größer werdenden Atomradien nimmt die Elektronendichte in den sich merklich überlagernden Bereichen ab, so daß der Energieunterschied zwischen bindenden und antibindenden MO immer geringer wird. Damit nimmt die für einen Übergang vom höchsten besetzten zum niedrigsten unbesetzten Orbital gleicher Symmetrie erforderliche Energie ab.

Das Element Iod hat im festen Zustand einen auffallenden Glanz und ein deutlich anderes Absorptionsspektrum als der Dampf. Das Gitter des Iods be-

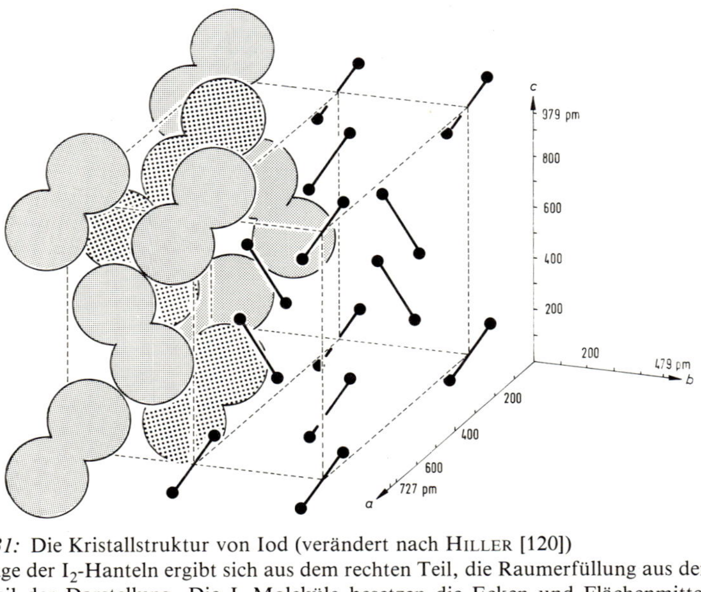

Abb. 31: Die Kristallstruktur von Iod (verändert nach HILLER [120])
Die Lage der I_2-Hanteln ergibt sich aus dem rechten Teil, die Raumerfüllung aus dem linken Teil der Darstellung. Die I_2-Moleküle besetzen die Ecken und Flächenmitten der rhombischen Elementarzelle.
Die rhombische Elementarzelle besitzt drei aufeinander senkrecht stehende Kanten ungleicher Länge ($\alpha = \beta = \gamma = 90°$; $a \neq b \neq c$). Durch Aneinanderlagerung parallelverschobener Elementarzellen läßt sich der Kristall gänzlich ausfüllen.

steht aus dichten Lagen von I_2-Molekülen (Abb. 31). Dabei unterscheidet sich der I – I-Abstand im Molekül (270 pm) nur wenig vom I – I-Abstand zwischen zwei benachbarten I_2-Molekülen (354 pm). Das bedeutet, daß zwischen Iod-Atomen benachbarter Moleküle durch Überlagerung von nicht besetzten d- und f-AO ebenfalls (leere) Molekülorbitale auftreten, in die Bindungselektronen durch Lichtanregung »hineingehoben« werden können. Einen Beweis für die Richtigkeit dieser Annahme liefern Leitfähigkeitsmessungen: Die spezifische Leitfähigkeit von Iod im Dunkeln beträgt bei Raumtemperatur $\varkappa = 1{,}3 \cdot 10^{-7}\ \mathrm{S\ m^{-1}}$, was etwa der von reinstem H_2O gleichkommt; bei Belichtung steigt sie auf etwa das Fünfundzwanzigfache dieses Wertes an. Festes Iod erleidet im Gegensatz zu den anderen gasförmigen Elementen dieser Gruppe aus dem gleichen Grunde keine Photodissoziation.

Die Bindungsenergie des F_2-Moleküls entspricht nicht den Erwartungen. Sie ist nur etwa so groß wie die von I_2. Als Erklärung hierfür werden einmal das Fehlen von d-Orbitalen und damit die fehlende Möglichkeit zur Ausbildung von Mehrfachbindungen wie beim Cl_2, zum anderen starke abstoßende Kräfte zwischen den räumlich benachbarten, aber nicht an der Bindung beteiligten doppelt besetzten 2p-Orbitalen angegeben.

5.3 Die Elemente der 6. Hauptgruppe (Chalkogene)

Alle Atome der Elemente dieser Hauptgruppe besitzen zwei ungepaarte p-Elektronen, d. h., verglichen mit dem folgenden Edelgas, zwei Elektronenlücken. Die Lücken können gefüllt oder die Elektronen gepaart werden, indem ein Atom mit *einem* weiteren Atom *zwei* Bindungen eingeht oder mit *zwei* Atomen *je eine*. Dabei wird ein System aus vielen Atomen diejenige Bindungsform ausbilden, bei deren Entstehung insgesamt die meiste Energie frei wird. In Wirklichkeit bildet Sauerstoff O_2-Moleküle, Schwefel S_8-Ringe, Selen und Tellur Se_∞- oder Te_∞-Ketten. Beim Polonium findet man eine metallische Struktur, die auf den Te-Typ zurückführbar ist.

Neben den bei Raumtemperatur stabilen Modifikationen*, O_2, α-S_8 und grauem Se, treten zahlreiche metastabile Modifikationen auf. Die Umwandlungen der einzelnen Modifikationen von Schwefel und Selen ineinander und in die Schmelze sind so komplex, daß genaue Zustandsdiagramme nicht existieren [121].

Einige Eigenschaften der Chalkogene gehen aus Tab. 13 hervor.

Treten mehr als zwei Atome zu einem neuen Teilchen zusammen, so bilden die Verbindungslinien der Kerne miteinander einen Winkel, den sogenannten Bindungswinkel. Da die Bindungen den LCAO-Vorstellungen zufolge hier aus p-Orbitalen aufgebaut werden, müßte dieser Winkel 90° betragen. Experimentell findet man folgende Werte:

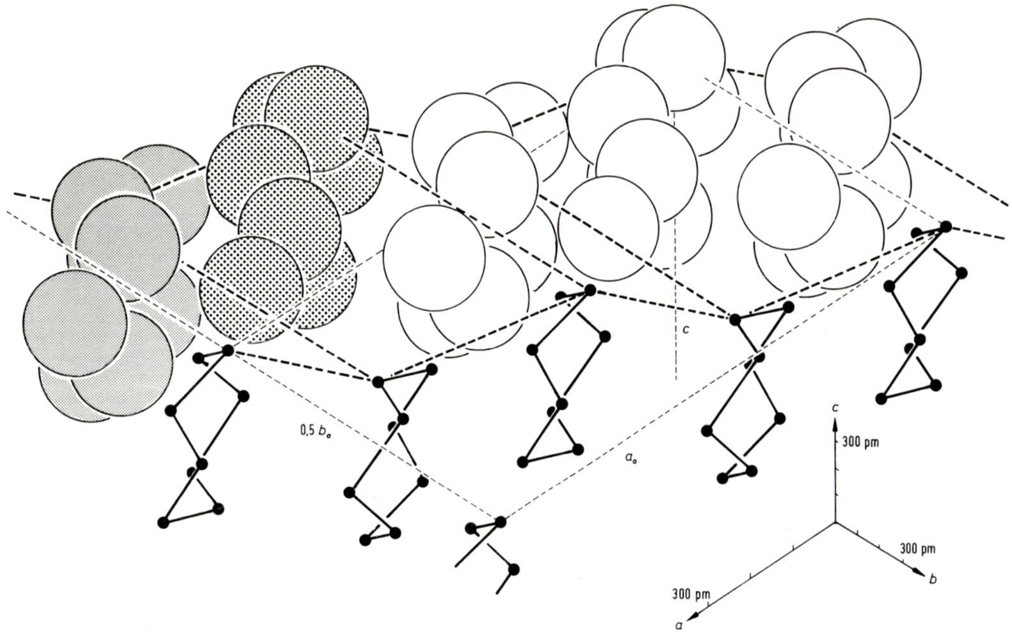

Abb. 32: Die Kristallstruktur von rhombischem Schwefel
Die S_8-Einheiten (Kronen) sind versetzt zu Strängen geordnet, die ihrerseits parallel gepackt sind. Insgesamt ergibt sich eine gewellte Schichtstruktur. Im Kristall sind diese Schichten in komplizierter Weise gegeneinander verdreht übereinander gepackt.

Tab. 13: Einige Eigenschaften der Chalkogene

Element	Valenzelektronenanordnung	Elementbausteine (Modifikation, Habitus)	Bindungslängen in pm	Bindungsenergien in kJ/mol	*Fp* in °C	*Kp* in °C	Farbe	ρ in Ωm	Literatur zur Kristallstruktur
O	[He] $2s^2 2p^4$	O_2 (Sauerstoff)	120,7	−494	−218,4	−183,0	fbl.[1]		[116, 122, 123, 124]
		O_3 (Ozon)	127,8	~ −300	−192,7	−111,9	fbl.[1]		
S	[Ne] $3s^2 3p^4$	S_8 (α-S, rhomb.)	205[7]	−279	119[2]	444,7	gelb	$2 \cdot 10^{15}$	[125]
		S_8 (β-S, monokl.)[8]	206	−279			gelb		[126]
		S_6 (rhomb.)[11]	204				rot		[127]
Se	[Ar] $4s^2 3d^{10} 4p^4$	Se_8 (α-Se, monoklin)	232[7]				rot		[128]
		Se_8 (β-Se, monoklin)	232				rot		[129]
		Se_∞ (graues Se, rhombisch)	237	−227	220,2	684,8	grau	$3 \cdot 10^5$ [3]	[128]
Te	[Kr] $5s^2 4d^{10} 5p^4$	Te_∞ (metallisch, rhombisch)	283,5[7]	~ −197	452	1390	grau	$2 \cdot 10^{-3}$ [4]	[130]
Po	[Xe] $6s^2 5d^{10} 4f^{14} 6p^4$	Po (α-Po, metall., kubisch)[9]	336[7]				met.	$4{,}2 \cdot 10^{-7}$ [5]	
		(β-Po, metall., rhomboedrisch)[10]	336[7]	−144	254	962	met.	$4{,}4 \cdot 10^{-7}$ [6]	

[1] in dicken Schichten bzw. in kondensierter Phase blau; [2] extrapolierter *Fp*; β-Schwefel schmilzt unter Zersetzung; [3] Dunkelwiderstand; der Widerstand nimmt beim Belichten stark ab; [4] Widerstand von polykristallinem Material; für Einkristalle parallel zu c $3{,}6 \cdot 10^3$ Ωm, senkrecht zu c $1{,}6 \cdot 10^3$ Ωm; [5] α-Po; [6] β-Po; [7] kürzeste intermolekulare Abstände: S_8: 369 pm; Se_8: 346 pm; Te_∞: 374 pm; α- und β-Po: 336 pm. [8] Die monokline Elementarzelle besitzt zwei zueinander senkrechte Kanten und eine dritte, zu einer Kante nicht rechtwinklige. Die drei Kanten sind unterschiedlich lang ($a \neq b \neq c$; $\alpha = \gamma = 90°$; $\beta \neq 90°$). [9] Die kubische Elementarzelle hat die Gestalt eines Würfels ($a = b = c$; $\alpha = \beta = \gamma = 90°$). [10] Die rhomboedrische Elementarzelle weist drei gleichlange Kanten auf, die drei gleiche Winkel einschließen ($a = b = c$; $\alpha = \beta = \gamma \neq 90°$). [11] Die rhombische Elementarzelle hat die Gestalt eines Quaders, $a \neq b \neq c$, $\alpha = \beta = \gamma = 90°$.

∢	OOO	in O_3	117°
∢	SSS	in S_8	108°
∢	SeSeSe	in Se_∞	105°
∢	TeTeTe	in Te_∞	102°

Diese »Unstimmigkeit« deutet darauf hin, daß die benutzte Bindungsvorstellung den Phänomenen nicht gerecht wird. Ansätze, die das bisherige Bindungskonzept an diese Wirklichkeit anpassen, werden bei der Besprechung der Elemente der 4. Hauptgruppe (Kap. 5.5) und bei der Beschreibung der Strukturen kovalenter Moleküle (Kap. 6.6) angegeben.

Aus Meßwerten ergibt sich, daß die Atomabstände innerhalb der Moleküle (in*tra*molekulare Bindungslängen) sich stetig an die der Abstände zwischen den Molekülen (in*ter*molekulare Bindungen) annähern, bis sie beim α-Polonium gleich sind.

Der spezifische elektrische Widerstand der Elemente fällt von dem des typischen Isolators Schwefel über 22 Zehnerpotenzen bis zu dem des Metalls Polonium. Selen und Tellur zeigen Halbleitereigenschaften. Im Gegensatz zu Polonium besitzen sie einen negativen Temperaturkoeffizienten und zeigen erhöhte Leitfähigkeit bei Dotierung. Der spezifische Widerstand von Selen nimmt bei Belichtung stark ab. Für graues Selen und für Tellur sind die Farbe und die Änderung des elektrischen Widerstands wie beim Iod (Kap. 5.2) zu deuten.

Tab. 14: Bindungslängen und Vergleich von Bindungsenergien in Molekülen A_2 der Chalkogene

Teilchen	Bindungslänge in pm	Bindungsenergie in kJ/mol	Energie einer Einfachbindung A – A in kJ/mol	Energie der π-Bindung in kJ/mol
O_2	120,741	–494	–146	ca. –350
S_2	188,7	–348	–226	ca. –120
Se_2	215,2	–272		
Te_2	259	–222	ca. –220	~0

Nur Sauerstoff tritt bei Raumtemperatur in Form zweiatomiger Teilchen auf. Zweiatomige Moleküle der anderen Elemente werden erst bei hohen Temperaturen im Dampf erhalten. Aus spektroskopischen Untersuchungen lassen sich ihre Bindungsdaten ermitteln (Tab. 14). Vergleicht man die Bindungsenergien der Doppelbindungen in den Molekülen O_2 bis Te_2 mit Daten, die für Einfachbindungen zwischen diesen Atomarten – wie sie etwa in H_2O_2 oder Te_2^{2-} vorliegen – gewonnen wurden, so wird deutlich, daß nur O-Atome durch Ausbildung einer Doppelbindung anstelle von zwei Einfachbindungen ein Energieminimum erreichen. Die Verringerung des Beitrages der π-Bindung zur Gesamtbindung, wie sie aus Tab. 14 hergeht, ist durch die geringer werdende Überlappung der AO mit steigender Hauptquantenzahl zu erklären. Damit wird gleichzeitig die Regel plausibel, nach der nur die Elemente der 2. Periode »echte« Doppelbindungen eingehen.

Es ist auffällig, daß bei den Elementen Schwefel und Selen die Einfachbindungen in zwei Strukturtypen realisiert werden, den Inselstrukturen E_8 (in α-S (Abb. 32), β-S, α-Se und β-Se) und eindimensional unendlichen Kettenstrukturen E_∞ (in μ-S und grauem Se (Abb. 33)). Obschon die Diskussion beim Selen wegen mangelhafter Daten erschwert ist, läßt sich vermuten, daß bei tiefen Temperaturen die Inselstrukturen gegenüber den Kettenstrukturen entropiebegünstigt sind, weil im ersten Falle eine größere Anzahl gegeneinander austauschbarer Baueinheiten vorliegt.

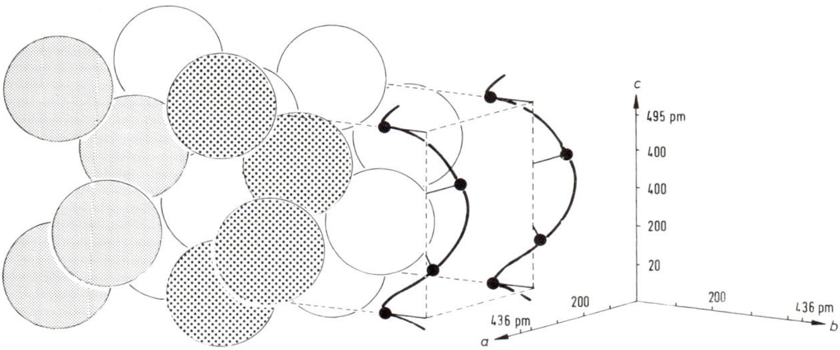

Abb. 33: Die Struktur von grauem Selen
Die Selen-Atome sind zu unendlich langen gewundenen Ketten verknüpft, die parallel zur c-Achse dicht gepackt sind. Die Mittelpunkte der Kugeln in den ab-Ebenen besetzen die Ecken gleichseitiger Dreiecke und bilden damit sogenannte dichte Packungen (vgl. Abb. 45). Die Elementarzelle ist eine Säule mit einer Raute als Grundfläche ($a = b \neq c$; $\sphericalangle\, ab = 120°$; $\sphericalangle\, ac = \sphericalangle\, bc = 90°$).

5.4 Die Elemente der 5. Hauptgruppe

Alle Atome der Elemente der 5. Hauptgruppe haben die allgemeine Elektronenkonfiguration s^2p^3, also drei ungepaarte Elektronen und damit drei Elektronenlücken bezogen auf das folgende Edelgas. Beim ersten Element dieser Gruppe wird eine Struktur gefunden, in der zwei N-Atome über eine Dreifachbindung miteinander verknüpft sind.

Nach der vorangegangenen Erörterung sollten auch hier die Atome der schwereren Elemente statt der Mehrfachbindung Einfachbindungen ausbilden. Die Elemente Phosphor, Arsen, Antimon und Bismut sollten demnach in Strukturen vorliegen, in denen jedes Atom an drei weitere über Einfachbindungen gebunden ist.

Wie die Strukturuntersuchungen zeigen, trifft dies für alle bekannten Modifikationen der Elemente Phosphor, Arsen, Antimon und Bismut zu. Insgesamt sind von diesen Elementen mehrere Schichtengittertypen sowie ein Inselstrukturtyp bekannt.

Einige physikalische Daten der besprochenen Elemente sind in Tab. 15 zusammengestellt.

Phosphor ist polymorph. Neben drei genau charakterisierten Modifikationen, dem weißen, dem schwarzen und dem violetten, sogenannten HITTORFschen Phosphor, ist noch eine Vielzahl von uneinheitlich gebauten oder amorphen Modifikationen bekannt: dazu zählen alle roten und eine amorphe schwarze [138]. Es gibt bisher kein Zustandsdiagramm.

Beim Abkühlen von Phosphor-Dampf erhält man weißen Phosphor. In diesem Festkörper liegt eine Anordnung von P_4-Inseln vor, die einer kubisch dichten Packung sehr nahe kommt. In diesen Inseln besetzen die Phosphor-Atome die Ecken eines Tetraeders. Die P_4-Einheiten sind um ihre Gitterschwerpunkte frei drehbar, genaue Aussagen über die Struktur sind daher nicht über die RÖNTGEN-Spektroskopie möglich [132]. Die Schwingungsspektroskopie (Normalkoordinatenanalyse) [139] und die Photoelektronenspektroskopie [140] liefern Ergebnisse, die mit einer Tetraederstruktur in Einklang stehen.

In einem tetraedrisch gebauten P_4-Molekül müssen die Bindungswinkel – geometrische Winkel im gleichseitigen Dreieck – jeweils 60° betragen. Nach den bisher benutzten Modellen (VB-Methode) sind allerdings nur Winkel von 90° erklärbar. Da die Messung der Elektronendichteverteilung in einem P_4-Molekül

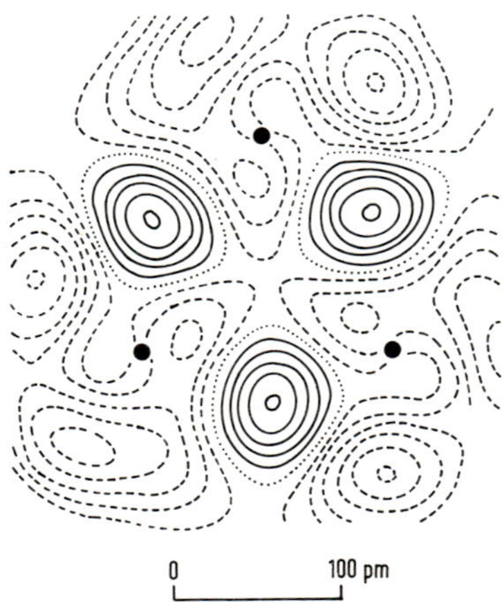

Abb. 34: Differenzelektronendichtekarte für einen Cyclopropanring von *cis*-1.2.3-Tricyanocyclopropan (verändert nach HARTMANN und HIRSHFELD [141])
Konturintervalle von 0,01 $e\text{Å}^{-3} \triangleq 0{,}01 \cdot 10^{30}\, e\text{m}^{-3}$; Null-Linie punktiert; bindende Bereiche ausgezogene, antibindende Bereiche gestrichelte Linien. Zur Aussagekraft der Differenzelektronendichte vgl. auch Abb. 37.

Tab. 15: Einige Eigenschaften der Elemente der 5. Hauptgruppe

Element	Valenzelektronenanordnung	Elementbausteine (Modifikation, Habitus)	Bindungslängen in pm	Bindungsenergien in kJ/mol	*Fp* in °C	*Kp* in °C	Farbe	ρ in Ωm	Literatur zur Kristallstruktur
N	[He] $2s^2 2p^3$	N_2	109,8	−936	−209,9	−195,8	fbl.		[131]
P	[Ne] $3s^2 3p^3$	P_4 (weißer P, kubisch)	230	~ −214	44,1	280	weiß	$1 \cdot 10^9$	[132]
		P_∞ (schwarzer P, rhombisch)	220		550[1]		schwarz	0,71 NTC[5]	[133]
		P_∞ (HITTORF-P, monokl.)	221,5		~590[6]	417[7]	violett		[134]
As	[Ar] $4s^2 3d^{10} 4p^3$	As_4 (gelbes As, kubisch)			358[2]		gelb		
		As_∞ (graues As, rhomboedr.)	251	~ −202	817[3]	613[4]	metall.	$0{,}35 \cdot 10^{-6}$ PTC[5]	[135]
Sb	[Kr] $5s^2 4d^{10} 5p^3$	Sb_∞ (rhomboedrisch)	289	−155	630,7	1750	metall.	$0{,}42 \cdot 10^{-6}$ PTC	[136]
Bi	[Xe] $6s^2 4f^{14} 5d^{10} 6p^3$	Bi_∞ (rhomboedrisch)	307	−318	271,3	1560	metall.	$1{,}16 \cdot 10^{-6}$ PTC	[137]

[1] Umwandlungstemperatur P schwarz – P violett; [2] unter Zersetzung; [3] bei 36 bar; [4] Sublimationstemperatur; [5] **N**egativer **T**emperatur-**C**oefficient, **P**ositiver **TC** (zu diesen Bezeichnungen vgl. Kap. 5.5.2.3 und 5.5.3); [6] bei 43 bar; [7] Sublimationstemperatur

aus den oben geschilderten Gründen unmöglich ist, müssen ähnliche, kristallisierbare Substanzen zum Vergleich herangezogen werden. Der geometrischen Anordnung der Phosphor-Atome auf einer Tetraederfläche entspricht die Anordnung der Kohlenstoff-Atome in Cyclopropan. In Abb. 34 ist die experimentell bestimmte Differenzelektronendichte eines Cyclopropanderivates wiedergegeben.

Als Differenzelektronendichte bezeichnet man dabei die Differenz aus der tatsächlich gemessenen Elektronendichte und der um ein ungebundenes Atom auftretenden sphärischen Elektronenverteilung. In solchen Kartierungen sind Orte positiver Differenzelektronendichte als bindende Bereiche anzusehen. (Eine Gegenüberstellung von Elektronendichte und Differenzelektronendichte findet sich in Abb. 37 und Abb. 47, weitere Einzelheiten sind z. B. [142] zu entnehmen.)

Die Darstellung zeigt deutlich, daß die Bereiche erhöhter Differenzelektronendichte außerhalb der geometrischen Verbindungslinien der Kohlenstoff-Atome liegen. Der wirkliche Bindungswinkel, d. h. der Winkel zwischen den Bindungen, liegt hier bei 110°, also dort, wo man ihn für ein (sp^3)-Hybrid erwarten sollte (vgl. hierzu Kap. 5.5.1). Das heißt aber, daß man diese Bindungen als gebogen ansehen muß.

Die Photoelektronenspektren von P_4 lassen sich zufriedenstellend deuten, wenn man auch für die P – P-Bindung solche gebogenen Bindungen annimmt. Die für P_4 *errechneten* Elektronendichtekarten liefern für die Orte maximaler Differenzelektronendichte einen »wirklichen« Bindungswinkel von 90°: Für die Bindungen sind also nur die 3p-Elektronen verantwortlich; die 3s-Elektronen haben den Charakter von freien Elektronenpaaren [143].

Die Reaktivität von weißem Phosphor, aber auch die von Cyclopropan, weist auf diese besonderen Bindungsumstände hin: Beide reagieren deutlich so nucleophil, als enthielten sie π-Bindungen. Sie unterscheiden sich damit vom Verhaltender der Verbindungen mit normalen, also gestreckten Einfachbindungen.

Die wachsartige Konsistenz von weißem Phosphor und sein niedriger Schmelzpunkt weisen darauf hin, daß die VAN-DER-WAALS-Kräfte zwischen den einzelnen P_4-Molekülen gering sind. (Vgl. hierzu auch die Deutung der Duktilität der Metalle in Kap. 5.5.2).

Eine dem weißen Phosphor entsprechende Struktur findet sich im gelben Arsen. Wie weißer Phosphor ist auch diese Arsen-Modifikation elektrisch nicht leitend und gut in Kohlenstoffdisulfid oder Benzol löslich, ein gutes Reduktionsmittel und wachsweich.

Die bis 550°C stabile Modifikation des Phosphors ist der sogenannte schwarze Phosphor, der sich allerdings unter normalen Laboratoriumsbedingungen kaum herstellen läßt. Schwarzer Phosphor kristallisiert in einem Schichtengitter (Abb. 35), in dem gewellte P_6-Ringe all-*cis* wie im *cis*-Decalin miteinander verknüpft sind (Abb. 36A). Die Bindungswinkel betragen einmal 103,5° und zweimal 99°, sind also deutlich kleiner als die aus (sp^3)-Hybridorbitalen zu erwartenden (109,5°), aber auch größer als die aus reinen p-Orbitalen (90°).

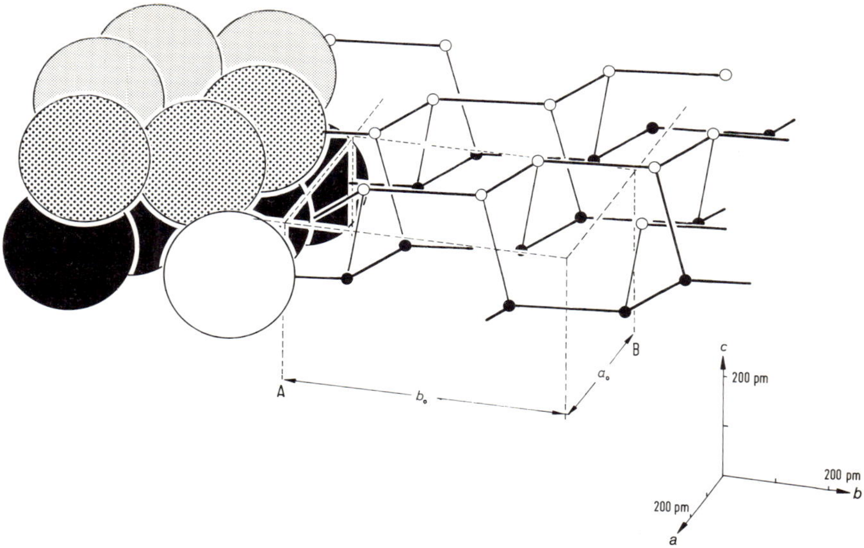

Abb. 35: Die Kristallstruktur von schwarzem Phosphor (nach Daten von HULTGREN et al. [133]), Aufbau einer Einzelschicht
Der Aufbau läßt sich beschreiben als Fläche aus annelierten P_6-Ringen in Sesselform. In einer Richtung sind die Sechsringe *trans*-verknüpft, quer dazu *cis*-verknüpft. Die Atomanordnung und die Bindungen gehen aus dem rechten, die Raumerfüllung aus dem linken Teil der Abbildung hervor. Die gleichgerasterten Kugeln sind in einer Ebene unmittelbar aneinander gebunden. Die *ab*-Flächen der Elementarzelle liegen jeweils in der Mitte der Schicht. Die Strecke c_0 gibt den Abstand zur Schichtmitte der übernächsten Schicht wieder, da die nächstfolgende Schicht gegenüber dieser Schicht um $\frac{1}{2}\ a_0$ versetzt ist (a_0 = 331 pm, b_0 = 438 pm, c_0 = 1050 pm, $\sphericalangle\ ab = \sphericalangle\ ac = \sphericalangle\ bc = 90°$).

Die Umstände, daß die beschriebene Phosphor-Modifikation schwarz und elektrisch beträchtlich leitend ist, werden von diesem Modell nicht erklärt. Es liegt die Vermutung nahe, daß hierzu ein anderes Bindungsmodell herangezogen werden muß (vgl. hierzu Kap. 5.5.3). Schwarzer Phosphor ist chemisch vergleichsweise inert. Man kann ihn an der Luft lagern und bearbeiten.

Eine natürlich vorkommende Arsen-Modifikation, der Arsenolamprit, kristallisiert im gleichen Gitter [144].

Normalerweise kristallisiert Arsen wie auch Antimon und Bismut in einem Schichtengitter, in dem As_6-Ringe wie im *trans*-Decalin bzw. im Steran verknüpft sind (Abb. 36B). Arsen, Antimon und Bismut haben in dieser Struktur ausgeprägt metallischen Charakter. Die Stabilität der Bindungen in diesen Modifikationen geht unter anderem daraus hervor, daß man die Elemente in dieser Form in der Natur gediegen findet.

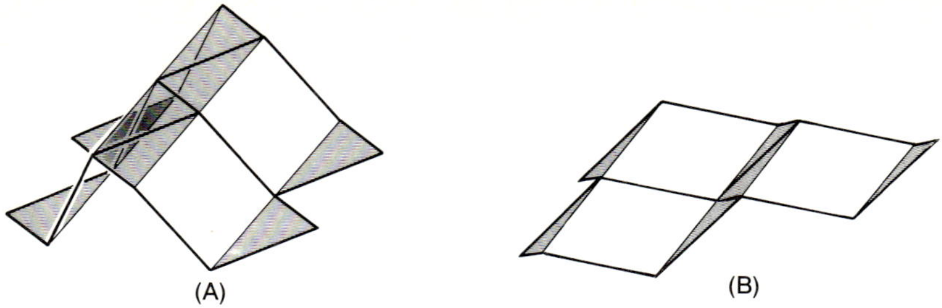

Abb. 36: Verknüpfungstypen im schwarzen Phosphor (A) und im grauen Arsen (B) (A) entspricht dem *cis*-Decalin, (B) dem *trans*-Decalin.

Vom Phosphor gibt es, wie erwähnt, eine weitere genau definierte Modifikation, den violetten oder HITTORFschen Phosphor. Hierin sind P_6-Ringe in Wannenkonformation kanntenverknüpft zu Bändern angeordnet. Zwei jeweils benachbarte Ringe werden abwechselnd durch eine P – P- oder eine P – P – P-Einheit überbrückt, so daß insgesamt eine röhrenförmige Käfigstruktur entsteht. Im Kristall liegen jeweils zwei Schichten derartiger Röhren kreuzweise übereinander, die durch die freien Valenzen der P – P – P-Brücken miteinander verknüpft sind. Zwischen den Röhren einer Schicht und zwischen den Doppelschichten herrschen nur VAN-DER-WAALS-Kräfte [134].

Die handelsüblichen roten Formen des Phosphors sind als schlecht kristallisierte Vorstufen des violetten Phosphors anzusehen [145]. Die Umwandlung vom rotem in violetten Phosphor gelingt nur unter extremen Bedingungen. Dies ist auch verständlich, wenn man bedenkt, daß das Aufwachsen eines P-Atoms auf einem vorhandenen Gitter gleichzeitig die »richtige« Zuordnung von zwei kovalenten Bindungen zum vorhandenen Gerüst erfordert, wobei auch die dritte Bindung, über die der Kristall weiterwächst, in die richtige Richtung weisen muß. Ähnliche Probleme tauchen auch bei der Ausbildung des Graphit-Gitters auf – Ruß ist eine schlecht kristallisierte Vorstufe von Graphit –, in noch größerem Umfang bei der des Diamant-Gitters. Auch bei der Gewinnung von kristallinen räumlich vernetzten Polymeren (Kunststoffen) ergeben sich ähnliche Schwierigkeiten, denen man schließlich auch die Existenz von Gläsern verdankt.

5.5 Die Elemente der 4. Hauptgruppe

Die Atome der Elemente der 4. Hauptgruppe weisen die allgemeine Elektronenkonfiguration s^2p^2 auf, besitzen also im Bezug auf das folgende Edelgas vier Elektronenlücken. Denkbar wäre es zunächst, zur Auffüllung der vier Lücken vier Elektronen von vier Partnern heranzuziehen, wobei jedes Atom seine vier Elektronen in Bindungen betätigen würde. Geht man jedoch von den Elektro-

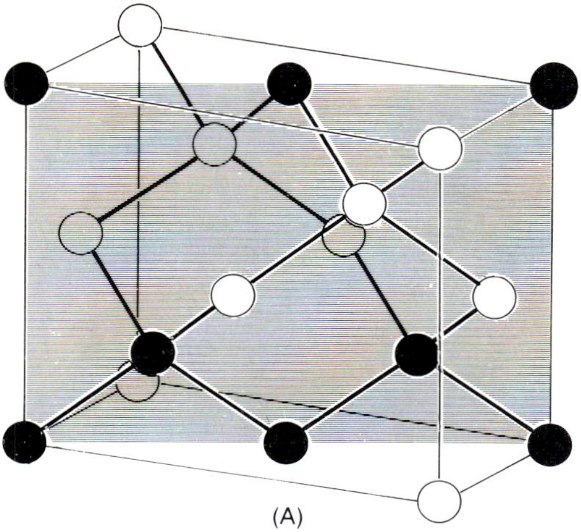

(A)

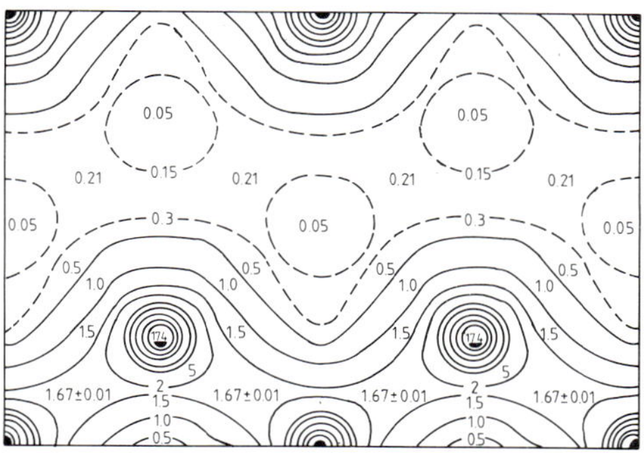

(B)

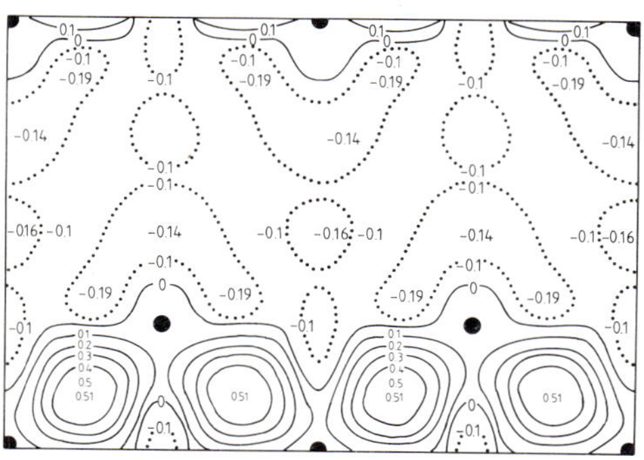

(C)

Abb. 37: Atomanordnung, Elektronendichte und Differenzelektronendichte im Diamant (verändert nach GÖTTLICHER und WÖLFEL [146])

(A) Atomanordnung im Diamantgitter; die in B und C dargestellte Schnittebene ist durch Schraffur herausgehoben; die in dieser Ebene liegenden Atome sind schwarz.

(B) Elektronendichtekarte, Angaben in $e\text{Å}^{-3}$ ($1\,e\text{Å}^{-3} \triangleq 1 \cdot 10^{30}$ $e\text{m}^{-3}$).

(C) Differenzelektronendichtekarte, Angaben wie unter (B). In dieser Darstellung wird von der Gesamtelektronendichte in jedem Punkt der Ebene die Elektronendichte des räumlich nächsten, als kugelförmig angesehenen ungestörten Atoms subtrahiert.

Orte positiver Differenzelektronendichte entsprechen damit Bindungen, Orte negativer Differenzelektronendichte »Antibindungen«.

nenkonfigurationen in den freien Atomen aus, so sind Strukturen mit Koordinationszahlen* KZ $>$ 2 zunächst ausgeschlossen. Lediglich folgende Strukturen mit Elektronenmangel sind denkbar:

und

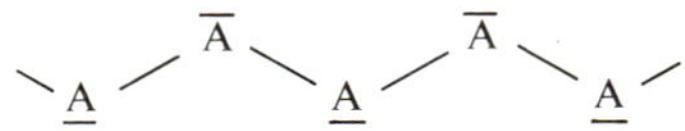

Bei den Elementen der 4. Hauptgruppe wird unter normalen Bedingungen keine der beiden Strukturen verwirklicht. Auf zwei gänzlich voneinander verschiedenen Wegen wird diesem Elektronenmangel ausgewichen. Sie seien am Beispiel des Diamanten und an dem des Bleis erläutert.

5.5.1 Die Struktur des Diamanten – Hybridorbitale

5.5.1.1 Beschreibung der Meßergebnisse

Die RÖNTGEN-Strukturanalysen der Hochdruckmodifikation des Elementes Kohlenstoff, des Diamanten, zeigen, daß im Gitter jedes Kohlenstoff-Atom gleichmäßig von vier weiteren umgeben ist. Die Gitterschwerpunkte, also die Orte höchster Elektronendichte, besetzen die Schwerpunkte und Ecken von Tetraedern, die ihrerseits eckenverknüpft sind (vgl. Abb. 37). Genauere Analysen der Elektronendichten lassen den Schluß zu, daß je zwei C-Atome durch ein Elektronenpaar, d.h. durch eine kovalente Einfachbindung, miteinander verbunden sind [146, 147].

5.5.1.2 Die Deutung der Meßergebnisse

Die offensichtliche Vierbindigkeit der C-Atome steht im Widerspruch zu den aus der Konfiguration $2s^2 2p^2$ ableitbaren Bindungsmöglichkeiten. Durch Orbitalkombinationen nach den bisher verwandten Modellen ist der hier auftretende Bindungswinkel von 109,5° nicht zu erklären.

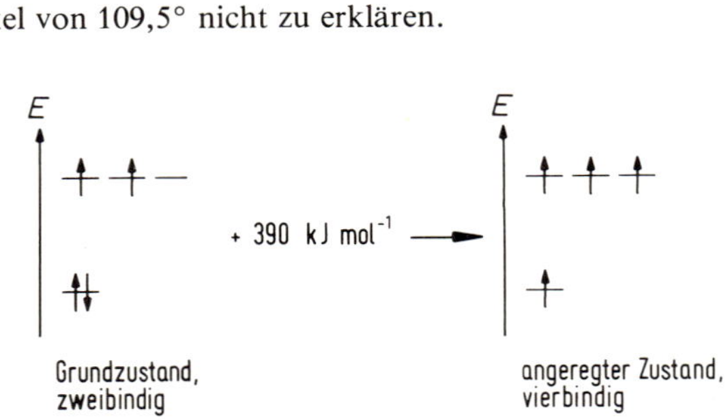

Abb. 38: Elektronen des Kohlenstoffs im Grundzustand und im angeregten Zustand (schematisch)

Die Vierbindigkeit der C-Atome ist aber verständlich, wenn die Entkopplung des s-Elektronenpaares und ein Zustand mit vier Einzelelektronen angenommen werden (Abb. 38). In diesem angeregten Zustand ist ein Orbital kugelsymmetrisch, drei weisen in die Ecken eines Oktaeders. Vier gleichartige Bindungen von einem Atom im Koordinatenursprung aus sind nicht möglich, wenn man die Bindungspartner auf den Koordinatenachsen (d.h. in Richtung der p-Orbitale) annähert, wohl aber wenn diese sich auf vier Normalen der Oktaederflächen, die untereinander nicht kantenverknüpft sind, annähern (Abb. 39A). Die Partner besetzen dann die Hälfte der Eckpunkte eines den Oktaeder umschließenden Würfels oder alle Eckpunkte eines in diesem Würfel liegenden Tetraeders (Abb. 39B).

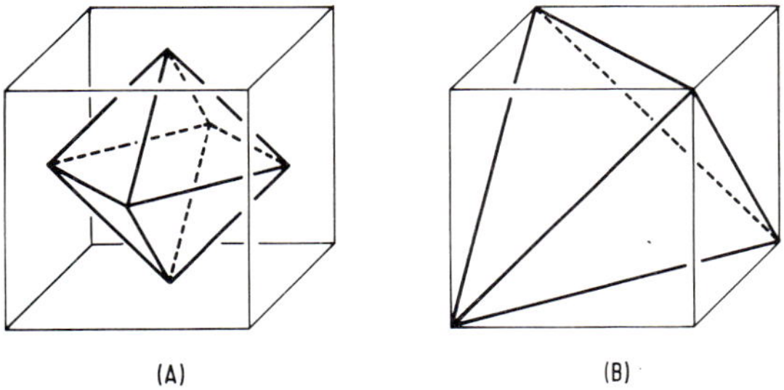

Abb. 39: Die geometrischen Beziehungen zwischen Würfel und Oktaeder (A) und Würfel und Tetraeder (B)

Es ist aber unanschaulich und logisch unbefriedigend, wenn zur Beschreibung einer Bindung zwischen zwei Atomen jeweils vier Orbitale und deren Wechselwirkungen betrachtet werden müssen.

Da man die vier bindungsfähigen Elektronen eines Atoms als vier stehende Wellen im gleichen Raum am gleichen Kern auffassen kann, liegt es nahe, das Ergebnis ihrer inneren Interferenz zu untersuchen.

Die Wellenfunktionen, die das Ergebnis solcher Wechselwirkungen beschreiben, sind Linearkombinationen der Wellenfunktionen der Ausgangsorbitale:

$$\begin{aligned}
\psi_{t_1} &= \psi_{2s} + \psi_{2p_x} + \psi_{2p_y} + \psi_{2p_z} \\
\psi_{t_2} &= \psi_{2s} - \psi_{2p_x} - \psi_{2p_y} + \psi_{2p_z} \\
\psi_{t_3} &= \psi_{2s} - \psi_{2p_x} + \psi_{2p_y} - \psi_{2p_z} \\
\psi_{t_4} &= \psi_{2s} + \psi_{2p_x} - \psi_{2p_y} - \psi_{2p_z}
\end{aligned}$$

Berücksichtigt man, daß auch für die neuen Wellenfunktionen, die *ein* Elektron beschreiben,

$$\int_{-\infty}^{\infty}\int_{-\infty}^{\infty}\int_{-\infty}^{\infty} \psi^2 \mathrm{d}x\, \mathrm{d}y\, \mathrm{d}z = 1$$

gelten muß, so erhält man für die normierten Wellenfunktionen

$$\psi_{t_1} = \sqrt{\frac{1}{4}}\ \psi_{2s} + \sqrt{\frac{3}{4}}\ (\psi_{p_x} + \psi_{p_y} + \psi_{p_z})$$

$$\psi_{t_2} = \sqrt{\frac{1}{4}}\ \psi_{2s} + \sqrt{\frac{3}{4}}\ (-\psi_{p_x} - \psi_{p_y} + \psi_{p_z})$$

$$\psi_{t_3} = \sqrt{\frac{1}{4}}\ \psi_{2s} + \sqrt{\frac{3}{4}}\ (-\psi_{p_x} + \psi_{p_y} - \psi_{p_z})$$

$$\psi_{t_4} = \sqrt{\frac{1}{4}}\ \psi_{2s} + \sqrt{\frac{3}{4}}\ (\psi_{p_x} - \psi_{p_y} - \psi_{p_z})$$

Es zeigt sich, daß alle vier derart gewonnenen Mischorbitale (*Hybridorbitale**) untereinander gleich sind, und daß ihre Maxima in die Ecken eines regulären Tetraeders weisen, d.h. einen Winkel von 109,5° einschließen.

Damit aber hat man eine Beschreibungsmöglichkeit für vier Orbitale gefunden, die jedes einzeln mit Orbitalen anderer Atome nach den Regeln der vereinfachten VB-Methode gekoppelt werden können und den geometrischen Anforderungen der am C-Atom auftretenden Bindungen genügen. Die Bindungsverhältnisse im Diamantgitter lassen sich mit diesem Konzept der Hybridorbitale zutreffend beschreiben.

5.5.1.3 Weitere Möglichkeiten zur Hybridisierung

Das für die Bindungselektronen des Kohlenstoffs im Diamanten dargestellte Hybridorbital-Konzept läßt sich auch erfolgreich auf eine Vielzahl anderer Verbindungen übertragen. Außer der oben abgeleiteten sogenannten (sp^3)-Hybridisierung, also der Mischung von einem s- und drei p-Orbitalen, sind auch andere Kombinationen von Bedeutung. Sie sind mit ihren geometrischen Eigenschaften und mit einigen Beispielen in der folgenden Zusammenstellung aufgeführt:

Mischung aus	Symbol	Geometrische Konfiguration	Beispiele
s und einem p	(sp)	linear	$HgCl_2$, CO_2, Ethin
s und zwei p	(sp^2)	trigonal planar	BF_3, NO_3^-, Benzol, Ethen, Graphit
s und drei p	(sp^3)	tetraedrisch	Diamant, Silicium, Ethan, NH_4^+, SO_4^{2-}, $Pb(CH_3)_4$

Für Atome von Elementen, deren Periodennummer $n > 2$ ist, sind auch Hybridorbitale unter Einschluß von d-Orbitalen möglich. Dabei sind folgende Kombinationen besonders wichtig:

Mischung aus	Symbol	Geometrische Konfiguration	Beispiele
s, drei p und einem d	(sp^3d)	trigonal-bipyramidal	$Fe(CO)_5$
s, drei p und zwei d	(sp^3d^2)	tetragonal-bipyramidal bzw. oktaedrisch bzw. trigonal-antiprismatisch	SF_6, $Cr(CO)_6$, $[Co(NH_3)_6]^{3+}$
d, s und zwei p	(dsp^2)	tetragonal-planar	$[Pt(NH_3)_4]^{2+}$, $[Ni(CN)_4]^{2-}$

Bei der Betrachtung der Bindungswinkel in den Strukturen der Chalkogene und des Phosphors zeigte sich, daß die Erklärung der Bindungen nur über p-Orbitale unpassend war. Alle Winkel hätten hiernach 90° betragen müssen. Das Hybridorbital-Konzept führt zu einer deutlich verbesserten Beschreibung: Die beim S_8 beobachteten Winkel von 108° und der von 103,5° im schwarzen Phosphor kommen dem theoretischen Winkel für ein (sp^3)-Hybrid (109,5°) recht nahe, der für O_3 gefundene Bindungswinkel von 117° dem eines (sp^2)-Hybrids (120°).

Aus diesen Gründen ist das Hybridorbital-Konzept zu einem wichtigen Instrument der vereinfachten VB-Methode geworden [148, 149]. Es ist immer dann angebracht, wenn an den betrachteten Atomen unterschiedliche Orbitale vergleichbarer Energie zu Bindungen herangezogen werden. Hierzu gehören auch alle die Fälle, bei denen Elektronenpaare zur Bindungsbildung entkoppelt werden.

5.5.2 Die Struktur des Bleis – die metallische Bindung

5.5.2.1 Die Eigenschaften von Blei und anderen Metallen

Bei der Beschreibung der Strukturen der Elemente der 7., 6. und 5. Hauptgruppe zeigte sich, daß die Gitter der schwereren Elemente zwar prinzipiell aus denen der leichteren ableitbar waren, daß aber zunehmend Abweichungen vom Ausgangsmodell in Kauf genommen werden mußten.

Die Struktur des schwersten Elementes der 4. Hauptgruppe, des Bleis, hat mit der des leichtesten, des Diamanten, *nichts* mehr gemein. Die Struktur des Bleis ist zugleich auch ein Idealbeispiel für den oben erwähnten zweiten Weg zur Behebung des Elektronenmangels der am Aufbau der Elementstruktur beteiligten Atome.

Der Stoff Blei ist durch folgende wichtige Eigenschaften gekennzeichnet:

- Blei ist ein leicht verformbarer Festkörper mit niedrigem Schmelzpunkt.
- Es besitzt einen sehr niedrigen spezifischen elektrischen Widerstand.
- Gereinigte Oberflächen zeigen einen auffallenden Glanz.
- Feinkristallines Blei ist schwarz.

Zumindest die elektrischen und optischen Eigenschaften hat Blei mit einer ganzen Gruppe von Stoffen gemein: den *Metallen.*

Untersucht man die Struktur von Blei-Kristallen mit Hilfe von RÖNTGENstrahlen, so findet man, daß jedes Blei-Atom in einer höchst symmetrischen Anordnung von zwölf weiteren umgeben ist [150]. Man kann diese Struktur so auffassen, als besetzten die Blei-Atome die Ecken und die Flächenmitten eines Würfels (vgl. Abb. 46(B)).

Zur Beschreibung der Bindungen in einem solchen Kristall wären Bestimmungen der Valenzelektronendichte wünschenswert. Eine aussagekräftige Messung dieser Dichte ist jedoch wegen der hohen Gesamtelektronenzahl am Blei-Atom mit den derzeitigen Mitteln kaum durchführbar (vgl. [142]). Mit anderen Mitteln ist allerdings der Nachweis möglich, daß im Kristall Elektronen vorhanden sind, die weder kovalenten Bindungen angehören noch den Rümpfen fest zuzuordnen sind. Benutzt man die Korpuskelvorstellung vom Elektron, so könnte man diese Elektronen als »frei beweglich« bezeichnen. Damit wäre eine »einfache« Erklärung für den niedrigen elektrischen Widerstand gegeben. Bestimmt man die Anzahl der am Stromtransport beteiligten Elektronen, so findet man, daß pro Blei-Atom etwa ein Elektron für die Leitung zur Verfügung steht [151].

Diese Vorstellung erfordert das Auftreten von geladenen Blei-Atomen im Kristallgitter. Vergleicht man die Radien von ungeladenen und geladenen Blei-Atomen, die man aus anderen Strukturuntersuchungen erhalten hat, mit denen im Elementgitter, so bestätigt sich diese Annahme:

Teilchen	Radius [pm]
Pb^0 *)	ca. 230
Pb in Blei	175
Pb^{2+}	120
Pb^{4+}	84

*) VAN-DER-WAALS-Radius

Aus dem Vergleich der Eigenschaften des Bleis mit denen anderer Elemente ergibt sich, daß mehr als die Hälfte der Elemente dem Blei weitgehend ähnlich sind. Auch sie haben hohe Koordinationszahlen im Gitter – viele haben sogar den gleichen Gittertyp –, eine auffallend hohe elektrische Leitfähigkeit, den

»metallischen« Glanz und eine gute plastische Verformbarkeit. Es ist daher naheliegend, ein für diese ganze Gruppe, für die Metalle, brauchbares Bindungskonzept zu suchen.

Diese Ähnlichkeit der Metalle untereinander läßt aber auch zu, daß Messungen der Elektronendichte etwa von Magnesium oder Photoelektronenspektren etwa von Nickel zur Klärung der Bindungsverhältnisse im Blei mit herangezogen werden können. Die in Abb. 40 wiedergegebene Elektronendichtekarte des Magnesiums und die ihr zugrunde liegende RÖNTGENbeugungsmessung lassen sich unter der Annahme deuten, daß pro Atom etwa zwei Elektronen über den Gesamtkristall verteilt sind [152]. Allerdings steht nach anderen Messungen auch im Mg für die Stromleitung nur ein Elektron zur Verfügung. Der aus den Gitterkonstanten berechnete Teilchenradius (160 pm) liegt wiederum zwischen dem VAN-DER-WAALS-Radius (ca. 240 pm) und dem des Mg^{2+}-Ions (ca. 66 pm).

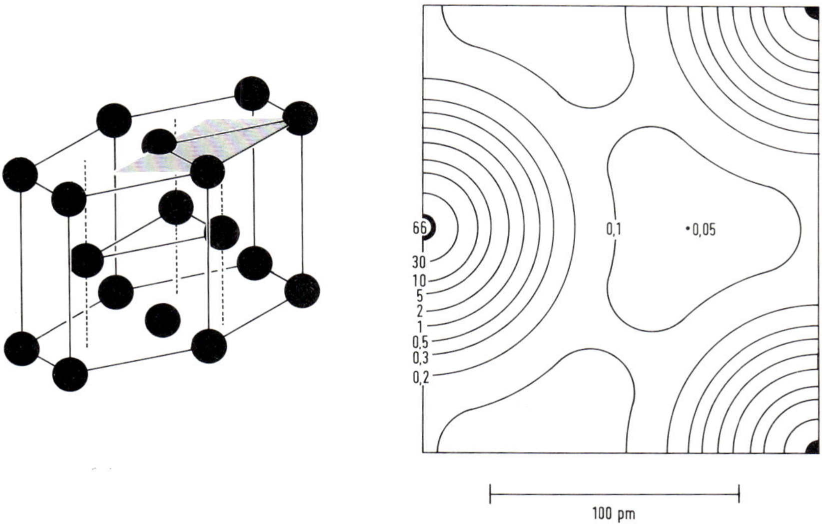

Abb. 40: Elektronendichtekarte für Magnesium in der Ebene durch die Kugelmittelpunkte der dichten Packung (nach Werten aus [152])
Der rechts wiedergegebene Ausschnitt ist in der linken Abbildung schraffiert. Angaben in $e\text{Å}^{-3}$, $1\ e\text{Å}^{-3} \triangleq 10^{30}\ e\text{m}^{-3}$.

Bei einfachen kovalenten Verbindungen sind die Ergebnisse der Photoelektronen-Spektroskopie als Hilfsmittel herangezogen worden, um Informationen über die energetischen Zustände der Elektronen im Molekül und damit in der Bindung zu erhalten. Wendet man dieses Verfahren auf Metalle an, so erhält man statt eines Linienspektrums (Linienweite ca. 0,1 eV) ein Spektrum mit breiten Bändern (Bandweite ca. 5 bis 10 eV) bei kleinen Energien und schmalen Bändern bei großen Energien [153].

Ein aus dem Wellenmodell des Elektrons abgeleitetes Modell für den metallischen Zustand muß insbesondere diese Phänomene berücksichtigen.

5.5.2.2 Die Entwicklung des Bändermodells der Metalle

Zur Beschreibung von vielatomigen Gebilden wurden bislang zwei Ansätze benutzt, die LCAO-MO- und die vereinfachte VB-Methode.

Da fast alle Metalle – unabhängig von ihrer Stellung im Periodensystem – mit Koordinationszahlen von 12 oder 8 kristallisieren, scheint die räumliche Orientierung bezüglich eines Zentralatoms keine Funktion der Elektronenkonfiguration dieses Atoms zu sein. Die für die VB-Methode typischen Voraussagen von Bindungswinkeln werden hier nicht gebraucht. Erforderlich sind Aussagen über die Energie der Elektronen im Metall. Solche Aussagen waren mit einfachen Mitteln mit der LCAO-MO-Methode möglich. Es liegt daher nahe, sie auf die Beschreibung des metallischen Zustandes versuchsweise anzuwenden.

Da es prinzipiell nicht von Bedeutung sein sollte, welches konkrete Beispiel man zur Klärung der Bindung in Metallen und den daraus resultierenden Eigenschaften heranzieht, ist es vorteilhaft, Natrium als Modellsubstanz zu wählen, da das Natrium-Atom nur ein Valenzelektron hat.

Zur Beschreibung der Bindungsverhältnisse denkt man sich den Gesamtkristall ausgehend von einem Atom in Schritten aufgebaut.

Schritt 1: Na_1

Freie Natrium-Atome beseitzen die Elektronenkonfiguration $1s^2 2s^2 2p^6 3s^1$.

Schritt 2: Na_2

Treten zwei Natrium-Atome im Dampf zu Na_2 zusammen, so besetzen die Elektronen Molekülorbitale, die als Linearkombination der Atomorbitale aufgefaßt werden können. Erfahrungsgemäß leisten in diesem Falle die Kombinationen aus den inneren Elektronen (hier 1s, 2s und 2p) keinen Beitrag zum Bindungsgeschehen; sie können deshalb vernachlässigt werden. Das gleiche gilt für die Wechselwirkungen nicht besetzter Orbitale.

Im Na_2-Molekül besetzen die Bindungselektronen das σ_{3s}-MO.

Schritt 3: Na_∞

Natrium kristallisiert in einem Gitter, das seinerseits gedacht werden kann als Verknüpfung einzelner Stränge von Na-Atomen, die parallel angeordnet sind. Die Molekülorbitale für das Gitter können als Linearkombinationen der Molekülorbitale derartiger Stränge und diese wiederum als Linearkombinationen der Atomorbitale der Einzelatome aufgefaßt werden. Die Linearkombination von

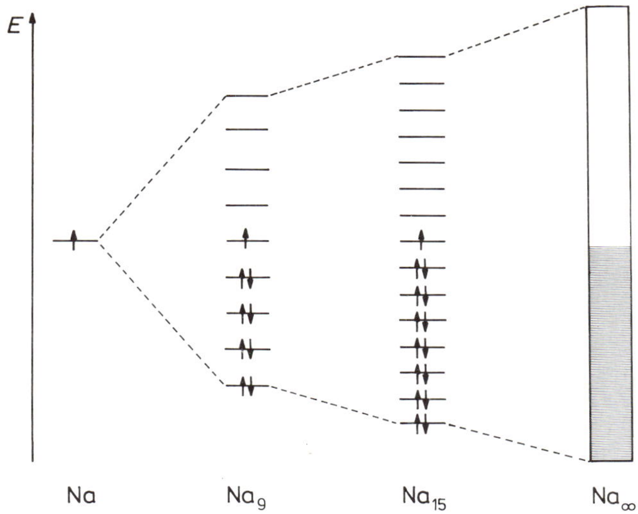

Abb. 41: Das Molekülorbitalband als Ergebnis der Linearkombination von unendlich vielen Atomorbitalen (schematisiert)

beispielsweise neun 3s-AO eines neun Atome umfassenden Stranges führt zu neun Molekülorbitalen, die nach den Aufbauregeln besetzt werden. Die Linearkombinationen können dabei geschrieben werden:

$$\psi_{ges} = c_1\psi_1 \pm c_2\psi_2 \pm c_3\psi_3 \pm c_4\psi_4 \pm \ldots \pm c_9\psi_9$$

Verlängert man die Reihe der Na-Atome etwa auf fünfzehn, so ergeben sich fünfzehn Molekülorbitale. Wegen der größeren Entfernung zum Zentralteilchen ist die Gesamtaufspaltung zwischen dem energieärmsten und dem energiereichsten Molekülorbital nicht wesentlich größer als im Na_9; es ist nicht zu erwarten, daß die Molekülorbitale äquidistant sind.

Betrachtet man die Wechselwirkung aller Atome eines Stranges bezüglich eines Einzelatoms dieses Stranges, so verdichtet sich die Folge der Molekülorbitale zu einem quasikontinuierlichen *Band.* n Natrium-Atome mit n 3s-AO bilden im Kristall n MO. Jedes Molekülorbital kann mit zwei Elektronen besetzt werden, so daß n/2 MO besetzt sind. Entsprechend den Aufbauregeln muß man annehmen, daß das Energieband von »unten« beginnend bis zur Hälfte gefüllt ist.

Die Beschreibung des Gesamtkristalls ist die Fortführung dieses Verfahrens in zwei und schließlich in drei Dimensionen. Das resultierende Bild ändert sich dabei relativ wenig.

Die exakte Anwendung der SCHRÖDINGER-Gleichung auf periodische Atomanordnungen ist außerordentlich schwierig. Beispiele für Rechnungen an einfachen Systemen finden sich in [154] und [155]. Ergebnisse von Modellrechnungen für zweidimensional periodische Anordnungen werden in Kap. 5.5.2.5 erwähnt.

5.5.2.3 Erste Folgerungen aus der Band-Vorstellung

Das am Natrium gewonnene einfache Modell ist bereits in der Lage, einige wichtige Eigenschaften dieses Elementes zu deuten:

Der Glanz von Natrium

Da die Molekülorbitale im betrachteten 3s-Band eine dichte Folge bilden und nur teilweise besetzt sind, besteht für die Elektronen innerhalb des Bandes die Möglichkeit, Energie in nahezu beliebigen Portionen aufzunehmen, d.h., daß innerhalb des durch die Bandhöhe vorgegebenen Energiebereiches *alles* Licht absorbiert werden kann. Der Glanzeffekt läßt sich dann verstehen als eine unmittelbare Aufeinanderfolge von Lichtabsorptionen unter Anregung der Elektronen im Band und Emission von Licht gleicher Energie; diese Lichtabgabe beim »Rückfallen« des Elektrons geschieht in einem Schritt.

Die elektrische Leitfähigkeit von Natrium

Man muß annehmen, daß Elektronen nicht nur durch Licht, sondern auch durch thermische Energie angeregt werden können, d.h., daß sie entkoppelt werden und höhere Molekülorbitale des gleichen Bandes besetzen können. Beim Anlegen eines äußeren elektrischen Feldes können sie den Charakter einer stehenden Welle verlieren und zu laufenden Wellen werden. Ein Abfließen laufender Elektronenwellen ist gleichbedeutend mit einem Ladungstransport oder mit einem elektrischen Strom.

In der Sprache der Korpuskelvorstellung bezeichnet man dies als einen Strom freier Elektronen. Bleibt man in diesem Bild, läßt sich die Zunahme des elektrischen Widerstandes mit steigender Temperatur mit einer Behinderung der gerichteten Elektronenbewegung durch die Zunahme der Schwingung der Gitterbausteine deuten. Natrium ist wie die typischen Metalle ein Leiter mit **P**ositivem **T**emperatur **C**oeffizienten (PTC-Leiter).

Die zusammenhaltenden Kräfte im Natrium

Da alle Elektronen aus den 3s-AO gleichermaßen dem Gesamtkristall zugerechnet werden, sollten keine ausgeprägten Vorzugsrichtungen für die Bindungen zwischen den Na-Rümpfen auftreten. Der Aufbau des Kristallgitters sollte deshalb mit ungerichteten Kräften erklärbar sein.

Die sich aus der Wechselwirkung aller Elektronen mit allen Kernen in einem Natrium-Kristall ergebende Energie wird dann minimal, wenn die Kerne einander räumlich sehr nahe kommen. Gleichzeitig werden die Rümpfe auf Grund der

COULOMB-Wechselwirkung auseinander streben. Insgesamt wird sich dabei ein Gleichgewichtszustand ausbilden, in dem für jedes Teilchenpaar abstoßende und anziehende Kräfte einander die Waage halten. Dieser Zustand wird zwangsläufig eine hochsymmetrische Anordnung der Atomrümpfe aufweisen.

Der Zustand mit der größten Symmetrie im Raum ist durch eine kubisch dichte Kugelpackung beschreibbar. Die im Natrium beobachtete Packung kommt diesem Zustand sehr nahe.

Die plastische Verformbarkeit von Natrium

Kugelpackungen wie die oben erwähnte kann man sich aufgebaut denken als dichte Stapelung von in sich dicht gepackten Ebenen. Analoge Anordnungen lassen sich durch Verschiebung einer solchen Ebene gegen eine andere erzeugen. Im Idealkristall ist dabei der Energieaufwand nur gering, weil sich auf Grund der gleichmäßigen Elektronenverteilung im Metall der Bindungszustand eines einzelnen Rumpfes bei einer Bewegung über einen anderen hinweg nur unwesentlich verändert. Dies wird deutlich, wenn man die Elektronendichte zwischen zwei benachbarten Atomen in einem Metall (Abb. 40) mit der im Diamanten (Abb. 37B) vergleicht. Reine Metalle mit solchen Strukturen sind wie Natrium stets gut *plastisch* verformbar.

Als *elastische* Werkstoffe finden deshalb nur solche reinen Metalle Verwendung, die zusätzliche kovalente Bindungsanteile aufweisen, beispielsweise Titan, Chrom und Iridium. Bei allen anderen wichtigen Gebrauchsmetallen erreicht man die gewünschte hohe Zug- und Biegefestigkeit durch Zulegieren von Elementen, die im metallischen Grundgitter zusätzliche kovalente Bindungen aufbauen, wie Kohlenstoff, Silicium oder Phosphor im Eisen und Beryllium oder Phosphor im Kupfer.

5.5.2.4 Anwendung der Band-Vorstellung auf andere Elemente der 3. Periode

Die beim Natrium beobachteten typischen Eigenschaften, Lichtreflexion an der Oberfläche, gute elektrische Leitfähigkeit, hohe Gittersymmetrie und bruchfreie Verformbarkeit, finden sich in ähnlicher Weise bei allen Metallen. Das legt den Schluß nahe, das für das Natrium erläuterte Bindungsmodell auf die übrigen Metalle sinngemäß zu übertragen.

Im einzelnen zeigen die metallischen Elemente jedoch durchaus quantitative Unterschiede auch in ihren typisch metallischen Eigenschaften. Das Modell der metallischen Bindung sollte in der Lage sein, diese Eigenschaftsveränderungen zu beschreiben und zu deuten.

Das Nachbarelement des Natriums in der dritten Periode, das Magnesium, hat ähnliche physikalische Eigenschaften wie Natrium. Insbesondere zeigt Magnesium einen vergleichbar niedrigen elektrischen Widerstand wie Natrium. Seine plastische Verformbarkeit ist deutlich schlechter. Nimmt man an, daß für die

Bindung der Atomrümpfe im Gitter nunmehr zwei Elektronen zur Verfügung stehen, so wird dies unmittelbar einsichtig.

Übertrüge man die am Natrium entwickelte Band-Vorstellung auf Magnesium, so ergäbe sich ein gefülltes 3s-Band. Da alle Molekülorbitale hierin mit einem Elektronenpaar besetzt wären, könnten Elektronen nicht mehr thermisch anregbar sein. Die Bewegbarkeit der Elektronen im elektrischen Feld entfiele: Magnesium wäre ein Nichtleiter.

Die zur Herleitung der Band-Vorstellung angenommene LCAO führte beim Natrium zu einem Band, das symmetrisch zu den 3s-AO lag. Ein Magnesium-Kristall mit gefülltem 3s-Band wäre ebenso undenkbar wie ein Mg_2-Molekül, weil ebensoviele Elektronen in bindenden wie antibindenden Zuständen vorhanden wären (vgl. auch Be_2 in Tab. 10).

Der Widerspruch löst sich dadurch, daß das s-Band, wie Rechnungen zeigen und Messungen bestätigen [156, 157], *nicht* symmetrisch bezüglich der s-AO liegt, sondern eine Verlagerung zu niedrigeren Energien erfährt. Ein gefülltes s-Band behält dadurch insgesamt immer noch bindenden Charakter (vgl. Abb. 44).

Darüber hinaus war beim Natrium die Linearkombination der 3p-AO unberücksichtigt geblieben. Berechnet man für Natrium die Linearkombination der 3p-AO, so findet man, daß auch diese Orbitale im Kristall ein Band bilden. Für n Atome enthält das p-Band 3n MO, wobei das s-Band und das p-Band einander überlappen (Abb. 42). Diese Überlappung bewirkt beim Magnesium, daß wie

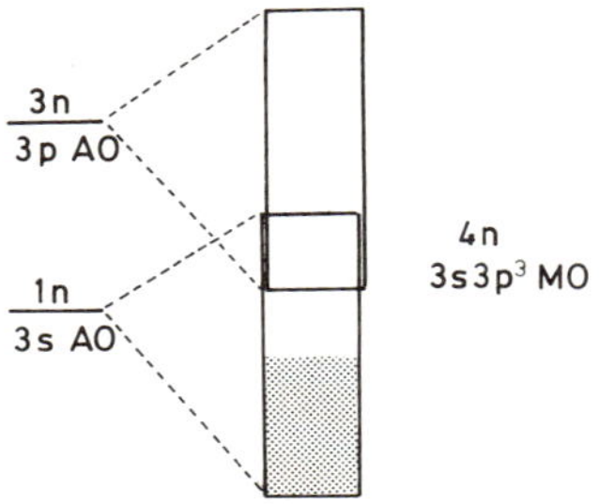

Abb. 42: Überlappung von 3s- und 3p-Band in metallischem Natrium (schematisch)

beim Natrium Elektronen durch geringfügige Anregung, etwa thermische, freie Molekülorbitale besetzen können. Magnesium ist also ein elektrischer Leiter. Abb. 43 gibt die Häufigkeitsverteilung der Orbitale als Funktion der Orbitalenergie beim Magnesium wieder; diese Funktion ist nur interpretierbar, wenn man die Existenz zweier einander überlappender Bänder annimmt.

Die Überlappung von dem 3s- und 3p-Band ist beim Magnesium geringer als beim Natrium. Dies ist darauf zurückzuführen, daß mit zunehmender Kern-

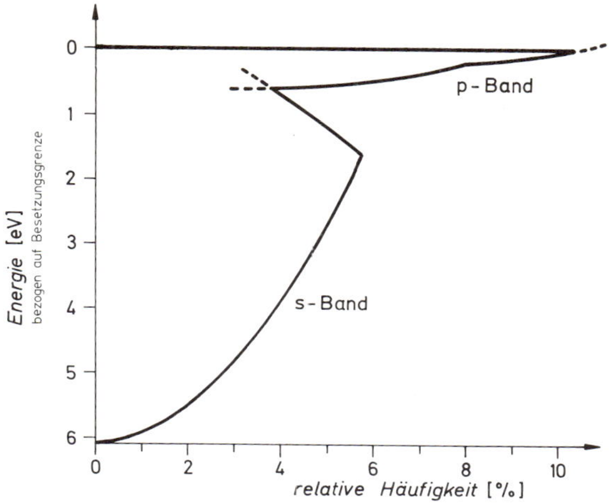

Abb. 43: Häufigkeit der Orbitale im 3s- und 3p-Band als Funktion der Energie (nach [158])
Die angegebene Besetzungsgrenze (0-Niveau) ist das FERMI-Niveau.

ladungszahl die Orbitalenergien der s-AO stärker abnehmen als die p-AO (vgl. Abb. 15).

Beim Aluminium führt die unterschiedlich starke Abnahme der Orbitalenergien bereits zu einer Trennung des s- und p-Bandes. Das 3s-Band mit n MO ist mit 2n Elektronen vollständig gefüllt. Das 3p-Band mit seinen 3n MO ist durch die n verbleibenden Elektronen hingegen zu einem Sechstel besetzt.

Unter den Eigenschaften des Aluminiums fällt auf, daß es härter ist als Magnesium. Dies ließe sich auf die bindende Kraft von drei Elektronen pro Atom zurückführen. Allerdings zeigen andere Messungen, daß auch im Aluminium nur etwa ein Elektron pro Atom als Leitungselektron zur Verfügung steht.

Das vorstehend benutzte Modell, das metallische Eigenschaften über Elektronenbänder erklärt, wird allgemein als *Bändermodell* bezeichnet.

In der vorliegenden Form ist das Bändermodell an Strukturen mit hohen Koordinationszahlen entwickelt worden. Ob oder in welchem Ausmaß es zur Beschreibung von Strukturen mit niedrigen Koordinationszahlen geeignet ist, bleibt zunächst fraglich. Die Behandlung des Siliciums wird daher erst an späterer Stelle (Kap. 5.5.3) vorgenommen.

5.5.2.5 Anwendung des verfeinerten Bändermodells auf die Elemente der 3. Hauptgruppe – allgemeine Zusammenhänge

Natrium, Magnesium und Aluminium sind Elemente der *gleichen Periode* des PSE. Die Betrachtungen zeigen, welche Möglichkeiten das Bändermodell zur

Deutung von Eigenschaften der Elemente bietet und welche Überlegungen berücksichtigt werden müssen. Wie zutreffend das Modell ist, ergibt sich, wenn man die andere »Verwandtschaftslinie« im PSE verfolgt, d. h., wenn man Metalle der *gleichen Gruppe* miteinander vergleicht, wie Aluminium mit Gallium, Indium und Thallium.

Betrachtet man die Härte dieser vier Elemente, so findet man eine schrittweise Abnahme. Der spezifische elektrische Widerstand dagegen steigt:

Element	Ritzhärte nach MOHS	Spezifischer elektrischer Widerstand in 10^{-8} Ωm
Al	2,75	2,65
Ga	1,5	8,1
In	1,2	17,4
Tl	1,2	54,3

Die Werte werden verständlich, wenn man berücksichtigt, daß zwar die Zahl der bindenden und leitenden Elektronen pro Atom vergleichbar ist, daß jedoch mit steigender Atommasse die Anzahl dieser Elektronen pro Volumeneinheit sinkt. Dennoch ist Thallium ein Metall.

Bei den ersten Elementen der 3. Periode zeigte sich, daß vergleichbare Bänder mit zunehmender Kernladungszahl energetisch absanken und gleichzeitig auseinanderrückten. Nach Abb. 15 ist zu erwarten, daß innerhalb einer Gruppe der gegensinnige Effekt auftritt. Aus der gleichen Abbildung ergibt sich aber auch, daß die Bänder höherer Hauptquantenzahlen so dicht liegen sollten, daß sie stark überlappen. Die Elektronen, die die Bindung bewirken, besetzen demnach Bänder, in denen sie schon unter normalen Bedingungen unbesetzte Molekülorbitale erreichen können, so daß diese Stoffe elektrische Leiter sind.

Das Modell macht also verständlich, daß der metallische Charakter in allen Hauptgruppen beim Übergang zu Elementen höherer Kernladungszahl zunimmt, daß innerhalb einer Periode aber der umgekehrte Zusammenhang besteht.

Eine allgemeine Darstellung des Zusammenhanges zwischen Bandenergien und -breiten einerseits und Gitterabständen für Elemente mit unterschiedlichen Kernladungszahlen andererseits kann nicht mehr gegeben werden. Für einzelne Elemente wurden Bänderschemata unter Verwendung der sogenannten BRILLOUIN-Zonen für unterschiedliche Richtungen im Kristall berechnet [157]. Die Rechnungen und ihre Ergebnisse lassen sich nicht mehr unmittelbar anschaulich darstellen.

Allgemeine Modellrechnungen mit anschaulichen Ergebnissen wurden für Systeme mit nur einer oder mit zwei Dimensionen durchgeführt. Das Ergebnis einer zweidimensionalen Modellrechnung ist in Abb. 44 wiedergegeben. Für gro-

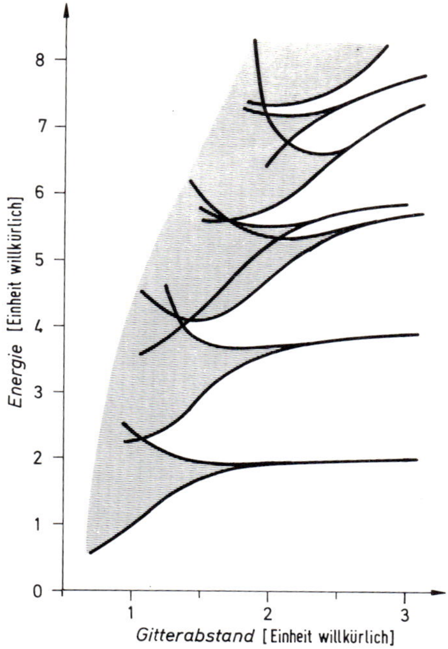

Abb. 44: Ergebnisse einer zweidimensionalen Modellrechnung zur Lage und Breite von Bändern in Metallen (verändert nach SLATER [154])

ße Abstände (rechter Bildrand) sind Energiewerte aufgetragen, die denen der Atomorbitale entsprechen. Nähert man die Atome einander, so stellt man folgendes fest:

- Die Atomorbitale sinken in ihren Energien bereits ab, bevor eine merkliche Bandbildung einsetzt.
- Die entstehenden Bänder sind asymmetrisch.
- Bei Atomen mit Elektronen in hohen Hauptquantenzahlen findet eine Aufspaltung der AO zu Bändern bereits statt, wenn die inneren Elektronen praktisch noch ihren AO angehören.
- Bänder aus AO mit hohen Hauptquantenzahlen überlappen einander stets, weil bereits die AO sehr dicht beieinanderliegen.

RÖNTGENphotoelektronenspektren bestätigen, daß die so gewonnenen Aussagen zutreffend sind [157, 159].

Für qualitative Aussagen genügt häufig ein schematisiertes Bändermodell, das Angaben über die Lage, Überlappung und Auffüllung von Bändern enthält. Es wird in Kap. 5.5.5 näher besprochen.

5.5.2.6 Wichtige Metallgittertypen

Die Überlegungen zur Bindung in Metallen führten zu Aussagen über die Elektronenenergie, zeigten aber auch, daß die durch die »Metallelektronen« bewirkte Bindung richtungsunabhängig ist, d. h., daß die Atomrümpfe, wenn man sie angenähert als Kugeln betrachtet, dichte Packungen annehmen.

Als ein Idealtyp war das kubisch dichte (kubisch flächenzentrierte) Gitter genannt worden, das von etwa einem Viertel aller Metalle unter Normalbedingungen auch angenommen wird. In erster Näherung energetisch gleichwertig ist das hexagonal dichte Gitter, indem etwa die Hälfte der Metalle normalerweise kristallisiert. Der größte Teil der übrigen Metalle bildet ein kubisch raumzentriertes Gitter mit geringerer Packungsdichte und geringerer Gitterenergie. Die untypischen Metalle – im Grenzbereich zu den Nichtmetallen – zeigen aus den Nichtmetallstrukturen ableitbare Sondergitter.

5.5.2.7 Dichte Packungen

Dichte räumliche Kugelpackungen ergeben sich, wenn dichte ebene Packungen von Kugeln dicht gestapelt werden. Innerhalb der Ebenen beträgt die Koordinationszahl KZ = 6, im Raum KZ = 12. Bei der Stapelung von dicht gepackten Ebenen ergeben sich zwei Typen von regelmäßigen Anordnungen, die kubisch und die hexagonal dichte Packung.

Beim Stapeln sinken die Kugeln einer Ebene in die Mulden der darunterliegenden. Dabei berührt jede Kugel gleichzeitig drei Kugeln der darunterliegenden Schicht. Beim Auflegen einer dritten Schicht auf eine zweite ergeben sich zwei Lagemöglichkeiten in bezug auf die erste Schicht. Da n Atome einer Schicht auf ihrer Oberseite 2n Mulden ausbilden, lassen sich zwei Scharen von je n Mulden erkennen, die jeweils mit einer dichten Packung der n Atome der nächsten Schicht belegt werden können. Die Atome der dritten Schicht können *eine von beiden* Muldenscharen besetzen. Es ergeben sich also zwei Typen von regelmäßigen Anordnungen: In dem einen Fall liegen die Atome der dritten Schicht über den Atomen der ersten (*hexagonal dichte Packung*), im anderen Fall über den nicht besetzten Mulden der ersten Schicht (*kubisch dichte Packung*). Gemeinsamkeiten und Unterschiede gehen aus Abb. 45 hervor.

Beide Gittertypen haben die gleiche Koordiationszahl KZ = 12 und die gleiche Raumerfüllung von 74%, sind aber energetisch nicht völlig äquivalent. Aufgrund der höheren Symmetrie ist das kubisch dichte Gitter gegenüber dem hexagonal dichten Gitter geringfügig energieärmer. Bei der praktischen Ausbildung der Gitter ist dieser Energieunterschied offenbar nicht bestimmend, da andere Einflußfaktoren hinzutreten. Bei genauerer Betrachtung muß man berücksichtigen, daß die Gestalt der Atome nicht mehr als Kugel aufgefaßt werden kann, und daß die überlappenden Orbitale letztlich doch gewisse Vorzugsrichtungen markieren.

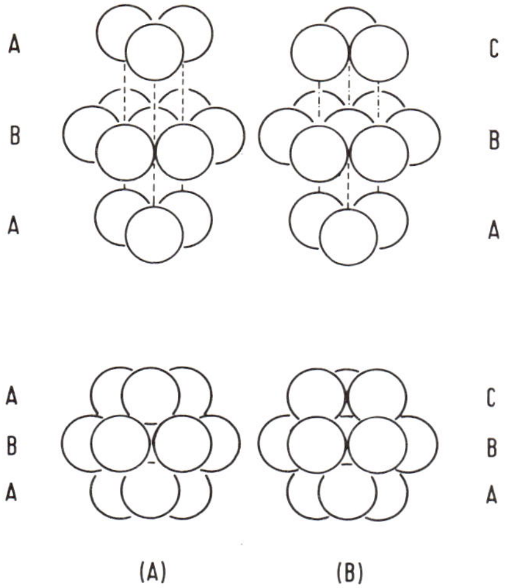

Abb. 45: Aufbau dichter Kugelpackungen
Eine dichte ebene Packung von Kugeln gleicher Größe weist zwei Scharen von Senken auf, von denen jede wiederum mit einer ebenen Lage dicht gepackter Kugeln besetzt werden kann.
(A) In der hexagonal dichten Kugelpackung wird oberhalb und unterhalb einer jeden Schicht die gleiche Schar von Senken besetzt; es ergibt sich eine Schichtenfolge ABAB.
(B) In der kubisch dichten Kugelpackung werden oberhalb und unterhalb einer jeden Schicht jeweils unterschiedliche Scharen von Senken aufgefüllt; es ergibt sich eine Schichtenfolge ABCABC.

Um das Auftreten von hexagonal dichten und kubisch raumzentrierten Gittern begründen zu können, ist man gezwungen, das Vorhandensein von kovalenten Restvalenzen anzunehmen. Dies wird auch daraus deutlich, daß die real vorkommenden, im hexagonal dichten Gitter kristallisierenden Elemente merklich von der Idealstruktur abweichen. Insbesondere gilt das für diejenigen Elemente, die, wie Beryllium und Zink, im PSE in der Nähe der kovalenten Elemente stehen. Bei Beryllium findet man beispielsweise ein Achsenverhältnis $c:a = 1{,}57:1$, beim Zink eines von 1,86:1 anstelle des theoretischen Achsenverhältnisses $c:a = 1{,}633:1$.

Der dritte häufig auftretende Gittertyp hat die Koordinationszahl KZ = 8. Jedes Atom ist von acht weiteren umgeben, die die Ecken eines Würfels besetzen. In diesem kubisch raumzentrierten Gitter gibt es keine dicht gepackten Ebenen. Die Raumerfüllung durch Kugeln beträgt hier 68%. Die beim Bau eines solchen Gitters frei werdende Energie ist geringer als bei den dichten Packungen.

Die Zusammenhänge zwischen den drei wichtigen Gittern gehen aus Abb. 46 hervor.

Eine Übersicht über die bei den einzelnen Metallen auftretenden Gitterformen gibt Tab. 16.

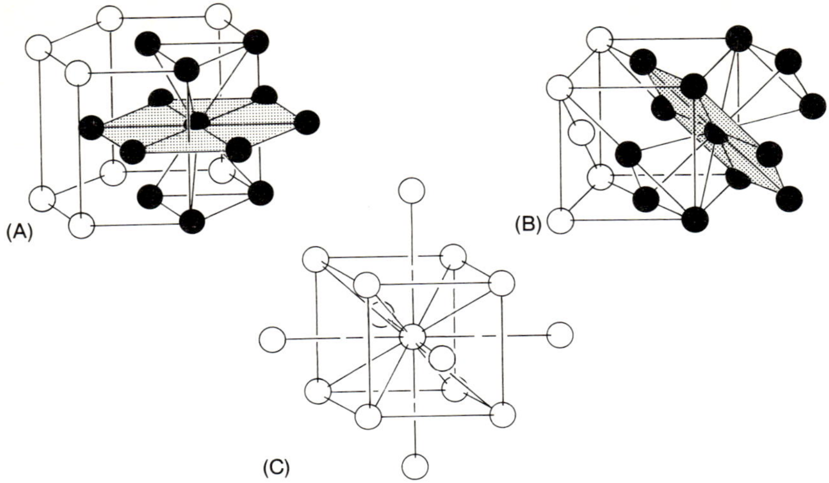

Abb. 46: Strukturelle Zusammenhänge zwischen dichten Packungen (A) und (B) und kubischen Packungen (B) und (C)
(A) hexagonal dichte Kugelpackung (hd)
(B) kubisch dichte (kubisch flächenzentrierte) Kugelpackung (kd)
(C) kubisch raumzentrierte Kugelpackung (kr)
Die in Abb. 45 dargestellten Aufbauprinzipien sind hier besonders hervorgehoben.

Tab. 16: Übersicht über die Gitter der metallischen Elemente unter Normalbedingungen

Li	Be													
kr	hd													
Na	Mg											Al		
kr	hd											kd		
K	Ca	Sc	Ti	V	Cr	Mn	Fe	Co	Ni	Cu	Zn	Ga		
kr	kd	hd	hd	kr	kr	a	kr	hd	kd	kd	hd	a		
Rb	Sr	Y	Zr	Nb	Mo	Tc	Ru	Rh	Pd	Ag	Cd	In	Sn	Sb
kr	kd	hd	hd	kr	kr	–	hd	kd	kd	kd	hd	a	a	a
Cs	Ba	La	Hf	Ta	W	Re	Os	Ir	Pt	Au	Hg	Tl	Pb	Bi
kr	kr	hd	hd	kr	kr	hd	hd	kd	kd	kd	–	hd	kd	a
Fr														
kr														

Ce	Pr	Nd	Pm	Sm	Eu	Gd	Tb	Dy	Ho	Er	Tm	Yb	Lu
kd	hd	hd	hd	a	kr	hd	hd	hd	hd	hd	hd	kd	hd

kr	kubisch raumzentriert	hd	hexagonal dicht
kd	kubisch dicht	a	andere Gitter

Die meisten Metalle können in mehreren Modifikationen auftreten. Die zur Umwandlung notwendige Energie ist in der Regel gering.

Tab. 17: Einige Eigenschaften der Elemente der 4. Hauptgruppe

Element	Valenzelektronenanordnung	Elementbausteine (Modifikation, Habitus)	Bindungslängen in pm	Bindungsenergien in kJ/mol	*Fp* in °C	*Kp* in °C	Farbe	ρ in Ωm		Literatur zur Kristallstruktur
C	[He] $2s^2 2p^2$	C_∞ (Graphit, hexagonal)[10]	142	−465[6]	3700[1]	3650[2]	schwarz	$1 \cdot 10^{-6}$[3] $1 \cdot 10^{-2}$[4]	NTC	[160]
		C_∞ (Diamant, kubisch)	155,5	−348[7]			fbl.	$>5 \cdot 10^{12}$		[161, 162]
Si	[Ne] $3s^2 3p^2$	Si_∞ (kubisch)	235	−222[7]	1423	2355	metall.	0,4	NTC	[163]
Ge	[Ar] $4s^2 3d^{10} 4p^2$	Ge_∞ (kubisch)	245,0	−188[7]	937,2	2830	metall.	0,5	NTC	[163]
Sn	[Kr] $5s^2 4d^{10} 5p^2$	Sn_∞ (α-Sn, kubisch)	281,0		13,2[5]			$5 \cdot 10^{-6}$	NTC	[164]
		Sn_∞ (β-Sn, tetragonal)[11]	302,2	−100[8]	231,9	2687	metall.	$11{,}2 \cdot 10^{-8}$	PTC	[165]
Pb	[Xe] $6s^2 4f^{14} 5d^{10} 6p^2$	Pb_∞ (kubisch)	350,1	−33[9]	327,4	1751	metall.	$19{,}2 \cdot 10^{-8}$	PTC	[150]

[1] Tripelpunkt bei etwa 100 bar; [2] Sublimationstemperatur; [3] in Schichtrichtung; [4] senkrecht zu den Schichten; [5] Umwandlungstemperatur α-Sn – β-Sn; [6] KZ 3; [7] KZ 4; [8] KZ 6; [9] KZ 12; [10] In der Elementarzelle des hexagonalen Gitters bilden zwei Kanten einen Winkel von 120°, die dritte Kante steht senkrecht auf beiden ($a = b \neq c$; $\alpha = \beta = 90°$; $\gamma = 120°$). [11] Die Elementarzelle des tetragonalen Gitters ist ein Quader mit quadratischer Grundfläche ($a = b \neq c$; $\alpha = \beta = \gamma = 90°C$).

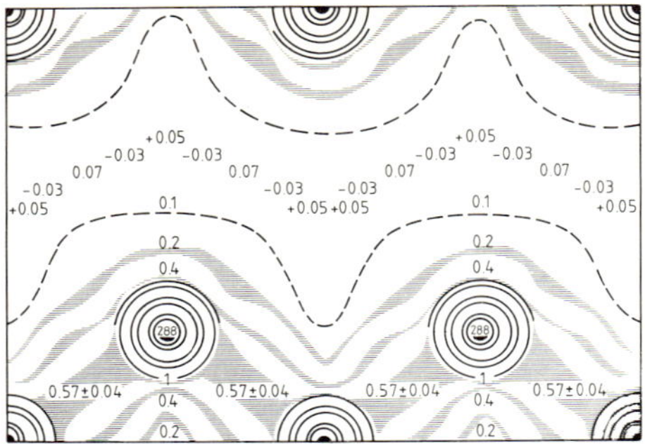

(A)

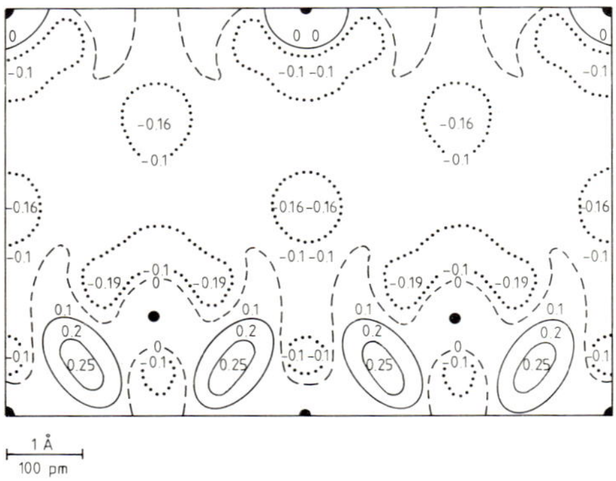

(B)

Abb. 47: Elektronendichte und Differenzelektronendichte im Silicium (verändert nach HULL und GÖTTLICHER et al. [167, 168]) für den gleichen Gitterausschnitt wie in Abb. 37(A)
Anstelle von Konturlinien sind in der Elektronendichtekarte im Bereich geringer Elektronendichte Dichtebereiche (schraffiert) dargestellt.

Ein einfacher Zusammenhang zwischen Gittertyp und Stellung des jeweiligen Elementes im PSE besteht nicht.

5.5.3 *Strukturen und Eigenschaften von Silicium, Germanium und α-Zinn – das Bändermodell für Halbleiter*

Die bisherige Beschreibung der Elemente der 4. Hauptgruppe erstreckte sich auf die Behandlung des Diamanten als eines kovalenten Idealtyps und die des Bleis als eines typischen Metalls. Die Eigenschaften der übrigen Elemente und des Graphits (Tab. 17) zeigen, daß man sie mit keinem der Idealtypen allein beschreiben kann.

Insbesondere fallen die Veränderungen des Aussehens und der elektrischen Leitfähigkeit auf, aber auch die starke Abnahme der Schmelzpunkte. Neben einer allgemeinen Verringerung der Stärke der Bindungen zwischen den Bausteinen tritt offenbar eine Änderung im Bindungstyp ein.

Bewährte Mittel zur Untersuchung von Elektronenverteilung und Elektronenenergien waren die Bestimmung der Valenzelektronendichte und die Photoelektronenspektroskopie.

RÖNTGEN-Strukturuntersuchungen zeigen nun, daß Silicium, Germanium und α-Zinn Diamantstruktur besitzen [166, 167, 164]. Elektronendichten und Differenzelektronendichten wurden sehr genau für Silicium bestimmt [168, 169].

Aus Abb. 47 geht der kovalente Aufbau des Silicium-Kristalls deutlich hervor; allerdings ist die Differenzelektronendichte zwischen zwei Si-Atomen geringer als zwischen zwei entsprechenden C-Atomen (Abb. 37). Ursache hierfür sind die wachsenden Atomradien und die sich daraus ergebende geringere Dichte an Bindungselektronen. Diese Änderung setzt sich beim Germanium und α-Zinn fort. Trotzdem sind noch relativ hohe und stark gerichtete Bindungskräfte zu beobachten. Die hohen Härten dieser Stoffe sind ein Beleg dafür (Tab. 18).

Tab. 18: Härtewerte für die Elemente der 4. Hauptgruppe

Stoffart	Härte in kg/mm^2	Bestimmungsmethode
Diamant	ca. 6000	KNOOP
Silicium	240	BRINELL
Germanium	ca. 180	BRINELL
α-Zinn	?	BRINELL
β-Zinn	4,2	BRINELL
Blei	2,5	BRINELL

Die Differenzelektronendichte des Siliciums, sein metallischer Glanz und die von Besonderheiten gekennzeichnete elektrische Leitfähigkeit stehen zunächst in einem gewissen Widerspruch zueinander. Ein kovalenter Aufbau sollte nicht von Metallglanz begleitet sein. Der Metallglanz sollte mit einer metallischen Leitfähigkeit verbunden sein. Reines Silicium zeigt aber bei Raumtemperatur einen relativ hohen elektrischen Widerstand, der mit zunehmender Temperatur und unter Lichteinwirkung abnimmt. Si ist also ein NTC-Leiter (**N**egativer **T**emperatur **C**oefficient) (vgl. Tab. 17).

Diese Art der Widerstandsabhängigkeit legt den Schluß nahe, daß die Anregung von Elektronen in einen die elektrische Stromleitung bewirkenden Zustand gegenüber den Metallen erheblich erschwert ist. Aus Spektren zeigt sich, daß für Silicium ein den Metallen analoges Bändermodell angenommen werden muß, wobei die beobachteten Bänder aus Molekülorbitalen entstanden sein müssen, die durch Überlagerung von (sp^3)-Hybridorbitalen gebildet werden. Dabei entstehen aus 4n (sp^3)-Hybridorbitalen ein bindendes Band mit 2n MO, das mit 4n Elektronen voll besetzt ist, und ein antibindendes Band mit 2n MO, das zunächst leer ist. Zwischen der oberen Kante des besetzten und der unteren des unbesetzten Bandes besteht eine Energiedifferenz von mindestens 1,15 eV (vgl. Tab. 19).

Tab. 19: Bandlücken und Bandhöhen für die Elemente der 4. Hauptgruppe, die im Diamantgitter kristallisieren

Stoffart	Breite der verbotenen Zone in eV	Bandhöhe in eV	Literatur
Diamant	6	22	[162]
Silicium	1,15	17	[165]
Germanium	0,655	7	[170]
α-Zinn	0,08		[171]

Elektrische Stromleitung kann eintreten, wenn Elektronen aus dem voll besetzten Band unter Überwindung dieser Energiebarriere in das leere Band gehoben werden. In diesem Band können sie laufende Wellen ausbilden. Als Folge dieser Anhebung wird dann auch Leitung im nun nicht mehr voll besetzten Band möglich (Defektleitung).

An den unterschiedlichen Orten im Gitter sind wegen der unterschiedlich großen Wechselwirkungen der überlappenden Atomorbitale die Bandbreiten und Bandabstände verschieden. Wegen der großen Bedeutung für die Halbleitertechnik sind die Ortsabhängigkeiten der Bandweiten und Bandabstände im Gitter Gegenstand zahlreicher Untersuchungen und Rechnungen. Der für die Rechnungen angewandte Formalismus läßt eine unmittelbar anschauliche Deutung nicht mehr zu. Zu den Einzelheiten der Methode und den erhaltenen Ergebnissen vgl. [157, 171, 172].

Während zur Klärung optischer Eigenschaften oft ein detailliertes Bändermodell bekannt sein muß, genügt es meistens, die Minimalbreite der Lücke, der sogenannten *verbotenen Zone*, zu kennen, um Aufschluß über die elektrischen Eigenschaften zu erhalten.

Für die im Diamantgitter kristallisierenden Elemente der 4. Hauptgruppe erhält man für die Bandhöhe und den kleinsten Bandabstand die in Tab. 19 zusammengestellten Werte.

In dieser Tabelle zeigt sich auch, daß die am Bändermodell der Metalle erörterten allgemeinen Zusammenhänge zwischen der Stellung eines Elementes im PSE, der Bandhöhe und dem Bandabstand offenbar zutreffen.

5.5.4 Struktur und Eigenschaften von Graphit

Wie das Zustandsdiagramm zeigt, ist die bei normalem Druck stabile Modifikation des Kohlenstoffs die des Graphits. Dieser zeigt völlig andere physikalische Eigenschaften als der Diamant (vgl. Tab. 17). Die RÖNTGEN-Strukturuntersuchungen zeigen, daß auch der Gitteraufbau von Graphit nichts mit dem von Diamant gemein hat: Jedes C-Atom ist gleichmäßig von drei weiteren umgeben, ist also dreibindig. Im Gegensatz zu Diamant, bei dem die C-Atome gleichsam gewellte Flächen besetzen, liegen die C-Atome beim Graphit in Ebenen. Diese Ebenen sind so gestapelt, daß eine Schichtenfolge des ABAB-Typs resultiert, wobei das Netz einer B-Schicht um die Länge einer Sechsecksseite gegen das der A-Schicht verschoben ist (vgl. Abb. 48).

Innerhalb einer Ebene sind alle Bindungswinkel 120° und alle Bindungsabstände 142 pm. Die Abstände zwischen den Schichten betragen 335 pm.

Gut ausgebildete Graphit-Kristalle sind anisotrop*. Innerhalb der Schichten beobachtet man eine relativ gute elektrische Leitfähigkeit ($\rho = 10^{-6}\ \Omega$ m); senkrecht zu den Schichten ist Graphit ein schlechter Leiter ($\rho = 1 \cdot 10^{-2}\ \Omega$ m).

Unter den mechanischen Eigenschaften sticht die scheinbar sehr geringe Härte hervor. Unter dem Mikroskop findet man, daß diese Eigenschaft auf ein Übereinandergleiten kleiner Schuppen zurückzuführen ist.

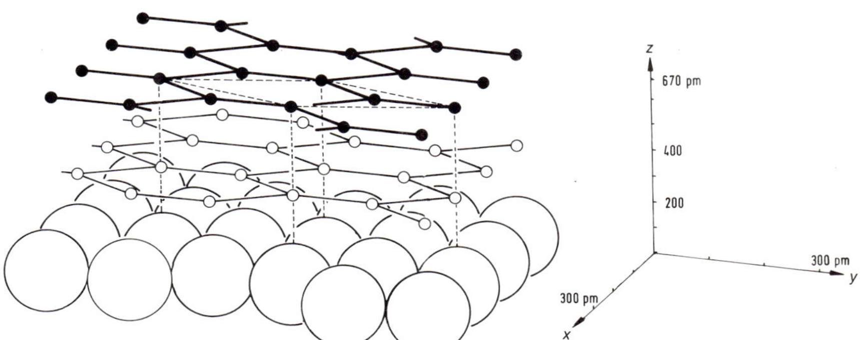

Abb. 48: Die Kristallstruktur von Graphit

Der Schichtabstand $\frac{c_0}{2}$ beträgt 335 pm, die Kantenlänge a_0 der Elementarzelle 246 pm.

Die mechanischen und elektrischen Eigenschaften lassen sich deuten, wenn man zwischen den Schichten nur VAN-DER-WAALS-Kräfte, innerhalb der Schichten neben kovalenten auch metallische Bindungsanteile annimmt. Ausgehend von der Dreibindigkeit der C-Atome muß man zur Beschreibung der Netze in den Schichten Bindungen über (sp^2)-Hybridorbitale annehmen. Die Verknüpfung der Atome über diese Orbitale bestimmt die Geometrie in den Schichten. Die Kombination der nicht-hybridisierten p-Orbitale liefert zwei π-Bänder – ein bindendes und ein in erster Näherung antibindendes Band –, von denen das untere voll besetzt ist. Die beiden Bänder sind aber durch eine so schmale verbotene Zone voneinander getrennt, daß Elektronen bereits durch thermische Anregung bei Raumtemperatur Plätze im unbesetzten Band belegen. Rechnungen stützen die Richtigkeit dieser Annahme [157, 171, 173].

Die Deutung der Struktur über lokalisierte σ-Bindungen und über π-Bindungen, deren Gesamtheit durch Bänder beschrieben wird, führt für die C – C-Bindungen in der Ebene zu einem formalen Bindungsgrad von $1\frac{1}{3}$. Dieser ist damit größer als im Diamant. Graphit ist die bei Raumtemperatur stabile Modifikation. Bei Umwandlung von Diamant in Graphit werden ungefähr 1,8 kJ mol^{-1} frei. Dies zeigt, daß die drei $\frac{1}{3}\pi$-Bindungen im Graphit einen größeren Beitrag für die Verknüpfung leisten als die formal entsprechende $\frac{1}{1}\sigma$-Bindung im Diamant. Umgekehrt beobachtet man beim Silicium keine dem Graphit analoge Struktur. Die Erkenntnisse über die Stabilität von σ- und π-Bindungen, wie sie aus den Strukturen der Elemente der 6. und 5. Hauptgruppe gezogen werden, treffen also auch hier zu.

5.5.5 Das vereinfachte Bändermodell – eine schematisierte Darstellung

Genaue Bändermodelle lassen erkennen, daß Bandabstand und Bandweite abhängig sind von der Lage der jeweils betrachteten Punkte im Gitter.

Vielfach genügt zur Beschreibung der grundsätzlichen Unterschiede zwischen Metallen, Halbleitern und Isolatoren eine vereinfachte Darstellung wie Abb. 49, die Angaben über die größte Bandweite von überlappenden Bändern und die kleinsten Lücken zwischen nichtüberlappenden Bändern enthält.

Im oberen Teil der Darstellung sind die Verhältnisse für die festen Elemente der 3. Periode halbquantitativ wiedergegeben. Bei den drei ersten Elementen finden sich unmittelbar über der Besetzungsgrenze (FERMI-Niveau) noch freie Molekülorbitale, die eine elektrische Leitfähigkeit ermöglichen. Bei den folgenden Elementen ist die Besetzungsgrenze mit der Bandkante identisch, so daß eine merkliche elektrische Leitfähigkeit erst nach einer entsprechenden Aktivierung zu beobachten ist.

Beim Schwefel ist der Bandabstand so groß, daß die erforderliche Anregungsenergie (ca. 670 kJ mol^{-1}) bereits so groß ist, daß sie zu einer Spaltung der S – S-Bindungen (E_{diss} = 226 kJ mol^{-1}) führen muß.

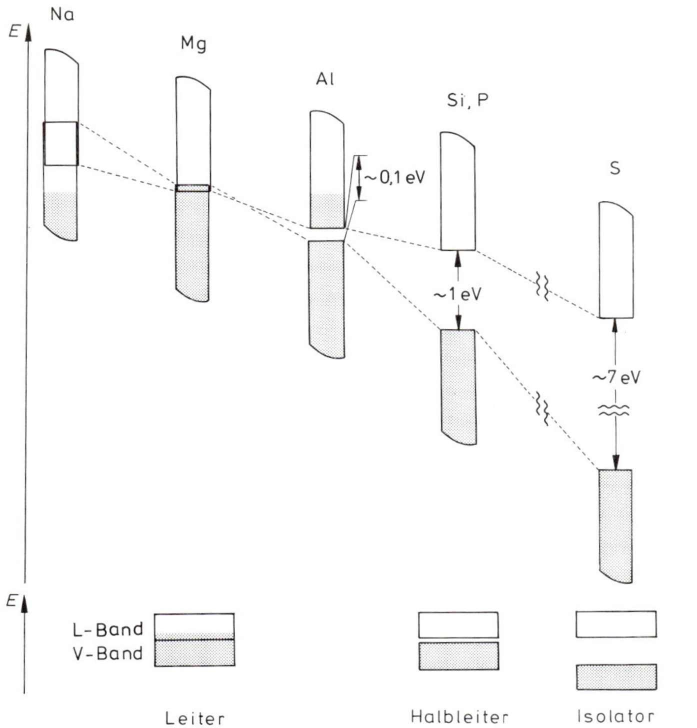

Abb. 49: Vereinfachtes Bändermodell für Metalle, Halbleiter und Isolatoren
Die Angaben für P beziehen sich auf $P_{schwarz}$, die für S auf α-S (nähere Erläuterungen siehe Kap. 5.5.5).

Der untere Teil der Darstellung enthält ein weiter vereinfachtes Schema, das qualitativ Bandlage und Bandfüllung für typische Metalle, Halbleiter und Isolatoren angibt.

Üblicherweise bezeichnet man das höchste vollbesetzte Band als *Valenzband* (V-Band), das niedrigste unbesetzte als *Leitungsband* (L-Band). Eine eindeutige Korrelation mit den zur Beschreibung von Bindungen üblichen Bezeichnungen (etwa bindende und antibindende Bänder bzw. MO) besteht nicht.

5.6 Die Strukturen des Elements Bor

5.6.1 Probleme bei der Beschreibung möglicher Strukturen des Elements Bor

Wie die bereits besprochenen Elemente Aluminium, Gallium, Indium und Thallium besitzt Bor die Elektronenkonfiguration s^2p^1. Im Gegensatz zu diesen Elementen ist es jedoch ein Halbmetall, das in vielen seiner Eigenschaften an Silicium erinnert (Schrägbeziehung im PSE). Tab. 20 gibt einige wichtige Eigenschaften wieder.

Eine Struktur, in der ein Teilchen mit drei Elektronen und fünf Lücken durch Bindungen an gleichartige Partner alle stabilen Orbitale mit Elektronenpaaren besetzt, ist nicht denkbar. Es sind daher *Elektronenmangelstrukturen* in den Gittern des Elements zu erwarten.

- Bor hat, verglichen mit Aluminium oder Lithium, einen deutlich kleineren Atomradius (r_B = 88 pm, r_{Al} = 143 pm, r_{Li} = 152 pm). Metallische Strukturen sind nicht wahrscheinlich, da sie erfahrungsgemäß erst von Elementen mit Atomradien $r > 110$ pm ausgebildet werden. Man kann annehmen, daß die Orbitale der beteiligten Atome erst von dieser Größe ab so »diffus« sind, daß sie ungerichtete Bindungen möglich machen.
- Die Orbitale des Bors sind in ähnlicher Weise »kompakt« wie beim Kohlenstoff (r_C = 77 pm), so daß stark gerichtete Bindungen denkbar wären. Wie beim Graphit sollten auch hier π-Bindungen hohe Beiträge zur Bindung leisten können. Unter der Annahme normaler kovalenter Bindungen erhielte das Bor lediglich ein Elektronensextett.
- Ein Bändermodell für Bor läßt sich nicht ohne weiteres aufstellen, weil hierfür die Geometrie des Gitters und die kombinierbaren Orbitale bekannt sein müßten. Für die zahlreichen Modifikationen des Bors versagen offenbar alle bisherigen Beschreibungen.

5.6.2 Kristallstruktur von α-rhomboedrischem Bor

RÖNTGEN-Untersuchungen an mehreren Bor-Modifikationen zeigen, daß das wesentliche Strukturelement der B_{12}-Ikosaeder* ist. In einer solchen Insel ist jedes Bor-Atom mit fünf weiteren nächsten Nachbarn verknüpft, so daß insgesamt ein höchst regelmäßiges Gebilde aus zwanzig gleichseitigen Dreiecken entsteht (Abb. 50).

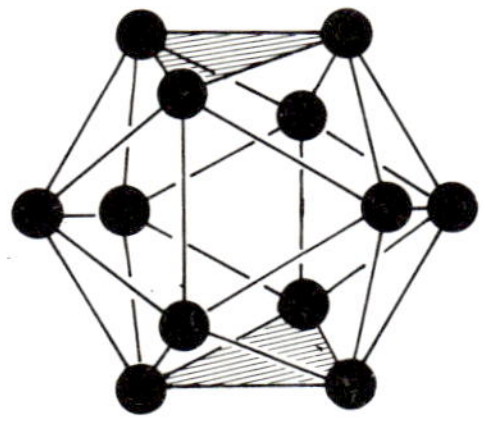

Abb. 50: B_{12}-Ikosaeder
Der Ikosaeder besitzt zwölf Ecken, von denen je fünf gleichlange Kanten zu Nachbarecken ausgehen. Die dreißig Kanten bilden zwanzig gleichseitige Dreiecke.

Tab. 20: Einige Eigenschaften der Elemente Bor, Aluminium und Silicium

Element	Valenzelektronenanordnung	Elementbausteine (Modifikation, Habitus)	Bindungslängen in pm	Bindungsenergien in kJ/mol	*Fp* in °C	*Kp* in °C	Farbe	ρ in Ωm	Literatur zur Kristallstruktur
B	[He] $2s^2 2p^1$	B_{12}, B_1 (α-tetragonal)	174–185[1] 166–186[2]	–190[3]	2177	2550	schwarz	10^4	[174]
		B_{12} (α-rhomboedrisch)	173–179				rot	~1	[175]
		B_{84} (β-rhomboedrisch)							[176]
Si	[Ne] $3s^2 3p^2$	Si_∞	235	–222[4]	1423	2355	metall.	0,4	[166]
Al	[Ne] $3s^2 3p^1$	Al_∞	286	–54[5]	660,4	2467	metall.	$2{,}65 \cdot 10^{-8}$	[166]

[1] unterschiedliche Bindungslängen innerhalb der Ikosaeder; [2] Bindungslängen zwischen benachbarten Ikosaedern oder mit den Einzelatomen; [3] KZ 6; [4] KZ 4; [5] KZ 12

In der am einfachsten zu beschreibenden Modifikation, dem α-rhomboedrischen Bor, bilden diese Ikosaeder eine verzerrt kubisch-flächenzentrierte Packung, in der die B_{12}-Kugeln *in* der Schicht dicht liegen, die Abstände *zwischen* den Schichten jedoch etwas vergrößert sind [175].

Für diese Modifikation lassen sich die 36 Elektronen der zwölf Bor-Atome in einem Ikosaeder in folgender Weise aufteilen:

- Zu den sechs in einer Ebene benachbarten Ikosaedern werden von den sechs äquatorialen Bor-Atomen sechs Zweielektronen-Dreizentren-Bindungen ausgebildet. Da pro Bindung und Atom dafür $\frac{2}{3}$ Elektronen gebraucht werden, werden insgesamt $6 \cdot \frac{2}{3} = 4$ Elektronen verwendet.
- Zu den je drei benachbarten Ikosaedern in der darüberliegenden und der darunterliegenden Schicht werden sechs normale Einfachbindungen aufgebaut, wofür $6 \cdot 1 = 6$ Elektronen verbraucht werden.
- Die restlichen 26 Elektronen verknüpfen über Mehrzentrenbindungen die zwölf Bor-Atome *im* Ikosaeder.

Rechnungen ergeben, daß von den insgesamt 48 MO (aus 12 · 4 AO) zwölf für die Bindungen zu den Nachbarikosaedern verantwortlich sind. Sie sind mit zehn Elektronen besetzt. Von den restlichen 36 Molekülorbitalen sind 13 bindend und 23 antibindend. Die 13 bindenden Molekülorbitale werden von 26 Elektronen gerade aufgefüllt [177]. Das höchste besetzte Molekülorbital und das niedrigste unbesetzte unterscheiden sich in ihrer Energie um etwa 1,4 eV. Jeder Ikosaeder stellt damit einen Halbleiter dar. Da die Molekülorbitale, die die Bindung zwischen den Ikosaedern beschreiben, auch nur teilweise besetzt sind, können Bindungselektronen angeregt werden und damit eine Leitfähigkeit zwischen den Ikosaedern bewirken.

Die Leitfähigkeit dieser roten Modifikation des Bors beträgt bei Raumtemperatur ca. 1 Ω m [178] und ist damit der von reinem Silicium vergleichbar.

Für die anderen Bor-Modifikationen gibt es derzeit keine übereinstimmenden Aussagen aus RÖNTGEN-Strukturuntersuchungen und MO-Rechnungen (vgl. Kap. 5.6.4).

5.6.3 Mehrzentrenbindungen

Wenn Atome mehr Elektronenlücken im Hinblick auf das im PSE folgende Edelgas aufweisen als einsame Elektronen, werden im Atomverband Bindungstypen beobachtet, die zu einer Behebung des Elektronenmangels führen. Eine Möglichkeit ist die Entkoppelung von Elektronenpaaren (Kohlenstoff, Silicium, Germanium, α-Zinn), eine andere die Ausbildung von Metallgittern. Beim Bor und vielen seiner Verbindungen tritt eine dritte Möglichkeit auf: Ein Elektronenpaar kann gleichzeitig mehr als zwei Atome in einer lokalisierbaren Bindung verknüpfen.

Um die Eigenschaften derartiger Bindungen zu beschreiben, greift man zweckmäßig auf die einfachste denkbare und untersuchbare Verbindung mit einem Elektronenpaar und drei verbundenen Zentren, das H_3^+-Molekül, zurück. Dieses Molekül läßt sich über folgende Reaktion erhalten:

$$H_2 + H_2^+ \rightleftharpoons H_3^+ + H \qquad \Delta H = -210 \text{ kJ mol}^{-1}$$

Mit Hilfe der Dissoziationsenergie für H_2 läßt sich berechnen, daß die Bindungsenergie in H_3^+ insgesamt $\Delta H = -883$ kJ mol^{-1} beträgt. Das bedeutet, daß die zusätzliche Bindung eines Protons in einer Dreizentrenbindung gemäß

$$\text{H-H} + \text{H}^+ \rightleftharpoons$$

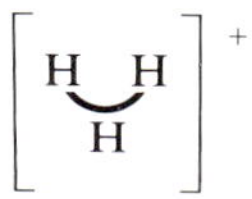

$$\Delta H = -446 \text{ kJ mol}^{-1}$$

mehr Energie freisetzt als die Bildung eines H_2-Moleküls (Zweizentren-Zweielektronenbindung) aus zwei H-Atomen ($\Delta H = -437$ kJ mol^{-1}) [179].

Bestimmt man die Molekülorbitale für ein solches Gebilde, so findet man ein bindendes und zwei antibindende Molekülorbitale. Es ist typisch für Mehrzentrenbindungen, daß wesentlich mehr antibindende als bindende Molekülorbitale auftreten, während in Zweizentrenbindungen gleichviele bindende und antibindende Molekülorbitale gebildet werden.

Für die Bildung von Mehrzentrenbindungen und die Besetzung der Molekülorbitale mit Elektronen läßt sich folgende Regel aufstellen:

Ein vorgegebenes Gebilde mit Elektronenmangel wird so viele Mehrzentrenbindungen eingehen, daß schließlich die Anzahl der bindenden Orbitale so klein ist, daß alle verfügbaren Elektronen in ihnen Platz finden.

Neben der am H_3^+ erörterten sogenannten *geschlossenen* Dreizentrenbindung mit trigonal-planarer Anordnung beobachtet man mehr oder minder gestreckte Anordnungen, die man als *offene* Dreizentrenbindungen bezeichnet, beispielsweise

$$\text{H}---\text{H}---\text{H} \qquad \text{oder} \qquad \text{B}---\text{H}---\text{B}$$

Dabei zeigt sich, daß die gegenüber der Zweizentrenbindung gewonnene zusätzliche Bindungsenergie geringer ist als bei der geschlossenen Anordnung. Für das gestreckte H_3^+ ergibt sich die Reaktionsenthalpie rechnerisch zu:

$$\text{H-H} + \text{H}^+ \rightleftharpoons (\text{H}---\text{H}---\text{H})^+ \qquad \Delta H = -270 \text{ kJ mol}^{-1}$$

Dieser Bindungstyp ist beim H_3^+ gegenüber der geschlossenen Anordnung energetisch benachteiligt und wird daher auch nicht beobachtet, findet sich aber in zahlreichen anderen Verbindungen, insbesondere bei den Boranen.

Die Klärung der Bindungsverhältnisse im Bor und seinen Verbindungen hatte für die Anorganische Chemie eine ähnliche Bedeutung wie die der Bindungsverhältnisse im Benzol für die Organische Chemie. In beiden Fällen gewann man wichtige Kenntnisse über ausgedehnte Elektronensysteme.

Man braucht Mehrzentrenbindungen zur Beschreibung der Bindungsverhältnisse u.a. in folgenden Verbindungen: Boranen, BeH_2, $Be(CH_3)_2$, $Li_4(CH_3)_4$, den π-Komplexen wie Ferrocen, Metall-Ethen-Komplexen wie $AgC_2H_4^+$ und verwandten Substanzen.

Detaillierte Angaben zu Mehrzentrenbindungen finden sich in [180].

5.6.4 Weitere Strukturen des elementaren Bors

Bor bildet neben der beschriebenen α-rhomboedrischen Modifikation zahlreiche weitere [181, 182], von denen nur zwei vollständig beschrieben und von größerer Bedeutung sind, nämlich die β-rhomboedrische und die α-tetragonale. Bei den anderen ist noch nicht geklärt, ob es sich nicht um unvollständig ausgebildete Strukturen bekannter Modifikationen handelt. Ähnliche Probleme traten auch beim roten Phosphor auf.

Im β-rhomboedrischen Bor enthält die Elementarzelle 105 Atome. In dieser Struktur sind über den zwölf Bor-Atomen eines Ikosaeders zwölf weitere Bor-Atome angeordnet, die ihrerseits unter den zwölf Fünfecksflächen eines B_{60}-»Fußballs« (regelmäßiger Zweiunddreißigflächner mit zwanzig regulären Sechs- und zwölf regulären Fünfecken) angeordnet sind und damit Teile einer Ikosaederstruktur darstellen. Über den zwanzig Sechsecksflächen befinden sich zwanzig weitere Bor-Atome, die damit, wie alle anderen, die Koordinationszahl sechs haben. Außerdem befindet sich in der Elementarzelle ein einzelnes Bor-Atom [176]. β-rhomboedrisches Bor ist grauglänzend.

Die am längsten bekannte und untersuchte Modifikation ist das schwarzglänzende α-tetragonale Bor, dessen Elementarzelle fünfzig Atome enthält, davon vier mal zwölf in Ikosaedern und zwei Einzelatome [174]. Jeder Ikosaeder ist von zehn weiteren Ikosaedern und zwei einzelnen Bor-Atomen umgeben, so daß er praktisch pro Ecke eine Bindung ausbildet. Die Struktur ist mit den oben benutzten Vorstellungen der MO-Theorie nicht beschreibbar [177].

6. Aufbau und Eigenschaften einfacher binärer Verbindungen

6.1 Kovalente Verbindungen des Typs AB

6.1.1 Einfachste heteronucleare Moleküle A – B

Die Erfahrung, daß grundsätzliche Erkenntnisse am jeweils einfachsten Beispiel besonders deutlich werden, legt nahe, hier zunächst das einfachste denkbare asymmetrische Molekül zu untersuchen. Dies ist das Gebilde aus einem H-Kern, einem He-Kern und einem Elektron: $(HeH)^{2+}$. Für ein solches System ist die SCHRÖDINGER-Gleichung noch exakt lösbar. Von den etwa 20 berechneten einfachsten Lösungen durchlaufen nur wenige $E(r)$-Funktionen ein Minimum, und nur diese sind potentiell bindend. Diese bindenden Zustände werden jedoch nur aus angeregten Atomzuständen erhalten [184, 188]. Da dieses Molekül aber Energie abgeben kann, zerfällt es spontan. Das erklärt zugleich den Umstand, daß $(HeH)^{2+}$ selbst unter extremen Bedingungen noch nicht beobachtet wurde.

Für den einfachsten bindenden Zustand wird eine asymmetrische $\psi(r)$-Funktion errechnet (Abb. 51). Aus ihr folgt, daß am He-Kern größere Elektronendichten auftreten als am H-Kern. Diese asymmetrische Verteilung des Elektrons hätte ein elektrisches *Dipolmoment* zur Folge, das dem Dipolmoment der Kerne entgegengerichtet ist (vgl. Kap. 6.1.2).

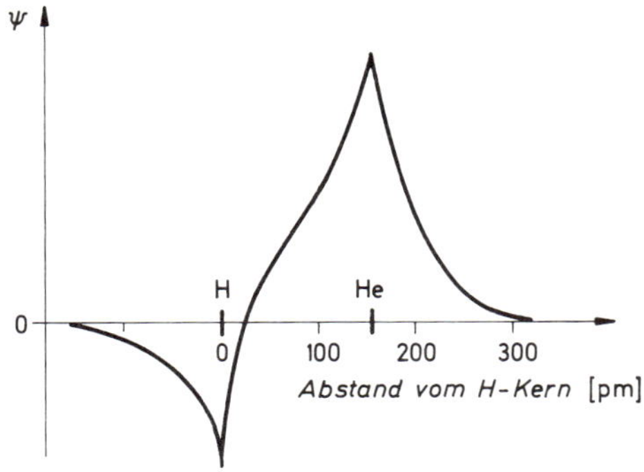

Abb. 51: $\psi(r)$ für den einfachsten bindenden Zustand des Moleküls $(HeH)^{2+}$ (verändert nach BATES und CARSON [183])

Da die Rechnungen beim HeH^{2+} nicht experimentell überprüft werden können, muß man entsprechende Überlegungen für das einfachste meßbare Molekül anstellen. Als solches ist seit 1933 das $(HeH)^{+}$ bekannt. Man kann es im Massenspektrographen erzeugen und so einige seiner Eigenschaften messen [185]; es findet sich auch extraterrestrisch als Zerfallsprodukt der Wasserstoffspezies ${}^3_1H - {}^1_1H$ (d.h. T – H) durch β-Zerfall als $({}^3_2He - {}^1_1H)^+$.

Für derartige Zweielektronenzweizentren-Systeme läßt sich die SCHRÖDINGER-Gleichung nur noch näherungsweise lösen. Solchen Rechnungen zufolge weist bereits die einfachste Lösung ein Minimum in der Funktion $E(r)$ auf und ist demnach bindend. Für den Gleichgewichtsabstand von 77 pm ergibt sich dabei eine Elektronendichteverteilung wie in Abb. 52.

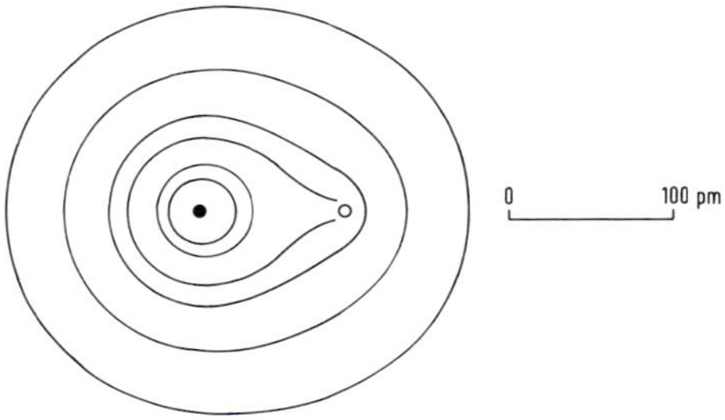

Abb. 52: Berechnete Elektronendichtekarte für $(HeH)^+$ (verändert nach PEYERIMHOFF [186])
Offener Kreis: H-Kern; schwarzer Kreis: He-Kern; Konturen in 10^{30} $e\text{m}^{-3}$, von außen nach innen: 0,014; 0,135; 0,676; 1,35; 4,05; 6,76.

In großen Entfernungen von den Kernen besitzt die Elektronenverteilung wie im H_2 die Symmetrie eines Rotationsellipsoids. In unmittelbarer Nähe der Kerne wird die Ladungsdichte unsymmetrisch: Beim He-Kern ist sie wesentlich höher als beim H-Kern: Auch hier ist ein von den Elektronen herrührendes Dipolmoment zu erwarten.

Für die Richtigkeit dieser Rechnung spricht der Umstand, daß man aus ihr einen Wert für die Dissoziationsenergie ermitteln kann, der dem gemessenen entspricht.

6.1.2 Das Dipolmoment und seine experimentelle Bestimmung

Nach dem vorstehenden ist es wünschenswert, für heteronucleare Teilchen eine Größe zur Verfügung zu haben, die Aussagen über die Art und das Ausmaß der Asymmetrie der Elektronenverteilung ermöglicht.

Bei homonuclearen zweiatomigen Molekülen lagen die Schwerpunkte der positiven Ladung der Kerne und die der negativen Hülle stets auf der Verbindungslinie der Kerne, und zwar in der Mitte. Bei heteronuclearen Molekülen ist diese Symmetrie sowohl für die positiven als auch für die negativen Ladungen nicht mehr vorhanden. Das Ausmaß der Ladungsverschiebung und die sich daraus ergebende elektrostatische Polarität erzeugen auch meßbare Effekte. Allerdings ist mit einfachen Messungen nicht die Ladungsverschiebung selbst zugänglich, sondern das aus ihr resultierende Dipolmoment μ. Dieses ist – analog dem Drehmoment – definiert als das Produkt von Richtgröße (elektrische Ladung) q und Hebellänge l, das ist der Abstand der Ladungsschwerpunkte mit den Ladungen $+q$ und $-q$, als:

$$\mu = q \cdot l$$

Man muß sich dazu vorstellen, daß in einem Molekül jeweils die gesamten positiven und die gesamten negativen Ladungen zusammengefaßt werden und nur deren Schwerpunkte betrachtet werden.

Haben die Ladungsschwerpunkte im $(HeH)^+$ den Abstand l, so berechnet sich daraus ein Dipolmoment $\mu = 2e \cdot l$. Das gleiche Dipolmoment würde sich ergeben, wenn man für den Abstand l den Bindungsabstand r im Molekül einsetzt und für q entsprechend kleinere Ladungen annimmt, wobei dann

$$2e \cdot l = \delta \cdot r$$

sein muß. Die Ladungen δ (Partialladungen) sind dann stets Bruchteile einer Elementarladung, wobei die Werte auch größer als eins sein können. δ wird in Elementarladungen angegeben, μ hat die Dimension [Ladung · Länge], wird also in Elementarladungen · Länge angegeben. Benutzt man SI-Einheiten, so bauen zwei Elementarladungen mit unterschiedlichen Vorzeichen, die einen Abstand von 10^{-10} m (nach der alten Bezeichnung 1 Å) voneinander haben, ein Dipolmoment von $16{,}02 \cdot 10^{-30}$ C m auf, da eine Elementarladung $1{,}602 \cdot 10^{-19}$ C beträgt. Man verwendete früher statt dessen die elektrostatische Einheit 1 D (nach Debye), wobei gilt:

$$1\,\text{D} \triangleq 3{,}338 \cdot 10^{-30}\,\text{C m}$$

Das Dipolmoment zweier entgegengesetzter Elementarladungen im Abstand von 10^{-10} m betrüge dann $\mu = 4{,}80$ D bzw. $16{,}0 \cdot 10^{-30}$ Cm.

Auch μ läßt sich nicht unmittelbar bestimmen, es beeinflußt aber die Dielektrizitätszahl ε_r des zu untersuchenden Stoffes. Diese jedoch läßt sich aus der Kapazität eines mit dem betreffenden Stoff gefüllten Kondensators ermitteln. Dabei stehen ε_r und μ nach Debye [187] in einer durch die folgende Gleichung ausgedrückten Beziehung:

$$\frac{\varepsilon_r - 1}{\varepsilon_r + 2} \cdot \frac{M}{\rho} = \frac{N_L}{3\varepsilon_0} \cdot \left(\alpha + \frac{\mu^2}{3kT}\right)$$

Hierin bedeuten:

ε_r Dielektrizitätszahl

M Molmasse

ρ Dichte

N_L AVOGADRO-Zahl

ε_0 elektrische Feldkonstante

α Polarisierbarkeit (Kenngröße für die induzierte Polarisation)

μ Dipolmoment (Kenngröße für die permanente Polarisation)

k BOLTZMANN-Konstante

T absolute Temperatur

Zur Bestimmung von μ nach dieser Beziehung mißt man ε_r und ρ bei mindestens zwei unterschiedlichen Temperaturen. Anschließend läßt sich der durch das temperaturunabhängige α bestimmte Term graphisch eliminieren und μ aus einem Steigungsmaß ermitteln [188].

Die Messung liefert nicht μ, sondern eigentlich μ^2. Sie trifft also keine Aussage über die Richtung des Dipols. Auskünfte hierfür lassen sich meßtechnisch nur über die wesentlich kompliziertere Bestimmung der Elektronendichte und aus dem chemischen Verhalten der Stoffe gewinnen. Der Vergleich berechneter Dipolmomente mit den gemessenen ist ein wichtiger Prüfstein für die Richtigkeit solcher Rechnungen.

6.1.3 Die Dipolmomente einfacher Moleküle A – B

Im Hinblick auf die Erklärung von Reaktionsabläufen (Mechanismen) und die Voraussage von Reaktionsmöglichkeiten, aber auch für ein Verständnis zwischenmolekularer Kräfte ist es notwendig, die Polarität von Bindungen zu kennen, und zwar sowohl ihre Richtung als auch ihr Ausmaß.

Mit den bisher erörterten Modellen können solche Aussagen noch nicht gemacht werden. Da exakte Lösungen der SCHRÖDINGER-Gleichung nicht möglich sind, bleibt nur der Weg, Erkenntnisse über empirische Werte zu gewinnen und dann ein mathematisches Modell zu entwickeln, mit dessen Hilfe Rechenergebnisse erzielt werden, die den gemessenen Werten entsprechen. Von diesen Verfahren kann man erwarten, daß sie auch für diejenigen Moleküle zutreffende Werte liefern, die meßtechnisch noch nicht zugänglich sind. Überschaubare Ergebnisse erhält man dabei am ehesten aus divarianten Systemen. Ein solches erhält man beispielsweise, indem man *einen* Bindungspartner – am einfachsten H – konstant hält und den zweiten systematisch verändert, z.B. die Perioden des PSE durchlaufen läßt. Als abhängige Variable ermittelt man dann das Dipolmoment der Moleküle.

In Tab. 21 sind einige gemessene und berechnete Werte einander gegenübergestellt, die für einfache Moleküle A – H bei den spektroskopisch ermittelten Gleichgewichtsabständen ermittelt wurden.

Tab. 21: Elektrische Dipolmomente der zweiatomigen Moleküle AH sowie der Wasserstoffverbindungen der Elemente der zweiten und dritten Periode (nach [189])

AH	r_{AH}	μ_{ber}	μ_{exp}	δ
LiH	159	−20,03	−19,63	0,78
BeH	134	−0,941		0,044
BH	124	5,785		0,29
CH	112	5,421	4,87	0,29
NH	104	5,431		0,33
OH	97	5,942	5,541	0,38
FH	92	6,482	6,073	0,44
NaH	189	−23,24		0,77
MgH	173	−5,060		0,18
AlH	165	0,567		0,02
SiH	152	1,008		0,04
PH	153	1,796		0,08
SH	135	2,874		0,13
ClH	127	3,996	3,74	0,19

Bindungslängen r_{AH} in pm; berechnetes und experimentell bestimmtes Dipolmoment μ_{ber} und μ_{exp} in 10^{-30} Cm; Partialladungen δ in Elementarladungen

Man erkennt hierin die deutliche Abhängigkeit der Dipolmomente von der Stellung des Bindungspartners im Periodensystem. Auffällig sind die großen Partialladungen bei Bindungen des Wasserstoffs an Elemente, die am linken und rechten Rand des PSE stehen, aber auch die geringen bei Verbindungen mit Elementen in der Mitte des PSE. Es ergibt sich ferner, daß beim Durchschreiten einer Periode eine Umkehr der Polarität eintritt.

6.2 Das Konzept der Elektronegativität

6.2.1 Die Polarität beliebiger Moleküle

Die Bedeutung der Polarität der Bindungen für den Reaktionsablauf setzt genaugenommen die Kenntnis der Polarität *aller* Bindungen in den an der Reaktion beteiligten Molekülen voraus. Das macht eigentlich die Bestimmung zahlloser Dipolmomente nicht nur in Molekülen A – B, sondern auch in allen komplizierteren Gebilden notwendig. Abgesehen von den experimentellen Schwierigkeiten ist es auch kaum möglich, so viele Informationen zu sammeln oder zu verarbeiten.

Schließlich ist aber ein solches Vorgehen auch vom Weg her unbefriedigend; wünschenswert ist, das Dipolmoment aus Atomeigenschaften oder aus einem Atommodell vorherzusagen.

6.2.2 *Das wellenmechanische Konzept*

R. S. MULLIKEN versuchte 1935, allgemeine Wellenfunktionen zur Beschreibung heteronuclearer zweiatomiger Moleküle aufzustellen, indem er die Wellenfunktion für eine Bindung ohne Elektronenverschiebung (rein kovalente Bindung) mit einer Wellenfunktion für eine Bindung unter Übertragung einer vollen Elementarladung (elektrostatische Bindung) kombinierte bzw. gewichtet superponierte [190]:

$$\psi = c_1\,\psi(A-B) + c_2\,\psi(A^+B^-)$$

Die Gleichung ist in dieser Allgemeinheit nicht exakt lösbar. Da seinerzeit Rechner, auf denen Lösungen derartiger Probleme durch Iterativverfahren erhalten werden, nicht zur Verfügung standen, blieb der Ansatz ohne Bedeutung.

Es ist inzwischen möglich, für einfache Moleküle mit vereinfachten Ansätzen Moleküleigenschaften wie das Dipolmoment näherungsweise zu berechnen. Solche Rechnungen haben jedoch mehr den Charakter einer Bestätigung der Richtigkeit des mathematischen Ansatzes; für Voraussagen von Bindungseigenschaften sind sie weniger brauchbar.

Der Verzicht auf die exakte Lösung der SCHRÖDINGER-Gleichung zur Deutung des Phänomens der Polarität ist gleichbedeutend mit einer Unterbrechung der Kausalkette. Das bedeutet jedoch nicht, daß der Zusammenhang zwischen der Struktur der Atome und der Polarität von Bindungen akausal ist.

6.2.3 *Polarität, Elektronenaffinität und Ionisierungsenergien – ein halbempirisches Konzept*

Die Suche nach Zusammenhängen zwischen der Polarität und Atomeigenschaften führte – eigentlich zwangsläufig – zur Beschäftigung mit denjenigen Größen, die die Bindung eines Elektrons an ein Atom beschreiben. Das sind die Elektronenaffinität E_A und die Ionisierungsenergie E_I. Auch dieser Ansatz geht auf MULLIKEN zurück [190, 191]. Er versuchte, aus E_A und E_I eine neue, eindeutige Kenngröße zu gewinnen, die sogenannte Elektronegativität $\boldsymbol{H}$ (groß Eta). Die von ihm ermittelten Werte $\boldsymbol{H}_M$ ergaben sich zu:

$$\boldsymbol{H}_M = \tfrac{1}{2}(E_A + E_I)$$

Dabei nahm er allerdings für E_A und E_I *nicht* die spektroskopisch bestimmten Werte, sondern für bestimmte Elektronenzustände wellenmechanisch berechnete Werte an.

Die Polarität einer Bindung zwischen den Atomen A und B mit den Kenngrößen $\boldsymbol{H}_M(A)$ und $\boldsymbol{H}_M(B)$ läßt sich dann wie folgt abschätzen:

- Der Partner mit dem größeren Wert von H_M trägt die negative Partialladung.
- Die Differenz der H_M-Werte ist ein Maß für die Größe der Partialladung δ und damit für das Dipolmoment μ. Die Funktion

$$\mu = f[H_M(A) - H_M(B)]$$

ist allerdings nicht linear.

Werte für H_M, die über derartige Rechnungen ermittelt wurden, sind in Tab. 22 aufgeführt.

Tab. 22: Die Elektronegativität der Elemente nach unterschiedlichen Bestimmungsmethoden (nach [196])

	H_P	H_M	H_G	»beste« *H*-Werte
Ag	1,8	1,36 (s)	1,9	1,7
Al	1,5	1,18 (sp^2)	1,5	1,5
As	2,0	1,75 (p)	2,0	2,0
Au^I	2,3	1,78 (s)	3,2	2,1
B	2,0	2,01 (sp^2)	1,9	1,8 – 2,0
Ba	0,9	–	0,9	0,9
Be	1,5	1,46 (sp)	1,45	1,4 – 1,5
Bi	1,8	–	1,8	1,8
Br	2,8	2,76 (p)	2,75	2,8
C	2,5	2,63 (sp^3)	2,55	2,5 – 2,6
Ca	1,0	–	1,0	1,0
Cd	1,5	–	1,1	1,4
Cl	3,0	3,00 (p)	2,97	3,0
Co	1,7	–	–	–
Cs	0,7	–	0,75	0,7
Cu^I	1,8	1,36 (s)	2,2	1,7
F	4,0	3,91 (p)	3,95	3,9
Ga	1,6	1,95 (sp^2)	1,4	1,6
Ge	1,7	–	1,7	1,8 – 1,9
H	2,1	2,28 (s)	2,13	2,1
Hg^{II}	1,9	1,94 (sp)	1,0	1,9
I	2,5	2,56 (p)	2,45	2,5
In	1,6	1,80 (sp^2)	1,4	1,5
Ir	2,1	–	–	–
K	0,8	0,80 (s)	0,80	0,8
Li	1,0	0,94 (s)	1,0	1,0
Mg	1,2	1,32 (sp)	1,2	1,2 – 1,3
N	3,0	2,33 (p)	3,0	3,0
Na	0,9	0,93 (s)	0,9	0,9
Ni	1,7	–	–	–
O	3,5	3,17 (p)	3,45	3,5
P	2,1	1,81 (p)	2,1	2,1
Pb^{IV}	1,8	–	1,5	1,8
Pd	2,0	–	–	–

Tab. 22: (Fortsetzung)

	H_P	H_M	H_G	»beste« *H*-Werte
Pt	2,1	–	–	–
Rb	0,8	–	0,78	0,8
Rh	2,1	–	–	–
Ru^{III}	2,05	–	–	–
S	2,5	2,41 (p)	2,53	2,5 – 2,6
Sb	1,8	1,65 (p)	1,8	1,9
Sc	1,3	–	–	1,3
Se	2,4	2,23 (p)	2,4	2,4
Si	1,8	2,44 (sp^3)	1,8	1,8 – 1,9
Sn^{IV}	1,7	–	1,7	1,8 – 1,9
Sr	1,0	–	1,0	1,0
Te	2,1	2,10 (p)	2,1	2,1 – 2,2
Ti	1,6	–	1,6	1,6
Tl^{I}	1,5	–	1,3	1,4
Y	1,3	–	–	1,3
Zn	1,5	1,49 (sp)	1,2	1,5
Zr	1,6	–	1,6	1,5

H_P PAULING bzw. HAISSINSKY (calorimetrisch); H_M MULLIKEN (Elektronenaffinität und Ionisierungsenergie); H_G GORDY (Kraftkonstanten); *H* empirische »beste« Werte; H_M-und H_G-Werte sind auf die H_P-Skala umgerechnet

6.2.4 Polarität und Bindungsenergie – ein (fast) intuitives Konzept

Die Ergebnisse, die MULLIKEN mit relativ großem Aufwand erzielte, deckten sich weitgehend mit früheren, von PAULING aus calorimetrischen Daten erhaltenen ([192], aber auch [193, 194]).

PAULING erhielt seine Kennwerte H_P, indem er die Dissoziationsenergien von Molekülen A – B mit denen der homonuclearen Moleküle A – A und B – B verglich, wobei er die folgenden Differenzen Δ und Δ′ bildete:

$$\Delta = E_{diss}(A-B) - \tfrac{1}{2}[E_{diss}(A-A) + E_{diss}(B-B)]$$

$$\Delta' = E_{diss}(A-B) - \sqrt{E_{diss}(A-A) \cdot E_{diss}(B-B)}$$

Es zeigte sich, daß nur das geometrische Mittel sinnvolle Aussagen ergab. Darüber hinaus wurde deutlich, daß nicht Δ′ selbst eine sinnvolle Kenngröße für die Polarität einer Bindung A – B ist, sondern $\sqrt{\Delta'}$, für die dann auch

$$\sqrt{\Delta'} = H_P(A) - H_P(B)$$

ist.

Benutzt man für die Berechnung Angaben der Dissoziationsenergien in eV, so erhält man für Δ' beispielsweise für H – F folgende Werte:

$$E_{diss}(H-F) = 6{,}39 \text{ eV}$$
$$E_{diss}(H-H) = 4{,}44 \text{ eV}$$
$$E_{diss}(F-F) = 2{,}80 \text{ eV}$$
$$\Delta' = 2{,}86 \text{ eV}$$
$$\sqrt{\Delta'} = 1{,}7$$

Für andere Verbindungen erhält man entsprechend folgende Werte für $\sqrt{\Delta'}$:

H – Cl	0,98	Li – F	2,12
H – Br	0,73	Na – F	1,92
H – I	0,23	K – F	2,02
		Rb – F	2,02
		Cs – F	2,04

Um aus diesen Polaritäts-Kenngrößen $\sqrt{\Delta'}$ Kennwerte $\boldsymbol{H}_P(X)$ für Atome des Elements X zu erhalten, muß man *ein* $\boldsymbol{H}_P(X)$ willkürlich vorgeben. Zweckmäßig ist es, den Bezugspunkt so zu wählen, daß alle $\boldsymbol{H}_P(X)$ kleine positive Zahlen sind. PAULING erreichte dies, indem er für $\boldsymbol{H}_P(F)$ willkürlich 4,0 setzte.

Durch Kombination unterschiedlicher $\sqrt{\Delta'}$ erhält man für jede Atomsorte X mehrere Zahlenwerte $\boldsymbol{H}_P(X)$, aus denen man empirisch, d. h. im Hinblick auf die chemische Wirklichkeit, Mittelwerte bildet. Für $\boldsymbol{H}_P(H)$ ergeben sich

$$\left.\begin{array}{ll} \text{aus H – F} & 2{,}3 \\ \text{aus Si – H} & 2{,}1 \\ \text{aus C – H} & 2{,}1 \\ \text{aus P – H} & 2{,}1 \end{array}\right\} \boldsymbol{H}_P(H) = 2{,}1$$

Derart ermittelte $\boldsymbol{H}_P$-Werte sind in Tab. 22 zusammengestellt.

6.2.5 Bindungskraftkonstanten und Elektronegativitäten

Als ein anderes Maß für die Festigkeit einer chemischen Bindung lassen sich die aus schwingungsspektroskopischen Messungen zugänglichen Bindungskraftkonstanten heranziehen. W. GORDY [195] konnte zeigen, daß zwischen den Elektronegativitäten $\boldsymbol{H}$ der an einer Bindung beteiligten Atome, ihrem Bindungsgrad N, ihrer Bindungslänge r und der gemessenen Kraftkonstanten k folgende Beziehung besteht:

$$k = aN\left(\frac{\boldsymbol{H}(A)\cdot\boldsymbol{H}(B)}{r^2}\right)^{3/4} + b$$

a und b sind dabei empirisch ermittelte Konstanten. Aus dem so erhaltenen Satz von Produkten $\boldsymbol{H}_G(X)\cdot\boldsymbol{H}_G(Y)$ läßt sich durch willkürliches Festlegen *eines* $\boldsymbol{H}_G(X)$ eine neue Skala aufstellen. In Tab. 22 sind diese Werte für $\boldsymbol{H}_G$ enthalten; sie decken sich weitgehend mit denen von $\boldsymbol{H}_P$.

6.2.6 Die Anwendbarkeit der *H*-Tabellen

Ziel der Aufstellung der Kenngrößen $\boldsymbol{H}$ war, Art und Ausmaß der Polarität von Bindungen abschätzen zu können. Die Gegenüberstellung von gemessenen Dipolmomenten und $\boldsymbol{H}$-Differenzen zeigt, daß bestenfalls eine qualitative Beziehung zwischen beiden Größen besteht. Die Stoffklasse der Alkalihalogenide beispielsweise fällt ganz erheblich aus dem Bereich der übrigen Werte heraus.

Auch zwischen Partialladung δ und $\Delta\boldsymbol{H}$ zeigt sich nur ein sehr lockerer Zusammenhang.

Als eindeutige Funktion der Elektronegativitätsdifferenz tritt eigentlich nur der sogenannte Ionencharakter auf, der der Größe des Wichtungsfaktors c_2 (vgl. Kap. 6.2.2) entspricht und der über Kernquadrupol-Messungen zugänglich ist [246]. Das Wissen um diese Beziehung ist aber ohne praktische Bedeutung.

Von Wert ist allerdings, daß man mit der $\boldsymbol{H}$-Skala die Lage der Pole in einer polarisierten Bindung voraussagen kann, solange die Differenzen $\Delta\boldsymbol{H}$ nicht zu klein werden. Man kann ferner abschätzen, ob eine gegebene Verbindung AB noch mit der Vorstellung der kovalenten Bindung beschreibbar ist; erfahrungsgemäß bilden Verbindungen AB mit $\Delta\boldsymbol{H} > 1{,}5$ Strukturen aus, die man treffender mit einer anderen Extrem- oder Idealvorstellung, der des Ionenkristalls, beschreiben kann.

Die Voraussagen der $\boldsymbol{H}$-Skala gelten im wesentlichen nur für Verbindungen des Typs AB. Zur Voraussage der Polarität einzelner Bindungen in Molekülen etwa der Typen AB_m, A_nB_m und ternärer oder komplizierterer Verbindungen muß man zusätzliche Einflüsse berücksichtigen, etwa die Oxidationsstufe, die Bindungsart und Einflüsse benachbarter Atome und Gruppen.

Der *Einfluß der Oxidationsstufe* wird aus folgenden $\boldsymbol{H}$-Werten für Metallatome in unterschiedlichen Oxidationsstufen [196] deutlich:

V^{III}	1,35	Cr^{II}	1,5	Mn^{II}	1,4
V^{IV}	1,65	Cr^{III}	1,6	Mn^{III}	1,5
V^{V}	1,8	Cr^{VI}	2,1	Mn^{VII}	2,3

Cu^{I}	1,8	Fe^{II}	1,65	Tl^{I}	1,5
Cu^{II}	2,0	Fe^{III}	1,8	Tl^{III}	1,9
Sn^{II}	1,65	Pb^{II}	1,6	Sb^{III}	1,8
Sn^{IV}	1,8	Pb^{IV}	1,8	Sb^{V}	2,1

Hieraus läßt sich beispielsweise die Zunahme der Acidität der Hydroxide des Chroms unmittelbar erklären: »$Cr(OH)_2$« ist basisch, »$Cr(OH)_3$« ist amphoter, $CrO_2(OH)_2$ sauer. Entsprechendes gilt für die Bleioxide: PbO ist basisch, PbO_2 sauer. Auch das unterschiedliche Bestreben der Bleichloride, Komplexe zu bilden, und damit auch ihr Verhalten gegenüber Wasser läßt sich über die unterschiedlichen Elektronegativitäten und die unterschiedlichen Radien der Pb-Ionen in unterschiedlichen Oxidationszuständen deuten.

Der *Einfluß der Bindungsart*, d.i. der Einfluß von Mehrfachbindungen auf die Elektronegativität eines Teilchens wird am folgenden Beispiel besonders deutlich: Für die Dissoziationskonstanten K_S der C – H-Bindungen

$$\frac{[R^-] \cdot [H^+]}{[R-H]} = K_S$$

in einfachen Kohlenwasserstoffen ergeben sich folgende Logarithmen:

$$CH_3-CH_2-H \qquad pK_S = 49$$

$$CH_2=CH-H \qquad pK_S = 44$$

$$CH\equiv C-H \qquad pK_S = 25$$

Der starke Anstieg der Acidität ist auf eine zunehmende Polarisierung und Schwächung der C – H-Bindung zurückzuführen, die ihrerseits durch eine verstärkte Elektronegativität des mehrfach gebundenen C-Atoms bedingt wird.

Ähnlich kann man den *Einfluß von Nachbargruppen* auf die Polarität von C – H-Bindungen in substituierten Kohlenwasserstoffen deuten. Diese beeinflußt die Acidität solcher Verbindungen:

$$CH_3-H \qquad pK_S = 49$$

$$(C_6H_5)_3C-H \qquad pK_S = 33$$

$$C_2H_5OOC\underset{\displaystyle H}{\underset{|}{C}}HCOOC_2H_5 \qquad pK_S = 13{,}3$$

$$O_2NCH_2-H \qquad pK_S = 10{,}2$$

$$CH_3CO\underset{\displaystyle H}{\underset{|}{C}}HCOCH_3 \qquad pK_S = 8{,}8$$

Wie sehr die Einflüsse von Nachbaratomen oder -gruppen die effektive Elektronegativität eines Atoms verändern können, geht aus den folgenden Beispielen hervor: Im CH_3-Rest hat das C-Atom eine wirksame Elektronegativität $\boldsymbol{H}_P$ = 2,5. Durch Kombination mit elektronegativen Atomen läßt sich diese in die Größenordnung der Halogene verschieben. Im C_6F_5-Rest (Pentafluorophenyl-Rest) hat das bindungsfähige C-Atom einen $\boldsymbol{H}_P$-Wert von 2,8, d.h. den des Broms, im CF_3-Rest einen $\boldsymbol{H}_P$-Wert von 3,8, d.i. praktisch der von Fluor.

Weitergehende Betrachtungen und Beispiele finden sich in [197].

6.3 Verbindungen des Typs AB – makroskopische Erscheinungsformen, Eigenschaften und Teilchenanordnungen

6.3.1 Eigenschaften von LiH, HF, NaH und HCl

Von den in Tab. 21 aufgeführten Verbindungen sind unter Normalbedingungen nur LiH, HF, NaH und HCl beständig. Vergleicht man deren physikalische Eigenschaften (Tab. 23), so werden Verwandtschaften und Gegensätze deutlich.

Tab. 23: Physikalische Eigenschaften von LiH, HF, NaH und HCl

	Fp in °C	*Kp* in °C	$\delta_{Molekül}$ in *e*	$\delta_{Kristall}$ in *e*	Farbe, Aggregatzustand
LiH	680	–	0,78	ca. 1	fbl., kristallin
HF	– 83,1	19,54	0,44	–	fbl., gasförmig
NaH	800 (Zers.)	–	0,77	ca. 1	fbl., kristallin
HCl	– 114,8	– 85,0	0,19	–	fbl., gasförmig

Offenbar ähneln sich die Wasserstoff-Verbindungen der Elemente einer Gruppe weitgehend; die Zugehörigkeit des einen Partners zur gleichen Periode bewirkt keine Ähnlichkeit.

Schmelz- und Siedetemperatur eines Stoffes hängen von den Kräften ab, die die Baueinheiten zusammenhalten. Zwischenmolekulare Kräfte sind in erster Näherung den Massen dieser Baueinheiten proportional. Bei NaH und HF haben die Baueinheiten etwa die gleichen Massen. Da die makroskopischen Eigenschaften sich aber so gravierend unterscheiden, müssen die zusammenhaltenden Kräfte hinsichtlich ihres absoluten Betrages und – bzw. oder – ihrer Verteilung im Raum andere sein als nur zwischenmolekulare Kräfte. Sie machen also eine Modellerweiterung notwendig.

Entsprechend dem bisherigen Vorgehen müßten zur Klärung des Aufbaus von Natriumhydrid und Fluorwasserstoff Strukturuntersuchungen herangezogen werden, die zu Elektronendichtekarten führen. Für Natriumhydrid scheitert die

Erarbeitung einer solchen Karte an experimentellen Schwierigkeiten; für Fluorwasserstoff ergibt sich eine Struktur im festen Zustand, die wegen ihrer Besonderheiten erst an späterer Stelle interpretiert werden kann (vgl. Kap. 6.5). Man ist daher genötigt, Erkenntnisse aus Strukturen ähnlich gebauter Substanzen auf diese Stoffe zu übertragen. Derartige Stoffe sollten die Zusammensetzung AB haben und im Dampf Moleküle mit dem Aufbau A – B aufweisen.

Von diesen sind bei Raumtemperatur die Alkalihalogenide und -hydride und die Monohalogenide von Gallium, Indium, Thallium sowie von Kupfer, Silber und Gold fest; die Halogenwasserstoffe lassen sich durch Abkühlen in den festen Zustand überführen, so daß man auch an ihnen RÖNTGEN-Strukturanalysen durchführen kann.

Mit dem bisher verwandten Modell – dem der polarisierten Bindung – werden sich am ehesten solche Verbindungen beschreiben lassen, bei denen die Differenz der ***H***-Werte der Partner relativ gering ist. Dies ist bei Galliumiodid, Indiumiodid und Thalliumiodid zu erwarten. Eine RÖNTGEN-Strukturanalyse von Galliumiodid ist nicht bekannt, wohl aber eine solche von Indiumiodid [198, 199].

Ein Ausschnitt aus der Struktur von Indiumiodid ist in Abb. 53 wiedergegeben. Die Indiumiodid-Moleküle sind in Schichten so gestapelt, daß innerhalb jeder Schicht ein Minimum an COULOMB-Energie resultiert: Jedes Molekül ist von der unter den bestehenden geometrischen Verhältnissen maximalen Anzahl

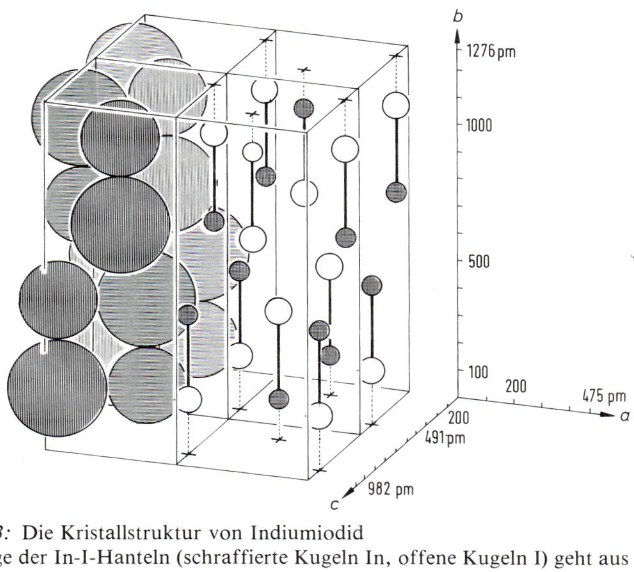

Abb. 53: Die Kristallstruktur von Indiumiodid
Die Lage der In-I-Hanteln (schraffierte Kugeln In, offene Kugeln I) geht aus dem rechten Teil der Abbildung hervor, die Raumerfüllung aus dem linken. Die In-I-Abstände im Molekül betragen 323 pm, zwischen Nachbarmolekülen 346 pm, zwischen Teilchen unterschiedlicher Schichten 395 pm.

entgegengesetzt orientierter Indiumiodid-Dipole umgeben. Die Schichten sind um eine halbe Kantenlänge in a-Richtung verschoben übereinander gestapelt; dies ist offenbar das energetische Minimum.

Zusätzlich zu einer VAN-DER-WAALS-Energie tritt hier die elektrostatische Energie aus benachbarten Dipolen auf, die um die Abstoßungsenergie der entfernteren, jeweils gleichgerichteten Dipole verringert ist. Die zusätzliche elektrostatische Bindungsenergie im Indiumiodid wird sichtbar, wenn man die Sublimationsenthalpien ΔH_{subl} mit der des Iods vergleicht, dessen Bausteine I_2 praktisch die gleiche Masse und die gleiche Größe haben:

$$I_2\text{:}\ \Delta H_{\text{subl}} = 57{,}5\ \text{kJ mol}^{-1}$$

$$\text{InI:}\ \Delta H_{\text{subl}} \approx 100\ \ \text{kJ mol}^{-1}$$

Erhöhen sich die ΔH-Werte der an der Bindung beteiligten Partner, so ändern sich in typischer Weise die Abstände der Teilchen innerhalb der Moleküle, zwischen den Molekülen in einer Schicht und zwischen den Molekülen unterschiedlicher Schichten. Ein Beispiel für einen solchen Zusammenhang ergibt sich aus den folgenden Werten:

	ΔH_P	l_1 [pm]	l_2 [pm]	l_3 [pm]	Literatur zur Kristallstruktur
InI	1,0	323	346	395	[198]
TlI	1,1	336	349	387	[199]
TlBr	1,4	344	344	344	[200]

l_1: intramolekularer Abstand in A – B
l_2: intermolekularer Abstand zwischen A und B
l_3: Abstand zwischen A und B in aufeinanderfolgenden Schichten

Im Thalliumbromid sind die Abstände eines jeden betrachteten Teilchens zu seinen unmittelbaren Nachbarn gleich groß. Keinem Teilchen läßt sich ein bestimmter, einzelner Bindungspartner zuordnen; es existieren keine diskreten TlBr-Moleküle mehr. Die Verbindung Thalliumbromid ist vielmehr so zu beschreiben, daß in einer hochsymmetrischen Anordnung jedes Tl-Teilchen von acht Br-Teilchen, jedes Br-Teilchen von acht Tl-Teilchen umgeben ist. Dabei besetzen die acht umgebenden Teilchen jeweils die Ecken eines Würfels. Das resultierende TlBr-Gitter läßt sich auffassen als Kombination zweier kubisch-primitiver Gitter, die um eine halbe Raumdiagonale gegeneinander verschoben sind (vgl. Abb. 54). Der gleiche Gitterbau wird bei einer Reihe weiterer Verbindungen des Typs AB gefunden und nach der zuerst vermessenen Substanz als CsCl-Gitter bezeichnet.

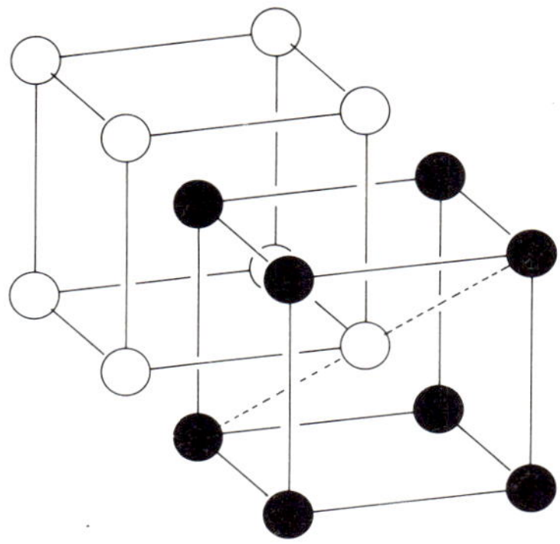

Abb. 54: Teilchenanordnung im TlBr-Gitter
Anionen und Kationen bilden je ein sog. kubisch primitives Gitter, in dem lediglich die Ecken eines Würfels besetzt sind. Beide Teilgitter sind um eine halbe Raumdiagonale (gestrichelte Linie) gegeneinander verschoben.

Offen bleibt zunächst die Frage, von welcher Art die Teilchen sind, die solche Strukturen aufbauen oder aufbauen können. Wünschenswert wäre wiederum eine Elektronendichtebestimmung mit entsprechenden Rechnungen, die aber für Thalliumbromid nicht existiert. Es sind aber auch hier Analogieschlüsse von Substanzen her möglich, deren Bausteine ähnliche Elektronegativitätsdifferenzen und vergleichbare physikalische Daten aufweisen.

Eine solche Substanz ist Silberbromid, dessen Elektronendichteverteilung in Abb. 55 wiedergegeben ist.

Aus dieser Abbildung geht hervor, daß weder die Ag-Teilchen noch die Br-Teilchen diskrete einzelne Bindungspartner haben; die in die Abbildung aufgenommen jeweils zwei Nachbarn werden gleichartig gebunden. Aus der Symmetrie des Kristalls (NaCl-Typ, vgl. Kap. 6.4.2.1) ergibt sich, daß jeweils alle sechs Nachbarn eines beliebigen Zentralteilchens gleich gebunden sein müssen. Die Elektronenverteilung um jeden Kern ist im wesentlichen kugelsymmetrisch. Erst bei niedrigen Elektronendichten ($<2 e \text{Å} \triangleq 2 \cdot 10^{30}\, e\, \text{m}^{-3}$) tritt eine deutliche Abweichung von der Kugelsymmetrie in Richtung auf eine Oktaedersymmetrie hin auf. Ferner zeigt sich, daß die Elektronendichte auf der Verbindungslinie zweier benachbarter unterschiedlicher Teilchen stark absinkt bis zu einem Minimum von $0{,}51\, e\, \text{Å}^{-3}$. Im kovalenten Diamantgitter (Abb. 37) betrug der entsprechende Wert $1{,}67\, e\, \text{Å}^{-3}$.

Ermittelt man aus dieser Dichteverteilung die Anzahl der Elektronen pro Atomschwerpunkt, indem man die Elektronendichten innerhalb geeignet gewählter einhüllender Kugeln integriert, so findet man, daß jedem Ag-Teilchen, verglichen mit dem Zustand eines freien Ag-Atoms, nahezu eine Elementar-

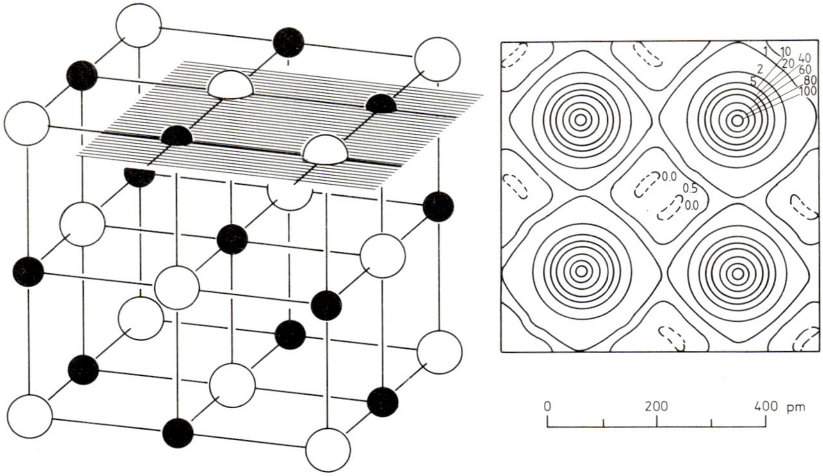

Abb. 55: Gemessene Elektronendichteverteilung in Silberbromid (verändert nach VOGL und WAIDELICH [201])
Angabe der Elektronendichte in 10^{30} $e\,m^{-3}$. Silberbromid kristallisiert im NaCl-Gitter. Der im rechten Teil wiedergegebene Ausschnitt entspricht der schraffierten Fläche im linken Teil der Abbildung; offene Kugeln: Cl; schwarze Kugeln: Ag.

ladung fehlt, jedes Br-Teilchen hingegen über einen entsprechenden Ladungsüberschuß verfügt.

Man kann demnach das Gitter aufgebaut denken aus Teilchen, die man mit den Begriffen der Elektrochemie als *Anionen* und *Kationen* bezeichnet. Wie in der Elektrochemie stellen diese Begriffe auch hier Idealisierungen dar, denn im AgBr-Kristall wird die Elektronendichte weder auf der Verbindungslinie zweier ungleicher Ionen (Würfelkante) noch auf der zweier gleicher Ionen (Flächendiagonale) gleich null. Die Bausteine sind also keine scharf abgrenzbaren »Ionen«. Man begeht trotzdem keinen wesentlichen Fehler, wenn man sich den AgBr-Kristall als einen aus abgegrenzten Ionen aufgebauten Kristall denkt.

Offenbar besteht zwischen der Größe von ΔH und dem elektrostatischen Bindungsanteil in einem Kristall ein Zusammenhang. Demzufolge sollten diejenigen realen Kristalle dem idealen Ionenkristall besonders nahe kommen, deren Bausteine einen möglichst großen ΔH-Wert aufweisen und bei denen der Anteil der VAN-DER-WAALS-Bindung gering ist. Hierzu gehören insbesondere Lithiumfluorid, Lithiumchlorid, Natriumfluorid und Natriumchlorid. Für Natriumchlorid und Lithiumfluorid sind Elektronendichtemessungen durchgeführt worden [202 bis 205]. Sie zeigen eine gegenüber Silberbromid verminderte Elektronendichte längs der Würfelkanten und eine stark verminderte längs der Flächendiagonalen. Außerdem zeigen die Integrationen, daß die Teilchen im Kristall praktisch vollständig ionisiert, also als Na^+- und Cl^-- bzw. Li^+- und F^--Ionen vorliegen.

Berechnet man für derartige Kristalle die Gitterenergien und vergleicht sie mit der jeweiligen COULOMB-Energie für ideale Ionenkristalle, so findet man gute Übereinstimmungen [206].

Da die Berechnung der COULOMB-Kräfte von der Annahme kugelsymmetrischer Felder ausgeht und die Elektronendichteverteilungen im wesentlichen kugelförmige Ladungsverteilungen aufweisen, ist es vernünftig, ein Modell zu entwerfen, das den Kristall als eine Anordnung von entgegengesetzt geladenen Kugeln beschreibt.

6.4 Die Geometrie von Ionenkristallen

6.4.1 Geometrische Grundvorstellungen

Bereits um 1920 wurde von LANDÉ die Vermutung geäußert, daß ein Ionenkristall aus starren Kugeln aufgebaut gedacht werden kann, wobei sich die jeweils größeren berühren und die kleineren sich in den entstandenen Lücken befinden. Eine solche Anordnung stellt offenbar ein energetisches Minimum dar. Dieses wird insbesondere dann erreicht werden, wenn die Koordinationszahlen für entgegengesetzt geladene Ionen möglichst groß sind. Die Ausbildung dichter Packungen ist daher wahrscheinlich. Sie wird auch in vielen Fällen beobachtet. Im Gegensatz zu den dichten Packungen im Metallgitter sind hier auch Anzahl, Art und Größe der auftretenden Lücken wichtig.

In den dichten Packungen findet man zwei Arten von Lücken, die sich in ihrer Größe und ihrer Koordinationszahl unterscheiden, die *Oktaederlücken* und die *Tetraederlücken*. Dabei treten in einem Gitter mit n Kugeln 2n Tetraederlücken und 1n Oktaederlücken auf:

- In einer dichten Kugelpackung ist jeder Kugel einer dicht gepackten Ebene je eine Tetraederlücke oberhalb und unterhalb dieser Kugel zuzuordnen. Die Lücken bilden Anordnungen, die jeweils wieder denen von dichten Packungen entsprechen.
- Die zusätzlich vorhandene Oktaederlücke findet man z.B., indem man in einer dicht gepackten Ebene drei Kugeln betrachtet, unter deren gemeinsamem Schwerpunkt in der nächsten Schicht *keine* Kugel liegt. Der Hohlraum unter diesem Schwerpunkt ist eine Oktaederlücke. In derjenigen Richtung, in der sich von einer Kugel des betrachteten Dreiecks die Oktaederlücke erreichen läßt, lassen sich auch von allen anderen Kugeln dieser Schicht ebenfalls Oktaederlücken auffinden. Es zeigt sich, daß auf diese Weise jeder Kugel genau eine Oktaederlücke zugeordnet werden kann.

  In der hexagonal dichten Packung liegen die Oktaederlücken derart übereinander, daß sich kanalartige Hohlräume senkrecht zur Gleitebene ausbilden. In der kubisch dichten Packung liegen die Oktaederlücken so versetzt, daß sie ihrerseits ebenfalls eine kubisch flächenzentrierte Anordnung ausbilden.

Tetraederlücke und Oktaederlücke sind unterschiedlich groß. Besetzen Ionen eine derartige Lücke, so ist das Energieminimum durch eine Anordnung gekennzeichnet, in der möglichst große anziehende und möglichst geringe abstoßende Kräfte wirksam werden. Dies tritt dann ein, wenn ein Ion unter den durch die Stöchiometrie und den Raumbedarf gegebenen Bedingungen von einer möglichst großen Zahl von Gegenionen umgeben wird. Da bei gleicher Ladung die Abstoßung zweier großer Kugeln geringer ist als die zweier kleiner, sollten sich solche Zustände ausbilden, bei denen höchstens die großen Kugeln einander berühren. Von besonderem Interesse ist daher, wie groß eine kleine Kugel gerade noch sein darf, damit sie in einer Oktaeder- bzw. einer Tetraederlücke Platz findet.

Aus Abb. 56(A) ergeben sich für die *Oktaederlücke* folgende Beziehungen zwischen den Radien r_A und r_B der kleinen bzw. großen Kugeln:

$$2 \cdot (2r_B)^2 = (2r_A + 2r_B)^2$$

$$8r_B^2 = 4r_A^2 + 4r_B^2 + 8r_A r_B$$

$$0 = r_A^2 + 2r_A r_B - r_B^2$$

$$r_A = -r_B \pm \sqrt{r_B^2 + r_B^2}$$

$$r_A = -r_B(1 + \sqrt{2})$$

$$\frac{r_A}{r_B} = \sqrt{2} - 1 = 0{,}414$$

Zur Beschreibung des größtmöglichen Radius einer Kugel in einer *Tetraederlücke* umgibt man den Tetraeder wie in Abb. 39(B) mit einem Würfel als Hilfskörper, dessen Mittelpunkt gleich dem des Tetraeders ist. Dann gelten nach Abb. 56(B) folgende Beziehungen:

$$(2r_A + 2r_B)^2 = 3 \cdot \frac{2r_B^2}{2}$$

(Raumdiagonale) (Würfelkante)

$$0 = r_A^2 - \frac{1}{2}r_B^2 + 2r_A r_B$$

$$r_A = -r_B \pm \sqrt{r_B^2 + \frac{1}{2}r_B^2}$$

$$r_A = r_B \left(\sqrt{\frac{3}{2}} - 1 \right)$$

$$\frac{r_A}{r_B} = \sqrt{\frac{3}{2}} - 1 = 0{,}225$$

Die beiden berechneten Radienquotienten beschreiben jeweils optimale Raumerfüllungen. Es ist zu erwarten, daß bei davon abweichenden Radienquotienten das Minimum der Gitterenergie verlassen wird.

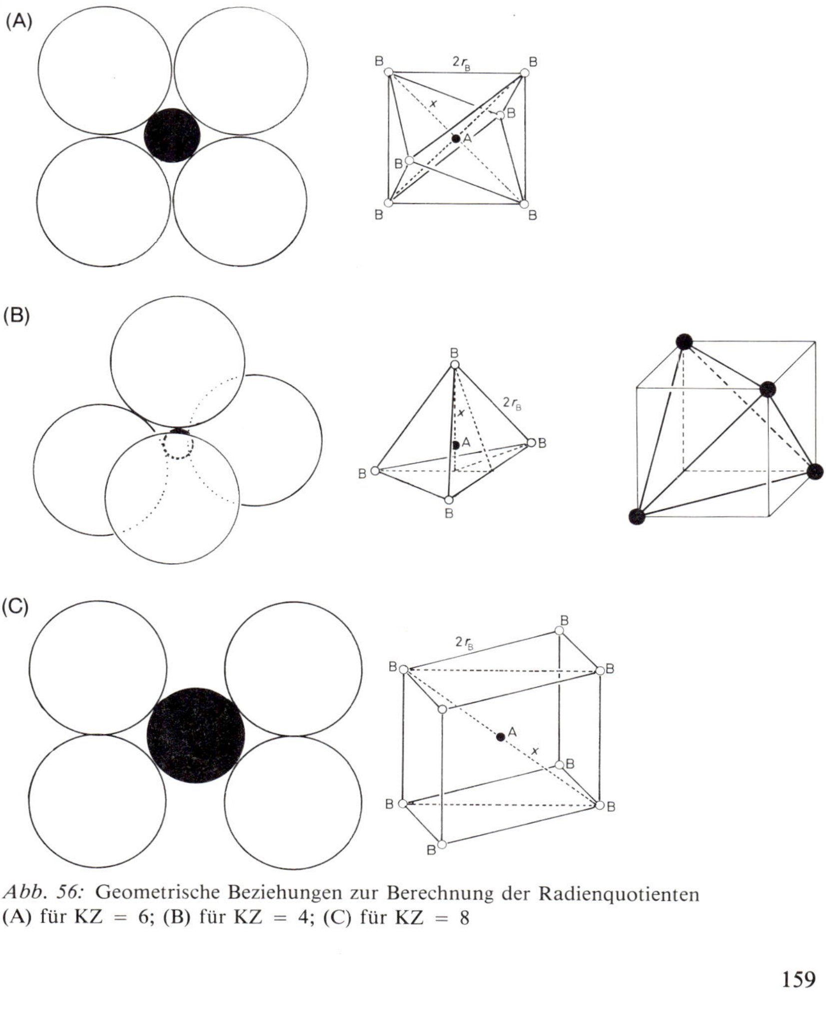

Abb. 56: Geometrische Beziehungen zur Berechnung der Radienquotienten (A) für KZ = 6; (B) für KZ = 4; (C) für KZ = 8

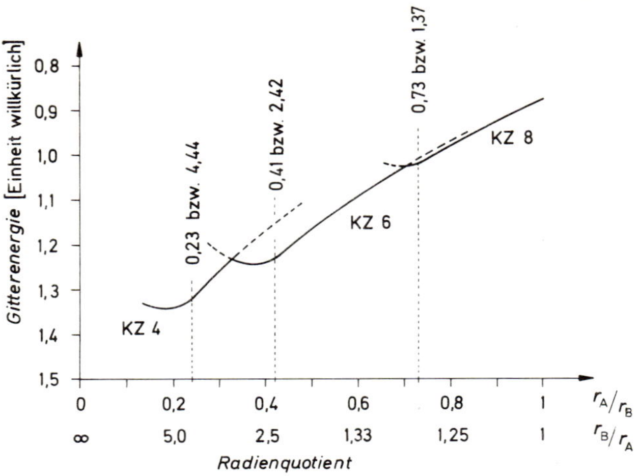

Abb. 57: Zusammenhänge zwischen Gittertyp, Radienquotient und Gitterenergie (schematisch)

Erfüllt die eingelagerte Kugel A die tetraedrische Lücke aus vier Kugeln B nicht vollständig, so wird offenbar die Anordnung energetisch ungünstiger (Abb. 57, Kurvenzüge links der Minima). Dies ist mit einem rein elektrostatischen Modell nicht erklärbar, weil sich der Abstand der punktförmigen Ladungen trotz einer Änderung der Radienquotienten nicht ändert. Zieht man jedoch die wellenmechanische Beschreibung der Elektronenhülle heran, so könnte eine Verkleinerung der Elektronenhülle des kleineren Ions eine Überlappung von Bereichen geringerer Elektronendichte und damit eine Verringerung der bindenden Kräfte bewirken.

Wird die eingelagerte Kugel A größer als die Lücke, so weitet sie die Packung der umgebenden Kugeln B auf.

Daraus folgt schließlich, daß bei der Erhöhung des Radienquotienten über 0,225 hinaus ein Wert erreicht wird, von dem an die Anordnung mit aufgeweiteten Tetraederlücken energetisch ungünstiger wird als die mit nicht optimal aufgefüllten Oktaederlücken. Es ist daher zu erwarten, daß an dieser Stelle eine Änderung des Gittertyps eintritt.

Darüber hinaus kann man erwarten, daß bei Überschreitung des Quotienten von 0,414 in gleicher Weise ein Wert erreicht wird, von dem ab eine Änderung des Gittertyps von der Koordinationszahl KZ = 6 zu höheren Koordinationszahlen hin energetisch günstiger ist; entsprechendes gilt bei einer Unterschreitung des Quotienten von 0,225.

Ein definierter Zustand mit einer Koordinationszahl <4 wird dann erreicht, wenn die kleinen Kugeln A sich in der Mitte eines gleichseitigen Dreiecks aus drei Kugeln B befinden (*Dreieckslücke*). In der Ebene gibt es so viele Dreieckslücken wie Atome B. Bei der Auffüllung dieser Lücken bleibt die dichte Kugelpackung für B erhalten.

Die Koordinationszahlen KZ > 6 können nur verwirklicht werden, wenn auch die großen Kugeln B keine dichte Packung mehr bilden. Für die nächsthöhere Koordinationszahl KZ = 8 bilden die Kugeln B ein kubisch primitives Gitter aus, dessen Würfelmittelpunkte (*Würfellücken, kubische Lücken*) mit Ionen A besetzt sind. Die Anzahl dieser Lücken ist gleich der Anzahl der Atome B im Gitter.

Die optimale Erfüllung einer kubischen Lücke läßt sich anhand der Beziehungen in Abb. 56(C) berechnen:

$$3(2r_B)^2 = (2r_A + 2r_B)^2$$

$$\sqrt{3}r_B = r_A + r_B$$

$$\frac{r_A}{r_B} = \sqrt{3} - 1 = 0{,}732$$

Aus dem oben Gesagten läßt sich zusammenfassend eine Beziehung zwischen Radienquotient und Gittertyp ableiten, wie sie qualitativ in Abb. 57 dargestellt ist.

Steigt der Radienquotient über 1, so bedeutet das, daß nun die Kugeln A die größeren sind und sich gegenseitig berühren. Die Reihe der Strukturtypen läuft dann in umgekehrter Richtung zu kleineren Koordinationszahlen. Bei $\frac{r_A}{r_B} = \frac{1}{0{,}732} = 1{,}366$ ist wiederum ein Energieminimum für KZ = 8 erreicht, bei $\frac{r_A}{r_B} = \frac{1}{0{,}414} = 2{,}414$ ein solches für KZ = 6, das mit KZ = 4 bei einem Quotienten von 4,444.

6.4.2 Die hochsymmetrischen Gittertypen für Verbindungen AB

Für den Formeltyp AB sind die in Tab. 24 aufgeführten einfachen Gitter denkbar.

6.4.2.1 Das Steinsalz-Gitter

Dieses Gitter läßt sich als eine kubisch dichte Anordnung von Anionen B beschreiben, in der alle oktaedrischen Lücken mit Kationen A besetzt sind. Da die Oktaederlücken in diesem Gitter eine kubisch flächenzentrierte Anordnung darstellen, bilden sowohl die Anionen als auch die Kationen jeweils für sich kubisch flächenzentrierte Teilgitter, die um eine halbe Würfelkante gegeneinander ver-

Tab. 24: Systematik einfacher Ionengittertypen des Typs AB

Anordnung der strukturbestimmenden Teilchen B	mit Teilchen A besetzte Lücken	Gittertyp
kubisch dicht	alle Oktaederlücken	NaCl
hexagonal dicht	alle Oktaederlücken	NiAs
kubisch dicht	die Tetraederlücken zur Hälfte	Zinkblende, Sphalerit
hexagonal dicht	die Tetraederlücken zur Hälfte	Wurtzit
kubisch primitiv	alle Würfellücken	CsCl

schoben sind (Abb. 58). Das für diesen Gittertyp namengebende Mineral ist das Steinsalz NaCl. Mehrere hundert Substanzen kristallisieren im NaCl-Gitter, darunter

- alle Alkalihalogenide mit Ausnahme von CsCl, CsBr und CsI,
- alle Alkalihydride
- AgF, AgCl und AgBr
- alle Erdalkalichalkogenide außer MgTe
- Pyrit, Calciumcarbid und Natriumcyanid; hierin vertreten die Anionen S_2^{2-}, C_2^{2-} und CN^- die Teilchen B und können als Kugeln aufgefaßt werden.

Eine vollständige Substanzliste findet sich in [207]. Elektronendichtebestimmungen für im NaCl-Typ kristallisierende Substanzen sind in [202 bis 205] angegeben.

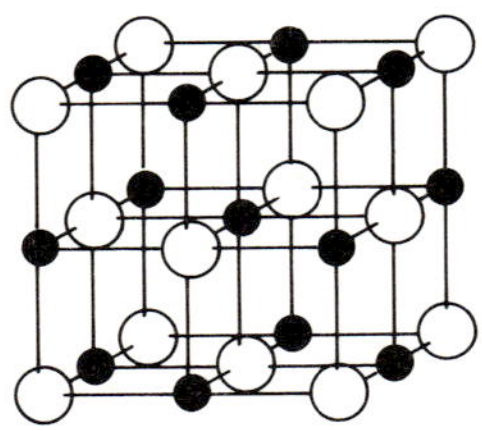

Abb. 58: Teilchenanordnung im Steinsalz-Gitter
Offene Kugeln: Anionen B; schwarze Kugeln: Kationen A

6.4.2.2 Das Rotnickelkies-Gitter

Besetzt man in einer hexagonal dichten Packung alle Oktaederlücken, so resultiert die Struktur des Rotnickelkieses, NiAs, in dem die Arsenid-Teilchen (formal die Ionen As^{3-}) die dichte Packung ausbilden und die Nickel-Teilchen (for-

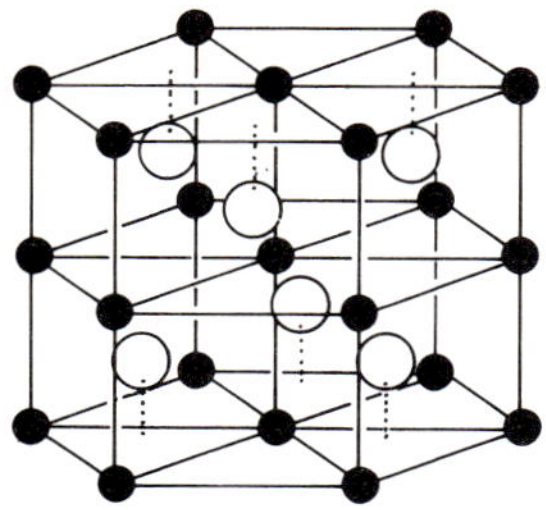

Abb. 59: Teilchenanordnung im Rotnickelkies-Gitter
Offene Kugeln: Anionen B; schwarze Kugeln: Kationen A. Die Kationen bilden ein hexagonal primitives Gitter aus.

mal Ni^{3+}) die Oktaederlücken ausfüllen und dabei ein hexagonal primitives Teilgitter aufbauen (Abb. 59). Das NiAs-Gitter zählt zu den Schichtengittern.

Von den etwa 50 im NiAs-Gitter kristallisierenden Substanzen ist keine einzige rein ionisch; es handelt sich ausnahmslos um Substanzen, deren Bindung sich als Mischform von ionischer, kovalenter und metallischer Bindung beschreiben läßt. Zu den bekannteren Mineralien zählen neben dem namengebenden Rotnickelkies NiAs noch der Breithauptit (NiSb) und der Pyrrhotit (FeS). An dem blättrigen Covellit (Kupferindig, CuS) wird die Schichtstruktur dieses Gittertyps besonders deutlich.

Eine Substanzliste findet sich wiederum in [207].

6.4.2.3 Das Zinkblende-Gitter (Sphalerit-Gitter)

Besetzt man in einer kubisch dichten Packung von Anionen B die Hälfte der Tetraederlücken – z.B. in Abb. 60(A) alle schräg rechts *über* den Kugeln B liegenden – mit Kationen A, so bilden diese wiederum ein kubisch flächenzentriertes Teilgitter, das gegenüber dem B-Gitter um ein Viertel der Raumdiagonalen

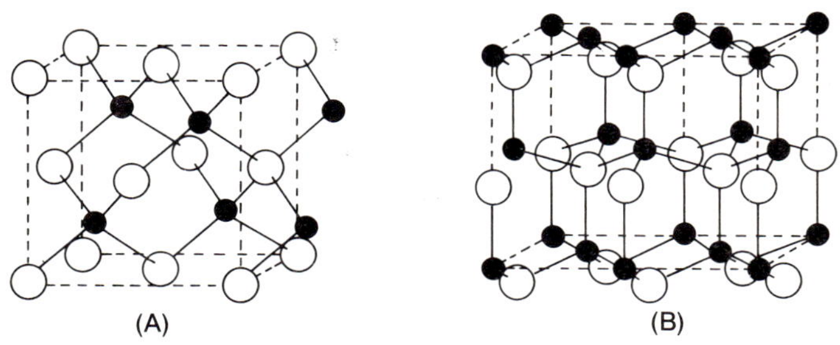

Abb. 60: (A) Teilchenanordnung im Zinkblende-Gitter; (B) Teilchenanordnung im Wurtzit-Gitter
Offene Kugeln: Anionen B; schwarze Kugeln: Kationen A

verschoben ist. Benannt ist dieser Gittertyp nach der kubischen Zinksulfid-Modifikation.

Von den etwa 40 in dieser Struktur kristallisierenden Stoffen sind die folgenden besonders wichtig beziehungsweise bekannt:

- AgI und alle Kupfer(I)-Halogenide
- HgS (Metazinnober, schwarzes Quecksilbersulfid)
- MnS (rotes Mangansulfid)
- SiC

Das Diamant-Gitter läßt sich aus dem Zinkblende-Gitter ableiten, wenn man A gleich B setzt.

Eine vollständige Liste der im Zinkblende-Gitter auftretenden Substanzen findet sich in [207].

6.4.2.4 Das Wurtzit-Gitter (Zinkit-Gitter)

Wird in einer hexagonal dichten Packung von Anionen B die Hälfte der Tetraederlücken regelmäßig besetzt, so resultiert ein Gitter, bei dem die Kationen A ein Teilgitter vom hexagonal dichten Typ aufbauen (Abb. 60(B)).

Der Energieunterschied zwischen Wurtzit-Struktur und Zinkblende-Struktur ist so klein, daß viele Verbindungen in beiden Gittern kristallisieren. Oft ist, wie beim Zinksulfid, das Wurtzit-Gitter die Hochtemperaturform.

Neben dem namengebenden β-ZnS kristallisiert auch ZnO (Zinkit) in diesem Gitter, daneben die Hochtemperatur-Modifikationen der Kupfer(I)-halogenide, AgI, MnS (rosa) und NH_4F. Alle Verbindungen haben stark kovalenten Charakter.

In [207] findet sich eine vollständige Substanzliste.

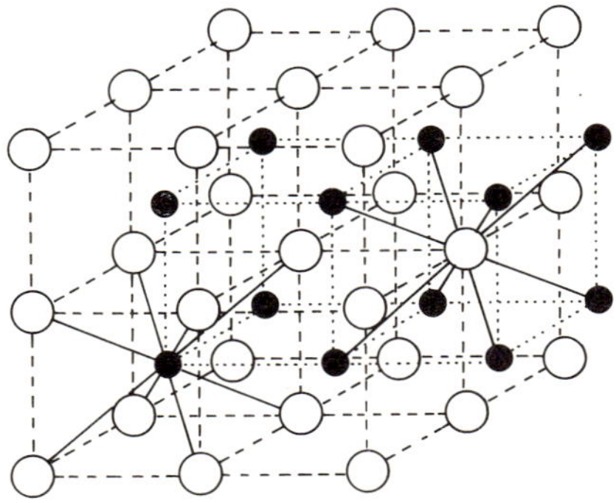

Abb. 61: Teilchenanordnung im Caesiumchlorid-Gitter
Offene Kugeln: Anionen B; schwarze Kugeln: Kationen A

6.4.2.5 *Das Caesiumchlorid-Gitter*

Besetzt man in einem kubisch primitiven Gitter aus B-Ionen alle Würfelmitten mit A-Ionen, so erhält man das Gitter des CsCl. Auch die A-Ionen bilden hierin ein kubisch primitives Teilgitter. Die beiden Teilgitter sind um eine halbe Raumdiagonale gegeneinander verschoben (Abb. 61).

Unter den etwa sechzig Substanzen, die in diesem Gitter kristallisieren, finden sich neben dem namengebenden CsCl noch CsBr, CsI und CsCN, ferner TlCl, TlBr, TlI, InI, NH_4Cl, NH_4Br, NH_4I. Eine vollständige Substanzliste findet sich in [207].

6.4.3 *Die hochsymmetrischen Gittertypen weiterer einfacher binärer Verbindungen*

Wie die AB-Typen lassen sich auch die Gitter komplizierterer Strukturtypen wie AB_2, A_2B, AB_3, A_3B, A_2B_3 und $AA_2'B_4$ aus Kugelpackungen und deren Lücken ableiten. In Tab. 25 sind die Zusammenhänge zwischen diesen Typen und ihrem jeweiligen Grundgitter aufgeführt.

Tab. 25: Systematik einfacher Ionengittertypen mit Ausnahme des Typs AB

Anordnung der strukturbestimmenden Teilchen B	mit Teilchen A gefüllte Lücken	Typ	Beispiel	Kap.
kubisch dicht	TL	A_2B	Na_2O [1]	6.4.3.1
hexagonal dicht	TL	A_2B		6.4.3.3
kubisch dicht	$\frac{1}{2}$ OL	AB_2		
hexagonal dicht	$\frac{1}{2}$ OL	AB_2	CdI_2	6.4.3.4
kubisch primitiv	$\frac{1}{2}$ WL	AB_2	CaF_2	6.4.3.5
kubisch dicht	TL + OL	A_3B	Li_3Bi	6.4.3.2
hexagonal dicht	TL + OL	A_3B	Na_3As	6.4.3.3
kubisch primitiv	$\frac{1}{2}$ WL mit A + $\frac{1}{2}$ WL mit B	AB_3 [2]	BiF_3	6.4.3.6

In der Tabelle bedeuten TL Tetraederlücke, OL Oktaederlücke, WL Würfellücke, $\frac{1}{2}$ OL bzw. $\frac{1}{2}$WL Besetzung der Hälfte der auftretenden Oktaeder- bzw. Würfellücken mit Teilchen A bzw. B.

[1] Diese Anordnung entspricht dem Antifluorit-Typ.

[2] Dieser Typ ist eigentlich ein ABB_2-Typ.

6.4.3.1 Das Antifluorit-Gitter

Denkt man sich ein kubisch dichtes Gitter aus Anionen entsprechend dem Gitter der Zinkblende, dessen tetraedrische Lücken sämtlich mit Kationen gefüllt sind, so erhält man das sogenannte Antifluorit-Gitter (A_2B-Typ, Abb. 63(A)). In diesem Gitter kristallisieren beispielsweise die Alkalichalkogenide.

6.4.3.2 Das Li_3Bi-Gitter

Ausgehend von einer kubisch dichten Packung aus n Anionen (Bi^{3-}) erhält man das Li_3Bi-Gitter, indem man sowohl die 2n Tetraederlücken als auch die 1n Oktaederlücken mit insgesamt 3n Li^+-Ionen besetzt.

Dieses Gitter wird außer von Li_3Bi noch von β-Li_3 Sb und von Mo_3O ausgebildet. Es wird üblicherweise als Anti-BiF_3-Gitter bezeichnet (vgl. dazu Kap. 6.4.3.6).

Weitere Beispiele für Strukturen, die kubisch dichte Anionenpackungen aufweisen, sind der Cr_2O_3-Typ und der Spinell-Typ ($M^{II}M_2^{III}O_4$, z. B. $MgAl_2O_4$ oder Fe_3O_4).

6.4.3.3 Gitter vom Typ A_2B und A_3B mit hexagonal dichter Packung der Anionen

A_2B-Gitter, in denen sämtliche Tetraederlücken einer hexagonal dichten Packung von Anionen mit Kationen besetzt sind, oder Gitter, in denen die Ionenanordnung vertauscht ist, scheinen nicht zu existieren.

Dagegen werden beispielsweise im Na_3As-Gitter alle oktaedrischen und tetraedrischen Lücken einer hexagonal dichten Packung aus As^{3-}-Ionen mit Na^+-Ionen besetzt.

Bei den etwa fünfzehn bekannten Verbindungen dieses A_3B-Typs treten als Kationen A die Teilchen Li^+, Na^+, K^+ und Rb^+ auf, als Anionen B die Teilchen P^{3-}, As^{3-}, Sb^{3-} und Bi^{3-}. Alle Gitter weisen relativ hohe kovalente Bindungsanteile auf.

6.4.3.4 Der Cadmiumiodid-Typ

Im Gegensatz zum A_2B-Typ mit hexagonal dichter Anionenpackung ist der entsprechende AB_2-Typ relativ häufig.

In diesem Gitter aus hexagonal dicht gepackten Anionen B ist jede zweite Oktaederlücke mit einem Kation A besetzt. Die Kationen besetzen »Lückenschichten« parallel zu den Gleitebenen, wobei jede zweite »Lückenschicht« freibleibt (Abb. 62).

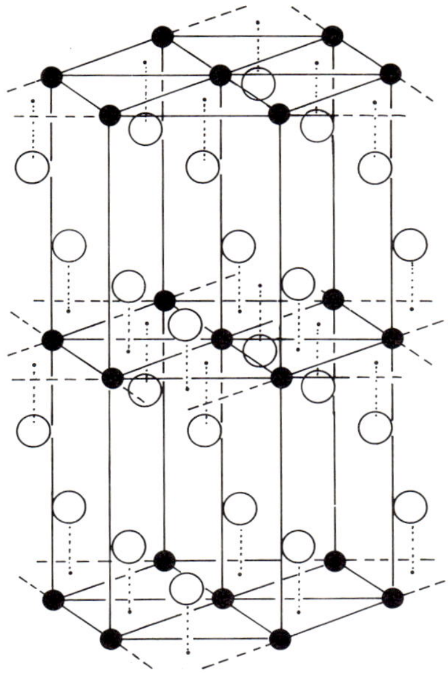

Abb. 62: Teilchenanordnung im Cadmiumiodid-Gitter
Offene Kugeln: Anionen B; schwarze Kugeln: Kationen A

Auf diese Weise entsteht ein Schichtengitter. Dieser Aufbau wird an den makroskopischen Eigenschaften von MoS_2 besonders deutlich, das in einer verwandten Struktur kristallisiert.

Zu den etwa sechzig bekannten Verbindungen des CdI_2-Typs gehören z.B. $MgBr_2$, MgI_2, $Mg(OH)_2$, $Ca(OH)_2$, CaI_2 und $Fe(OH)_2$, $Ni(OH)_2$ sowie $Co(OH)_2$.

Verwandte Gittertypen sind die von $CdCl_2$, PbI_2 und MoS_2.

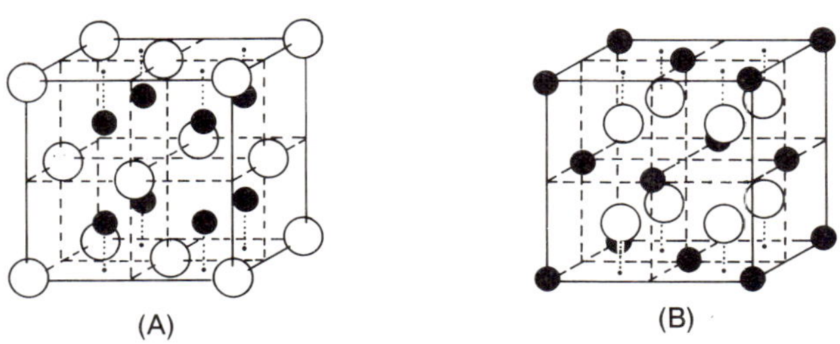

Abb. 63: (A) Teilchenanordnung im Antifluorit-Gitter; (B) Teilchenanordnung im Fluorit-Gitter
Offene Kugeln: Anionen B; schwarze Kugeln: Kationen A

6.4.3.5 Der Fluorit-Typ

Dieser Gittertyp läßt sich vom CsCl-Gitter ableiten. In einer kubisch primitiven Anordnung von Fluorid-Ionen ist abwechselnd jede zweite Würfellücke mit einem Kation besetzt. Die Kationen bilden dabei ihrerseits ein kubisch flächenzentriertes Teilgitter (Abb. 63(B)). Das heißt umgekehrt, daß in einem kubisch dichten Gitter aus Kationen alle Tetraederlücken mit Anionen besetzt sind.

Der Fluorit-Typ ist der weitaus häufigste AB_2-Typ, in dem außer dem namengebenden Mineral Fluorit (CaF_2) noch etwa 120 andere Stoffe kristallisieren, darunter BaF_2, $BaCl_2$, SrF_2, $SrCl_2$, UO_2 und ZrO_2.

6.4.3.6 Der BiF_3-Typ

Der zweite, vom CsCl-Typ sich ableitende Gittertyp enthält ebenfalls eine kubisch primitive Anordnung der Fluorid-Ionen, in deren Würfellücken abwechselnd Fluorid-Ionen und Bi^{3+}-Ionen angeordnet sind.

6.4.4 Übersicht über die einfachen und wichtigen Ionengittertypen

Im Gegensatz zu der Erörterung der Ionengitter entsprechend ihrer stöchiometrischen Zusammensetzung in den Kap. 6.4.2 und 6.4.3 hätte auch eine Anordnung nach der Art der strukturbestimmenden Gitter gewählt werden können. Veränderlich wären dann die Art und die Besetzung der Lücken in diesen Gittern gewesen. Eine solche Ordnung wird in Tab. 26 als Ergänzung gegeben.

6.5 Die Struktur von festem Fluorwasserstoff

In Kap. 6.3.1 sind die Eigenschaften der leichten Alkalihydride und der leichten Halogenwasserstoffe zusammengestellt. Die beiden Hydride kristallisieren im NaCl-Gitter (vgl. Kap. 6.4.2.1). Aus den Dipolmomenten (Kap. 6.1.3) geht hervor, daß in den Halogenwasserstoffen positiv polarisierte Wasserstoffteilchen vorliegen. Wegen der außerordentlichen Kleinheit des Protons (H^+-Ions) ist nicht zu erwarten, daß Fluorwasserstoff einen Ionenkristall aufbaut. Denkbar wäre vielmehr eine Art »antimetallischer« Struktur mit negativen Rümpfen und einem Protonengas. Leitfähigkeitsmessungen an flüssigem Fluorwasserstoff zeigen, daß diese Hypothese für die kondensierte Phase nicht haltbar ist. Die Leitfähigkeit bei 0°C beträgt ca. $0{,}4 \cdot 10^{-6}$ S m^{-1} und entspricht damit der von Wasser.

Die RÖNTGEN-Strukturanalyse von HF-Einkristallen ergibt ein Bild wie in Abb. 64. Sie zeigt, daß die F-Teilchen in festem HF Zickzack-Ketten bilden. Die Elektronendichteverteilung schließt die Anwesenheit kugelförmiger Fluorid-

Tab. 26: Systematik einfacher Ionengittertypen nach Grundgittern

Grundgitter aus B	besetzte Lücken	Beispiel bzw. Gittertyp	stöchio-metrischer Typ
kubisch dicht	OL	NaCl	AB
	$\frac{1}{2}$ TL	Sphalerit	AB
	TL	Antifluorit	A_2B
	TL + OL	Li_3Bi	A_3B
hexagonal dicht	OL	NiAs	AB
	$\frac{1}{2}$ TL	Wurtzit	AB
	TL		A_2B
	TL + OL	Na_3As	A_3B
kubisch primitiv	WL	CsCl	AB
	$\frac{1}{2}$ WL	CaF_2	AB_2
	$\frac{1}{2}$ WL (A) + $\frac{1}{2}$ WL (B)	BiF_3	AB_3

In der Tab. bedeuten: TL Tetraederlücke, OL Oktaederlücke, WL Würfellücke, $\frac{1}{2}$ OL bzw. $\frac{1}{2}$ WL Besetzung der Hälfte der auftretenden Oktaeder- bzw. Würfellücken mit Teilchen A bzw. B.

Ionen und hantelförmiger HF-Moleküle aus. Die Abbildung läßt sich aber als zeitliche Mittelung folgender Grenzstrukturen interpretieren:

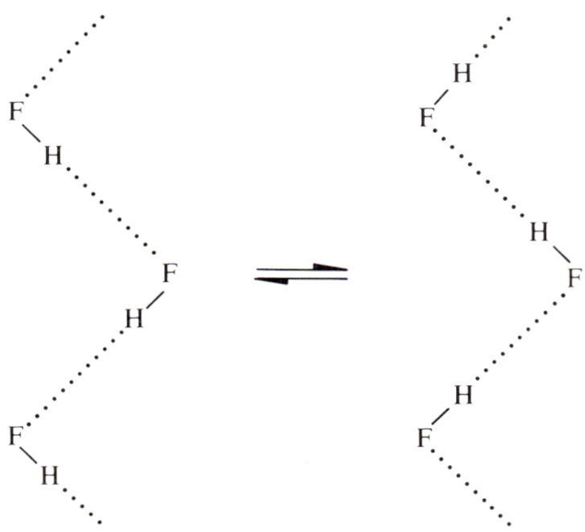

Die Kreuze in Abb. 64 geben die Lagen der Wasserstoff-Teilchen an, wenn man die H – F-Bindungslänge im gasförmigen Fluorwasserstoff zugrunde legt.

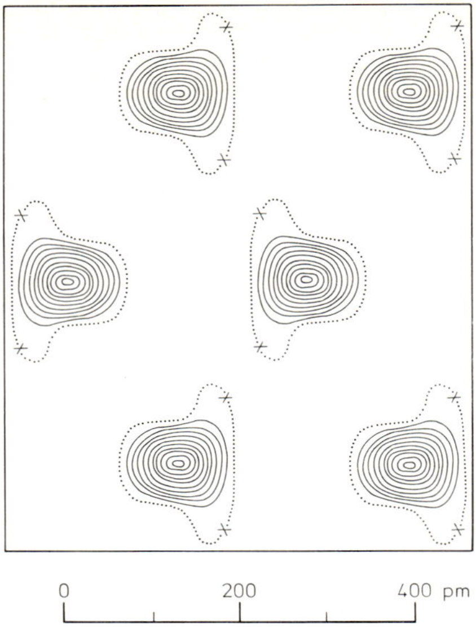

Abb. 64: Gemessene Elektronendichteverteilung in festem Fluorwasserstoff (verändert nach Atoji und Lipscomb [208])
Die punktierten Linien entsprechen einer Elektronendichte von $2 \cdot 10^{30}\ e\mathrm{m}^{-3}$, der Abstand von Linie zu Linie beträgt $1 \cdot 10^{30}\ e\mathrm{m}^{-3}$. Die Kreuze bezeichnen mögliche Positionen von H-Atomen, wenn man für den Kristall einen H-F-Abstand von 92 pm wie in der Gasphase annimmt. Die Kantenlängen der Elementarzelle betragen $a_0 = 342$ pm, $b_0 = 432$ pm und $c_0 = 541$ pm.

Die Symmetrie der Elektronendichte läßt den Schluß zu, daß im Gegensatz zum Indiumiodid nicht Coulomb-Wechselwirkungen aufbaubestimmend sind, sondern daß »Vierelektronen-Dreizentrenbindungen«, die im Verlauf der bisherigen Deutungen noch nicht aufgetreten sind, den Zusammenhalt bewirken.

Eine solche Bindung tritt nur auf, wenn Wasserstoff an stark elektronegative Atome geknüpft ist und in räumlicher Nachbarschaft ebenfalls stark elektronegative Atome auftreten. Man nennt diesen Bindungstyp deshalb *Wasserstoff-Brücken-Bindung.*

Wasserstoff-Brücken sind demnach denkbar zwischen

F – H		$|\overline{\underline{F}}$ –		
Cl – H		$|\overline{\underline{Cl}}$ –		
– O – H	und	$|\overline{O}\langle$	bzw.	$|\overline{O}$ =
$\rangle$N – H		$|N\langle$	bzw.	$|N \equiv$
– S – H		$|\overline{S}\langle$		

Sind derartige Bindungspartner für das Wasserstoff-Teilchen ununterscheidbar, so bilden sich oft dynamische Gleichgewichte zwischen den möglichen Zuordnungen aus. Dynamische H-Brücken sind von Bedeutung in den übrigen kondensierten Halogenwasserstoffen und in festem und flüssigem Wasser (Abb. 65).

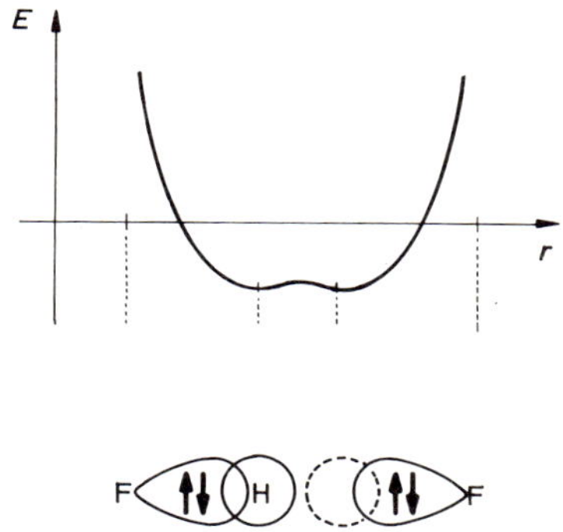

Abb. 65: $E(r)$ für eine H-Brückenbindung in HF
Die Kurve hat zwei gleichwertige Minima. Das Brücken-H-Atom schwingt nicht zwischen den beiden Positionen, sondern verweilt kurzzeitig in diesen Lagen.

Starre H-Brückenbindungen sind in biologischen Systemen sowohl bei der Verknüpfung von Molekülen als auch bei den übergeordneten Strukturen von Biopolymeren von herausragender Bedeutung.

6.6 Kovalente Verbindungen des Typs AB_n

6.6.1 Einfachste mehratomige kovalente Moleküle AB_n

Die einfachsten stabilen mehratomigen Moleküle des Typs AB_n sind die Wasserstoff-Verbindungen AH_n. Für Moleküle AH_n mit $n > 1$ läßt sich die SCHRÖDINGER-Gleichung auch für Einelektronensysteme nicht mehr exakt lösen. Erste Voraussagen zur Struktur solcher Moleküle kann man durch LCAO-MO- oder vereinfachte VB-Betrachtungen, ausgehend von den reinen oder hybridisierten Atomorbitalen der Einzelatome, machen. Dabei ist zu berücksichtigen, daß diese Verfahren bei der Beschreibung zweiatomiger Moleküle bereits häufig zu unbefriedigenden Aussagen führten. Es ist daher sinnvoller, zunächst experimentell gewonnene Strukturdaten solcher Verbindungen zu sammeln und dann zu prüfen, ob und inwieweit sie mit den bisher erörterten Bindungsvorstellungen zu deuten sind. In kondensierten Phasen beeinflussen stets zusätzliche Bindungskräfte die Struktur. Einfachere Verhältnisse kann man deshalb erwarten, wenn man Einzelmoleküle, d.h. Moleküle in der Gasphase, untersucht.

Mit Elektronenbeugungsmessungen erhält man dabei z.B. die in Tab. 27 zusammengestellten Bindungswinkel.

Tab. 27: Bindungswinkel in binären Verbindungen AH_n

BeH_2	180°	BH_3	120° *	CH_4	109,5°	NH_3	107°	OH_2	105°
MgH_2	180°	AlH_3	120° *	SiH_4	109,5°	PH_3	94°	SH_2	92°
				GeH_4	109,5°	AsH_3	92°	SeH_2	91°
				SnH_4	109,5°			TeH_2	90°
				PbH_4	109,5°				

Die mit * versehenen Werte ergeben sich aus den analog aufgebauten Verbindungen $B(CH_3)_3$ [209] und $Al\{N[Si(CH_3)_3]_2\}_3$ [210]. Die übrigen Werte sind [211] entnommen.

Anhand dieser Tabelle läßt sich die Vorstellung gewinnen, daß bestimmte Bindungswinkel für bestimmte Zentralatome typisch sind:

∢ H – A – H	für A
180°	Be, Mg
120°	B, Al
109,5°	C, Si, Ge, Pb, N, O
90°	P, As, S, Se, Te

Ein Vergleich von Verbindungen mit gleicher Stöchiometrie, etwa mit den Elementfluoriden oder -alkylen, ergibt, daß diese Winkel für die betreffenden Arten von Zentralatomen kennzeichnend sind. Sie entsprechen den Winkeln, die zwischen den unterschiedlichen Arten der Hybridorbitale auftreten (vgl. Kap. 5.5.1), nämlich:

180°	(sp)
120°	(sp^2)
109,5°	(sp^3)
90°	p

Die Deutung der Bindungswinkel in den Hydriden BeH_2, MgH_2, BH_3, AlH_3, CH_4 und PbH_4 ist unmittelbar einsichtig. Die Bindungswinkel am N- und O-Atom lassen sich nur dadurch verstehen, daß man den freien Elektronenpaaren etwa die gleichen Eigenschaften, insbesondere einen vergleichbaren Raumbedarf, zuschreibt wie den bindenden Elektronenpaaren.

Die Hybridisierungsfähigkeit nimmt in dem Maße ab, wie sich der Energieunterschied der zu mischenden Orbitale vergrößert. Bei den schweren Atomen der 5. und 6. Gruppe werden die Bindungen über nichthybridisierte p-AO aufgebaut.

6.6.2 Das Elektronenpaar-Abstoßungs-Modell (VSEPR-Modell)

Mit der Vorstellung von bindungsfähigen Orbitalen und ihrer Lage im Raum ist die Geometrie von Molekülen AB_n, deren Zentralatome A über hybridisierungsfähige d-AO verfügen, nicht mehr ohne weiteres beschreibbar. Der Versuch, Bindungswinkel über die oben genannten Hybridorbitale zu verstehen, wird daher beispielsweise bei allen typischen Metall-Verbindungen versagen.

In vielen Fällen hat sich für das Verständnis des Molekülaufbaus ein noch weiter vereinfachtes Modell als nützlich erwiesen, das sogenannte Valenzelektronenpaar-Abstoßungs-Modell von R. J. GILLESPIE und R. NYHOLM (**V**alence **S**hell **E**lectron **P**air **R**epulsion-Modell; [212]).

Hiernach wird jedes Elektronenpaar an einem Zentralatom als ein Ladungspunkt auf einer das Atom umgebenden Kugel angesehen. Diese Punkte nehmen dabei Positionen ein, die zu einer Minimierung der COULOMB-Energie führen.

Für die am häufigsten vorkommenden Anzahlen von Elektronenpaaren ergeben sich Anordnungen wie in Abb. 66.

Berücksichtigt man, daß sich Elektronenpaare, die nicht an Bindungen beteiligt sind, untereinander stärker abstoßen als solche, die Bindungen bewirken, so ergeben sich für einfache Moleküle AB_n Geometrien entsprechend Abb. 67. Für eine Fülle von Beispielen treffen die Voraussagen dieses Modells zu.

Beim Vergleich mit den Meßwerten in Tab. 27 fällt auf, daß der Bindungswinkel in PH_3 (Typ AX_3E), H_2S (Typ AX_2E_2) und ähnlichen Molekülen eigentlich nicht zutreffend beschrieben wird.

Um solche Unstimmigkeiten zu verringern, wurde das Modell verschiedentlich modifiziert. Dadurch wurde das im Prinzip einfache Modell jedoch auch weniger leicht handhabbar. Die Entwicklungsstufen dieser Modellvorstellung sind aus [213, 214] ersichtlich. Ein kritischer Vergleich des VSEPR-Modells und der VB-Methode findet sich in [215].

6.6.3 Die Strukturen von Verbindungen AB_n im festen Zustand

6.6.3.1 Die Gitter von Stoffen aus unpolaren Molekülen

Von den in Tab. 27 aufgeführten Verbindungen sind nur die Wasserstoff-Verbindungen EH_4 der leichten Elemente der 4. Hauptgruppe als unpolar anzusehen. Im festen Zustand ordnen sich die Moleküle so an, daß man annehmen

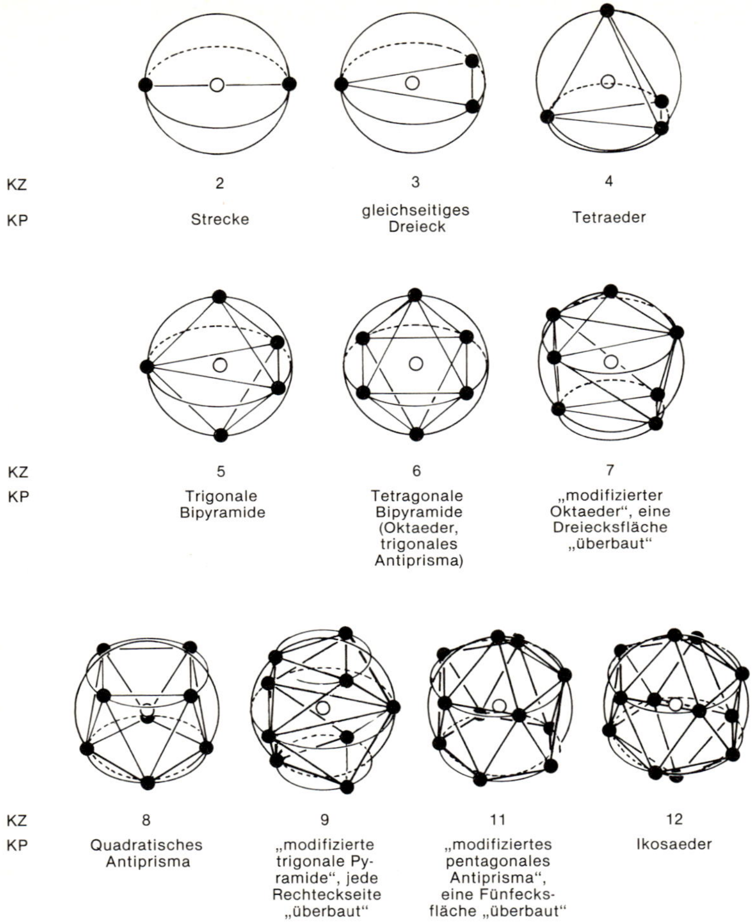

Abb. 66: Allgemeine Koordinationspolyeder für das VSEPR-Modell
KZ Koordinationszahl, zugleich Anzahl der Elektronenpaare; KP Koordinationspolyeder; GE Anzahl der untereinander gleichwertigen Elektronenpaare

muß, sie verhielten sich wie Kugeln: Die C-Atome im Methan besetzen die Positionen eines kubisch flächenzentrierten Gitters [216, 217].

Vom Silan und German weiß man, daß im festen Zustand die gleichen Baueinheiten wie im Dampf vorliegen, nämlich SiH_4- oder GeH_4-Moleküle [218, 219].

Strukturbestimmendes Prinzip ist offenbar die Ausbildung von Energieminima durch bestmögliche VAN-DER-WAALS-Bindungen (vgl. die Strukturen von I_2 und S_8). Nach diesem Prinzip kristallisieren auch alle höheren Alkane.

3-atomige Moleküle / **4-atomige Moleküle**

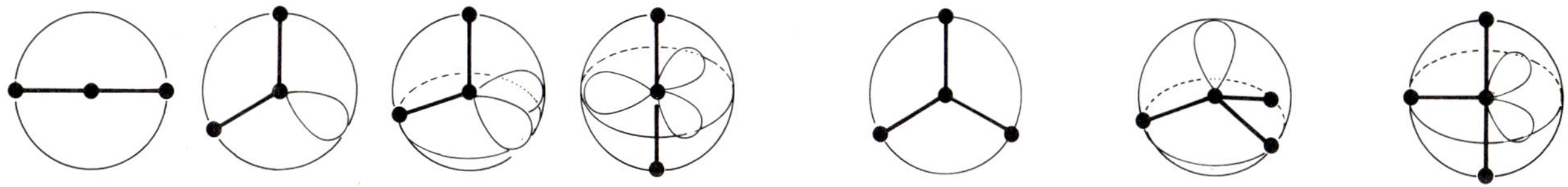

Elektronenanordnung	AX_2	AX_2E	AX_2E_2	AX_2E_3
Gestalt	linear	gewinkelt	gewinkelt	linear
Bindungswinkel	180°	120°	107,5°	180°
Beispiele	$HgCl_2$, $CdCl_2$, $ZnCl_2$, $Ag(CN)_2^-$	$SnCl_2$, $PbCl_2$	H_2O, SCl_2	XeF_2, IF_2^-

Elektronenanordnung	AX_3	AX_3E	AX_3E_2
Gestalt	trigonal planar	trigonal pyramidal	T-förmig
∢(XAX)	120°	107,5°	90°
∢(XAE)	–	107,5°	90°
∢(EAE)	–	–	120°
Beispiele	BCl_3, GaI_3, $In(CH_3)_3$	NH_3, CH_3^+, P_4O_6, $AsCl_3$	ClF_3, BrF_3

5-atomige Moleküle / **6-atomige Moleküle** / **7-atomige Moleküle**

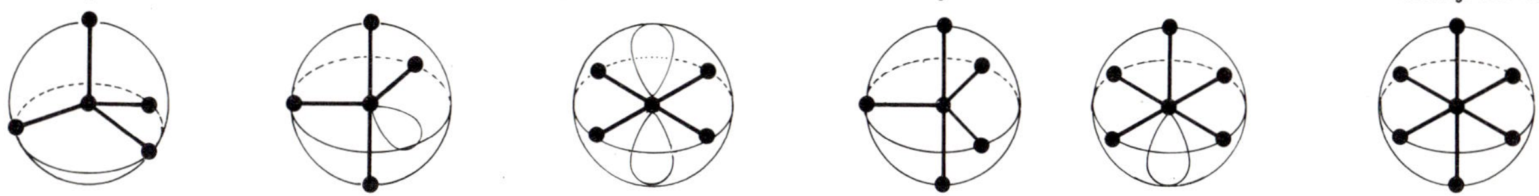

Elektronenanordnung	AX_4	AX_4E	AX_4E_2	AX_5	AX_5E	AX_6
Gestalt	tetraedrisch	drachenähnlich	quadratisch planar	trigonal-bipyramidal	tetragonal-pyramidal	oktaedrisch
∢(XAX)	107,5°	90°, 120°	90°	90°, 120°	90°	90°
∢(XAE)	–	90°, 120°	90°	–	90°	–
∢(EXE)	–	–	180°	–	–	–
Beispiele	CH_4 und Derivate, $BeCl_2$, NH_4^+, $TiCl_4$, $AlCl_3$, $[Cu(CN)_4]^{3-}$	SF_4, SeF_4	ICl_4^-, $[Cu(NH_3)_4]^+$, XeF_4	PCl_5, $SbCl_5$, V_2O_5	BrF_5, IF_5	SF_6, SeF_6, SbF_6^-, $[AlCl_6]^{3-}$, $[Fe(CN)_6]^{3-}$, $[Cr(CO)_6]$

Abb. 67: Die Geometrie von Molekülen nach dem VSEPR-Modell
A Zentralatom, X einfach gebundener Ligand, E freies Elektronenpaar.

6.6.3.2 *Die Gitter der kovalenten Hydride – Elektronenmangelverbindungen mit Zweielektronen-Dreizentrenbindungen*

Die im Periodensystem der Elemente vor der 4. Hauptgruppe befindlichen Elemente besitzen im freien Zustand weniger Elektronen als Elektronenlücken. Auch ihre Hydride sind daher koordinativ ungesättigt.

Entsprechend den bisher gewonnenen Erkenntnissen ist auch hier zu erwarten, daß bei tieferen Temperaturen Strukturen entstehen, die diesen »Mangel« mindern. So reagieren BH_3-Moleküle bereits im Dampf miteinander unter Bildung von B_2H_6-Dimeren. Diese Moleküle haben die in Abb. 68 dargestellte, von MULLIKEN [220] bereits vorausgesagte Struktur.

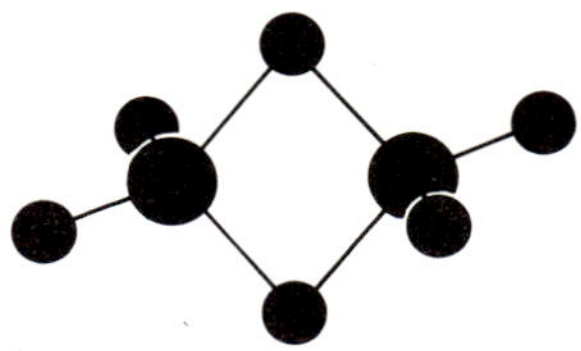

Abb. 68: Teilchenanordnung im Diboran (verändert nach HEDBERG und SCHUMACHER [221])

Die Struktur ist nur deutbar, wenn man für die B – H – B-Brücken wie bei elementarem Bor Zweielektronen-Dreizentren-Bindungen annimmt.

Beim Abkühlen unter – 166 °C bildet sich ein farbloser Festkörper, in dem die dimeren Moleküle dichte Packungen von zueinander parallelen Hanteln ausbilden, die dann dicht gestapelt sind [221, 222]. Da die Bindungen im B_2H_6 nur in sehr geringem Maße polar sind, ist die Art der Packung vorwiegend durch VAN-DER-WAALS-Kräfte bestimmt.

Im AlH_3 sind sowohl im Dampf als auch im flüssigen Zustand Al_2H_6-Dimere mit Zweielektronen-Dreizentren-Bindungen vorhanden, die im festen Zustand polymerisieren, so daß jedes Al-Teilchen von sechs H-Teilchen umgeben wird. Die ein Teilchen umgebenden H-Teilchen besetzen die Ecken eines verzerrten Oktaeders, wobei zwischen je zwei Al-Teilchen eine gewinkelte H-Brücke auftritt [223]. Die Wasserstoff-Teilchen ähneln Hydrid-Ionen und bilden eine hexagonal dichte Packung, in der nur jede dritte Oktaederlücke besetzt ist. Die gegenüber dem BH_3 höhere Koordinationszahl von sechs erklärt sich dadurch, daß das Aluminium-Atom außer nicht besetzten 3p-Orbitalen noch unbesetzte 3d-Orbitale aufweist.

Analoge Verhältnisse finden sich bei den Hydriden der leichten Elemente der 2. Hauptgruppe. Das Elektronendefizit der Monomeren ist gegenüber den Hydriden der 3. Hauptgruppe größer; die Bindungen sind polarer.

BeH_2 scheint im Festkörper polymere Ketten zu bilden, wobei die Beryllium-Atome die Koordinationszahl KZ = 4 aufweisen (vgl. $BeCl_2$, Abb. 71; [224, 225]).

MgH_2 kristallisiert im Rutil-Gitter mit einer Koordinationszahl von sechs am Magnesium. Das Rutil-Gitter ist typisch für Stoffe mit stark polarisierten kovalenten Bindungen [229].

CaH_2 mit einer größeren Elektronegativitätsdifferenz und einem größeren Kationenradius kristallisiert in einem dem $PbCl_2$ ähnlichen Gitter. Dabei bilden die H^--Ionen eine verzerrte hexagonal dichte Kugelpackung. Von den 2n Dreieckslücken einer jeden dicht gepackten Ebene ist ein Viertel mit Ca^{2+}-Ionen besetzt, die damit eine Koordinationszahl von neun haben. Wie beim Bleichlorid weisen die ionischen Bindungen einen merklichen kovalenten Anteil auf [227].

Die Methylverbindungen von Bor, Aluminium, Beryllium und Magnesium haben den Wasserstoffverbindungen entsprechende Strukturen. An die Stelle der H-Brücken treten CH_3-Gruppen mit ähnlicher Funktion. Im festen BMe_3 und $AlMe_3$ liegen Moleküle des Typs entsprechend Abb. 68 vor, im $BeMe_2$ Ketten wie in Abb. 69.

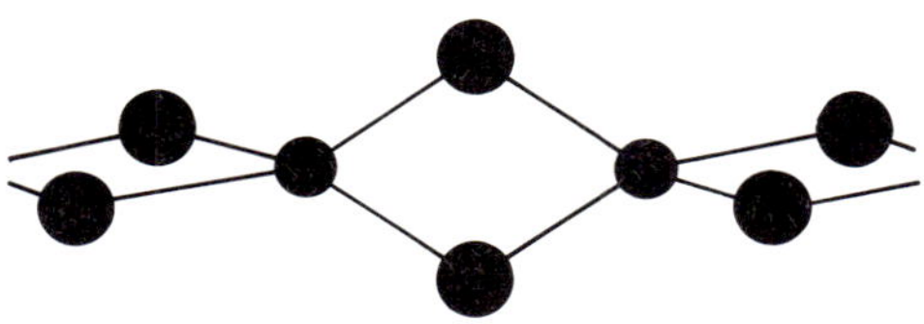

Abb. 69: Teilchenanordnung im festen Berylliumdimethyl (nach Daten von Bell et al. [225])

Die Fähigkeit der Methylgruppe zur Ausbildung einer Brückenbildung ist beschränkt, da mehr als die Hälfte des vollen Raumwinkels durch die H-Atome erfüllt ist. Daraus erklärt sich, daß $AlMe_3$ dimer und nicht polymer wie AlH_3 ist [228], daß darüber hinaus die Alkalimethyle tetramer sind und eine Struktur wie in Abb. 70 haben. Auch die Bindung im $[Li(CH_3)]_4$ ist weitgehend kovalent. Die größte auftretende Partialladung am Li-Atom berechnet sich zu 0,45 e^- [230].

6.6.3.3 Die Strukturen der Borhalogenide – Elektronenmangelverbindungen mit Mehrfachbindungen

Elektronenbeugungsmessungen zeigen, daß im Gaszustand trigonal planare Moleküle BX_3 mit XBX-Winkeln von 120° vorliegen [231]. In den Festkörpern lie-

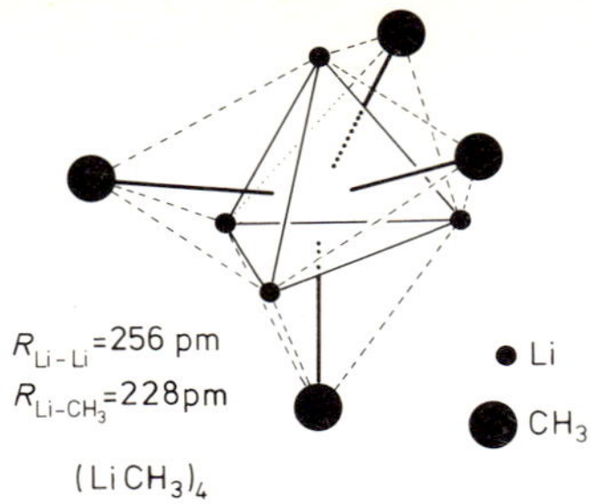

Abb. 70: Teilchenanordnung in festem Lithiummethyl (nach Werten von WEISS und LUCKEN [229])
Jede Methylgruppe wirkt gleichzeitig als Zweielektronendonator für die drei Lithium-Atome einer Tetraederfläche (Zweielektronen-Vierzentrenbindung).

gen die gleichen Moleküle als Baueinheiten vor. Sie bilden geschichtete Gitter vom PI_3-Typ [232 bis 234]. Vergleicht man die Bindungslängen in den Borhalogeniden mit denen in anderen Bor- und anderen Halogenverbindungen, so findet man, daß die B – X-Abstände deutlich kürzer als erwartet sind. Sowohl die VB-Methode [235] als auch die MO-Methode [97] weisen darauf hin, daß zwischen dem Bor-Atom und den X-Atomen Bindungen vom Bindungsgrad BG = $\frac{4}{3}$ auftreten sollten. Danach kann man annehmen, daß die Elektronenlücke am Bor-Atom aufgefüllt ist.

6.6.3.4 Die Strukturen der Halogenide der Elemente der 2. und 3. Hauptgruppe – Elektronenmangelverbindungen mit koordinativen Bindungen

Kondensiert man $BeCl_2$-Dampf, so bilden diese Moleküle polymere Ketten, die sich ihrerseits wie Kreiszylinder stapeln. Der Aufbau der Ketten ergibt sich aus Abb. 71. Die Anordnung der Teilchen in diesen Ketten ist die gleiche wie im festen BeH_2 oder $BeMe_2$ (vgl. Abb. 69), allerdings unterscheiden sich die Winkel Be – X – Be deutlich voneinander. Die Be – Cl-Bindungslänge läßt den Schluß zu, daß es sich hierbei um eine kovalente Einfachbindung handelt. Man findet auch nur *einen* Be – Cl-Abstand, obwohl das Zustandekommen der Ketten durch Aneinanderlagerung von Molekülen unterschiedliche Bindungslängen und -typen nahegelegt.

Die Ununterscheidbarkeit der Bindungen deutet darauf hin, daß es sich um zwei übliche kovalente Verknüpfungen handelt, der Bindungswinkel am Cl-Atom darauf, daß die Bindung über zwei 3p-AO des Chlor-Atoms erfolgt (vgl. $P_{schwarz}$, ∢ PPP = 99°).

Formal entstammt das Elektronenpaar einer der beiden Bindungen vollständig dem Cl-Atom, das der anderen Bindung dem Be-Atom und dem Cl-Atom je zur Hälfte. Um diesen Unterschied zum Ausdruck zu bringen, nennt man den ersten

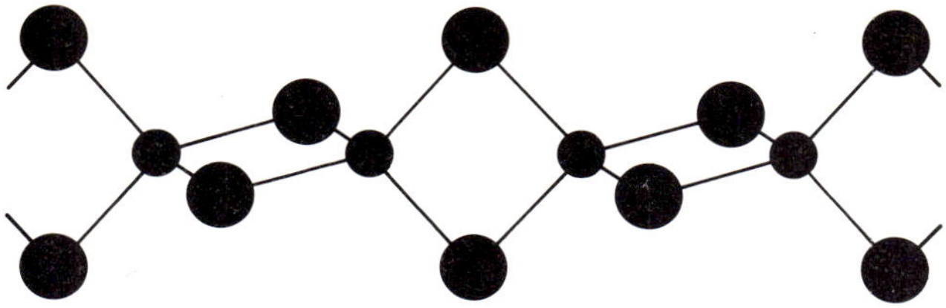

Abb. 71: Teilchenanordnung in festem Berylliumchlorid (nach Werten von RUNDLE und LEWIS [236])

Typ eine *koordinative* kovalente *Bindung*, den anderen eine »normale« kovalente Bindung.

Im BeF_2 bauen sich über F-Brücken räumliche Gitter auf, die denen der isoelektronischen SiO_2-Modifikationen entsprechen [237 bis 239].

AlF_3 kristallisiert in einem weitgehend ionischen Gitter, in dem AlF_6-Oktaeder auftreten; diskrete Al – F – Al-Brücken sind nicht erkennbar [240].

GaF_3 und InF_3 bilden das typisch ionische ScF_3-Gitter aus, das angenähert eine kubisch dichte Packung von Fluorid-Ionen darstellt, in dem jede dritte Oktaederlücke mit einem Kation besetzt ist [241].

An diesen Beispielen läßt sich für Verbindungen des Typs AB_n mit Elektronenmangel feststellen, daß der Ionencharakter der Bindungen wieder um so stärker ist, je größer die Differenz der ***H***-Werte der Elemente A und B ist.

6.6.3.5 Elektronenreiche Verbindungen des Typs AB_n

In diese Klasse von Stoffen gehören die Verbindungen, deren einer Partner mindestens so viele Elektronen wie Lücken aufweist und deren anderer Partner mehr Elektronen als Lücken besitzt.

Demnach sind nur folgende Kombinationen denkbar:

H mit F, O und N
F mit O, N und C
C mit O und N
N mit O

Elemente der 3. Periode können als Partner in Verbindungen dieses Typs AB_n nicht auftreten, da die Zahl ihrer Elektronenlücken die ihrer Elektronen immer übersteigt.

Ausgehend von der Struktur des festen Fluorwasserstoffs läßt sich vermuten, daß in festem Wasser und festem Ammoniak Wasserstoff-Brücken auftreten. Ihr Aufbau sollte zusätzlich dadurch bestimmt werden, daß pro Molekül mehr als eine H-Brücke ausgebildet werden kann.

Im *festen* H_2O werden in der Tat pro Molekül zwei H-Brücken zu zwei weiteren H_2O-Molekülen ausgebildet. Die vier damit an jedem O-Atom auftretenden Bindungen erweisen sich bei RÖNTGEN-Strukturuntersuchungen als identisch. Jedes O-Atom ist tetraedrisch von vier weiteren O-Atomen umgeben. Auf den Verbindungslinien der O-Atome findet man bei Neutronenbeugungsmessungen wie beim Fluorwasserstoff *zwei* Positionen für das H-Teilchen in einer Brücke. Dies weist darauf hin, daß das Brücken-H-Atom von einer Position zur anderen springt [242].

Selbst bei tiefen Temperaturen läßt sich dieses Springen nicht völlig einfrieren. Dieses dynamische Verhalten im flüssigen Zustand ist ein Phänomen, das man – von anderer Warte betrachtet – als Eigendissoziation des Wassers bezeichnet (vgl. [243]). Die Dissoziationskonstante beträgt für Wasser bei 0°C $0{,}14 \cdot 10^{-16}$ $mol \cdot l^{-1}$, für Fluorwasserstoff bei 0°C $5{,}2 \cdot 10^{-14}$ $mol \cdot l^{-1}$.

Die Struktur des normalen hexagonalen Eises entspricht formal der des Tridymits, einer SiO_2-Modifikation.

Im *festen* NH_3 ist jedes N-Atom über sechs H-Brücken an sechs weitere N-Atome gebunden. Im Gegensatz zum festen Wasser sind hier diskrete NH_3-Moleküle vorhanden. Dies ergibt sich aus der Tatsache, daß zwei N – H-Bindungsabstände aufgefunden werden, und zwar R_{N-H}(kov) = 100,5 pm und $R_{N...H}$(H-Brücke) = 237, 4 pm [244, 245]. Das freie Elektronenpaar am N-Atom dient gleichzeitig als Partner für drei H-Brücken zu je drei weiteren benachbarten NH_3-Molekülen. Die Molekülschwerpunkte bilden ein kubisch flächenzentriertes Gitter aus.

Die *freien Moleküle der Fluoride* OF_2, NF_3 *und* CF_4 sollten gewinkelt, trigonal-pyramidal bzw. tetraedrisch sein. Dabei müßte CF_4 wie CH_4 etwa Kugelgestalt besitzen. Die Moleküle haben kein (CF_4) bzw. nur geringe (NF_3, OF_2) nach außen wirkende Dipolmomente. Zwischen derartigen Molekülen können daher keine bzw. fast keine elektrostatischen Bindungen auftreten; auch koordinative kovalente Bindungen sind nach den Modellvorstellungen nicht möglich. Da die Einzelmoleküle ein kleines Volumen besitzen, sollten auch die VAN-DER-WAALS-Wechselwirkungen schwach sein, die Schmelz- und Siedepunkte daher niedrig liegen. Die physikalischen Daten dieser Stoffe (Tab. 28) belegen diese Annahme.

An *festem* CF_4 hat die bei niedrigen Temperaturen durchgeführte RÖNTGEN-Strukturanalyse ergeben, daß die einzelnen Moleküle so gepackt sind, daß durch hohe Raumerfüllung die VAN-DER-WAALS-Kräfte möglichst groß werden [246].

Von *festem* NF_3 und *festem* OF_2 sind Strukturdaten nicht bekannt.

Tab. 28: Schmelz- und Siedepunkte der Fluoride von Kohlenstoff, Stickstoff und Sauerstoff

	Schmelzpunkt in °C	Siedepunkt in °C
CF_4	−184	−128
NF_3	−206	−129
OF_2	−224	−145

Festes CO_2 könnte, wenn man nur die Anzahl der Elektronen betrachtet, eine ähnliche Struktur wie BeF_2 oder $BeCl_2$ (Abb. 71) ausbilden.

Sowohl beim C_2 als auch beim O_2 ist allerdings die Bildung einer Doppelbindung gegenüber der von zwei Einfachbindungen energetisch begünstigt (vgl. Kap. 5.3). Als Struktur kommt daher auch $\langle O=C=O \rangle$ in Betracht. Man findet nur monomeres CO_2. Die gestreckten CO_2-Moleküle besitzen kein nach außen wirksames Dipolmoment, wohl aber polare kovalente Bindungen:

$$\langle \overset{\delta-}{O} = \overset{\delta+}{C} = \overset{\delta-}{O} \rangle$$

Im festen Zustand ordnen sich diese Moleküle so an, daß neben größtmöglichen VAN-DER-WAALS-Kräften, die durch eine dichte Packung erzielt werden, zusätzlich möglichst große elektrostatische Kräfte wirksam werden (Abb. 72).

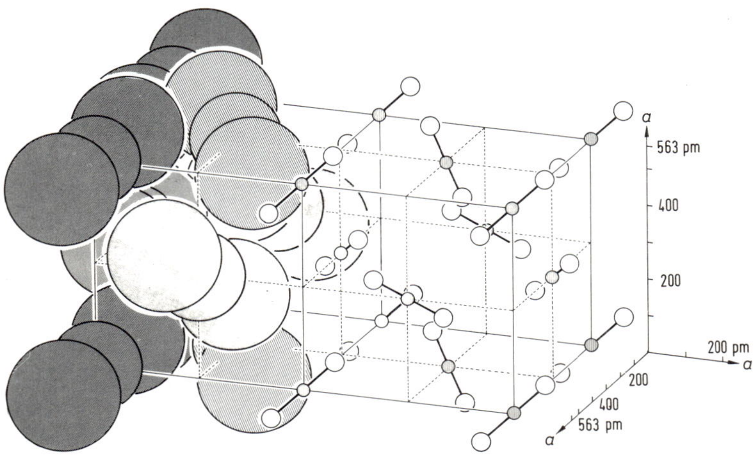

Abb. 72: Teilchenanordnung in festem Kohlendioxid (nach Daten von KRÜNER [247])

Verbindungen des Typs AB_n von C mit N sind unter normalen Bedingungen nicht existent.

Die entsprechenden Verbindungen von N mit O, nämlich *NO und NO_2*, sind paramagnetisch. Beide sind im festen Zustand dimer. NO bildet $\underline{\bar{O}}=\bar{N}-\bar{N}=\underline{\bar{O}}$-Moleküle. Nach den entwickelten Vorstellungen sollten folgende Geometrien bevorzugt sein:

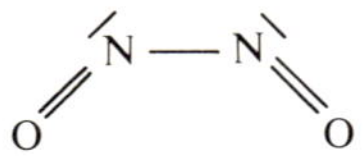

I

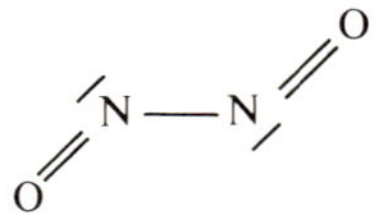

II

Wie Messungen zeigen, liegt im festen Zustand Form I vor [248 bis 250].

Auf Grund der geringen Differenz der ***H***-Werte von Sauerstoff und Stickstoff sollte die Polarität gering sein. Die Schmelz- und Siedepunkte von N_2O_2 ($-164\,°C$ und $-152\,°C$) bestätigen, daß es sich in festem N_2O_2 um eine im wesentlichen durch VAN-DER-WAALS-Kräfte bestimmte Packung handelt.

7. Die Erklärung der Eigenschaften von Stoffen aus den Eigenschaften der Atome

7.1 Die Methode

Betrachtet man einheitliche Stoffe (Verbindungen), von denen man die am Aufbau beteiligten Atomarten, das Anzahlverhältnis dieser Atome und die Größe der Baueinheiten kennt, so sollte man mit Hilfe der entwickelten Modelle ihre Eigenschaften bis zu einem gewissen Grad deuten oder, sofern man sie nicht kennt, voraussagen können.

Dazu müssen Überlegungen angestellt werden, ob der betrachtete Stoff durchgängig mit nur *einem* Bindungstyp (z. B. FeS) beschrieben werden kann, oder ob bei der Beschreibung für bestimmte Bereiche gleichzeitig ein anderer Bindungstyp herangezogen werden muß (z. B. K_2CrO_4).

Bei der durchgängigen Beschreibung mit nur einem Typ kann es trotzdem notwendig sein, ihn als gewichtete Überlagerung der vier Idealtypen (kovalente, metallische, ionische, VAN-DER-WAALS-Bindung) aufzufassen. Für die Wichtung kann die Stellung der Partner im Periodensystem der Elemente herangezogen werden.

Dies gilt sinngemäß auch für die zur Beschreibung von Teilbereichen unter Umständen notwendigen Bindungsvorstellungen.

Die Eigenschaften einer bestimmten Stoffart lassen sich genaugenommen nur an einem Einkristall beobachten oder für einen Einkristall voraussagen.

Der Zusammenhang zwischen dem Aufbau von Stoffen und ihren makroskopischen Eigenschaften, so wie er in Kap. 5. und 6. beschrieben wurde, wird im folgenden an einigen Beispielen dargestellt.

7.2 Mechanische Eigenschaften – Härte und Verformbarkeit

Unter den mechanischen Eigenschaften sollen die Möglichkeiten zur Formänderung unter dem Einfluß mechanischer Druck-, Zug- und Scherkräfte verstanden werden. Dabei ist zu berücksichtigen, daß durch den Einfluß solcher Kräfte chemische Bindungen deformiert, verlagert oder getrennt werden können, daß also nicht die absolute Größe der Kraft, sondern der Quotient aus der wirkenden Kraft und der Anzahl der betroffenen Bindungen von Bedeutung ist. Schafft man derart vergleichbare Bedingungen, so stellt man fest:

- Stoffe, deren schwächste Bindungen VAN-DER-WAALS-Bindungen sind, setzen angreifenden Kräften kaum Widerstand entgegen und fließen plastisch. Beispiele hierfür sind etwa Kristalle der Edelgase (Idealtyp), der Paraffine und des Elementes Iod (I_2).

Sind die kleinsten Baueinheiten sphärisch, so fließen die Stoffe ohne Vorzugsrichtungen. Beim Vorliegen paralleler Ketten oder Schichten treten begünstigte Verschiebungsrichtungen auf.

- Ist die Bindung, die die Struktur des Stoffes bestimmt, *ionisch*, so setzen die Stoffe ihrer Verformung einen erheblich größeren Widerstand entgegen, weil die Bindungsenergie größer ist.
  Der Elastizitätsbereich ist äußerst klein. Er wird überschritten, wenn die einwirkenden Kräfte eine Verschiebung der Ionenlagen bewirken. Treten im Kristall gleichgeladene Ionen einander gegenüber, so tritt eine Spaltung längs bestimmter bevorzugter Flächen ein. Eine plastische Verformung von Ionenkristallen tritt nur auf, wenn durch allseitigen äußeren Druck ein quasi flüssiger Zustand erreicht wird.
- In *Metallen* kann die Stärke der Bindung über sehr weite Bereiche variieren. Die Härte der Metalle ist daher sehr unterschiedlich. Alle reinen Metalle sind plastisch verformbar, weil die Verschiebung von Atomlagen gegeneinander die Bindung qualitativ nicht und quantitativ nur wenig beeinflußt. Bringt man Metalle durch schnelle Krafteinwirkungen zum Zerbrechen, so zeigt die entstehende Bruchfläche muschelige Form.
- Stoffe mit einheitlicher, vorwiegend *kovalenter* Bindung sind durchweg hart. Sie zeigen einen geringen Elastizitätsbereich, nach dessen Überschreiten sie muschelig brechen (z. B. Quarz). Plastische Verformungen treten unter normalen Bedingungen nicht auf. Werden durch große Kräfte die chemischen Bindungen im Gitter aufgebrochen, so hat dies keine zusätzlichen Abstoßungseffekte wie beim Ionenkrikstall zur Folge.

7.3 Thermische Eigenschaften – Schmelzpunkte und Siedepunkte

Reine Stoffe besitzen scharfe Schmelz- und Siedepunkte. Für den Fall, daß die Teilchen bei diesen Phasenübergängen keine Veränderungen erleiden – dies ist aber nur bei hinreichend stabilen kovalenten Inselstrukturen der Fall –, hängt die Lage der Fixpunkte von der Stärke der Bindungen zwischen den Teilchen ab. Die Stärke dieser Kräfte ist wiederum abhängig von der Größe bzw. Masse der das Gitter, die Schmelze bzw. den Dampf bildenden Teilchen.

Die weitaus meisten Stoffe erleiden beim Schmelzen und Verdampfen mehr oder minder drastische Änderungen des Bindungszustandes und der die Struktur bestimmenden Teilchenarten. So werden beispielsweise alle Makrostrukturen (Ionenkristalle, Metallkristalle, ein-, zwei- und dreidimensional unendliche kovalente Strukturen) auf dem Weg in die Dampfphase schrittweise zu kleineren kovalenten Molekülen oder zu Einzelatomen abgebaut. In den meisten Fällen haben die im Dampf auftretenden Teilchen eine andere stöchiometrische Zusammensetzung als die Festkörper, aus denen sie hervorgehen. So entstehen beispielsweise beim Verdampfen von SiO_2 die Teilchenarten SiO und O.

Es ist auch kaum möglich, einen eindeutigen Zusammenhang zwischen dem Typ der vorherrschenden Bindung und der Lage der Fixpunkte anzugeben, weil innerhalb eines Bindungstyps die Bindungsstärke erheblich variieren kann.

7.4 Optische Eigenschaften – Farbigkeit

Versteht man unter optischen Eigenschaften die Absorption von sichtbarem Licht durch den betreffenden Stoff im Durchlicht, so lassen sich die Verbindungen in drei große Klassen einteilen, in solche, die

- kein sichtbares Licht absorbieren,
- einen Teil des Spektrums absorbieren,
- das gesamte sichtbare Licht absorbieren.

Sichtbares Licht und UV-Licht werden durch Elektronenübergänge emittiert oder absorbiert. Der Energiebereich des sichtbaren Lichtes entspricht dabei den Anregungsenergien von Elektronen in kovalenten Bindungen.

Einzelmoleküle mit kovalenten Bindungen zeigen ein relativ scharfes Bandenspektrum. Liegen die Banden im Bereich des sichtbaren Lichtes, so erscheinen die Substanzen farbig.

Im kondensierten Zustand können Einzelmoleküle miteinander in Wechselwirkung treten oder Polymerstrukturen ausbilden. An die Stelle einzelner Molekülorbitale treten dann Orbitalbänder. Die Übergänge zwischen solchen Bändern ergeben breitere Absorptionsbanden.

Insbesondere sind Stoffe mit ausgedehnten π-Elektronensystemen in der Lage, sichtbares Licht zu absorbieren. Die Verbreiterung der Banden kann so stark sein, daß alles sichtbare Licht absorbiert wird. Solche Stoffe erscheinen dann schwarz. Ähnliche Verhältnisse liegen in den Metallen vor.

Der Energieabstand zwischen den Bändern in typischen Ionenkristallen ist immer so groß, daß eine Anregung von Elektronen durch sichtbares Licht unmöglich ist.

Das heißt aber, daß alle farbigen Verbindungen kovalente Bindungen enthalten müssen.

Die gelbe Farbe des PbO erklärt sich demnach so, daß PbO *keine* reine Ionenverbindung ist, sondern beträchtliche kovalente Bindungsanteile aufweist. Die gelbe Farbe des ideal ionischen K_2CrO_4 ist darauf zurückzuführen, daß das Anion selbst ein in sich kovalent gebundenes Teilchen darstellt.

Stoffe mit ausschließlich VAN-DER-WAALSscher Bindung müssen farblos sein. Treten zusätzlich zu den VAN-DER-WAALS-Bindungen, wie etwa im Iod, kovalente Bindungen auf, so sind diese für die Farbigkeit verantwortlich.

7.5 Elektrische Eigenschaften – elektrische Leitfähigkeit

Elektrische Leitfähigkeit ist (nach dem klassischen Bild) an das Vorhandensein beweglicher elektrischer Ladungen geknüpft.

Sind die Ladungen an Atome gebunden, so setzt die Stromleitung die Beweglichkeit dieser Teilchen voraus. In geringem Umfang ist dies zwar bereits in festen Ionenkristallen gegeben, in deutlichem Umfang – von Sonderfällen abgesehen – nur in der Schmelze.

Elektronenleitfähigkeit bedeutet nach dieser Vorstellung das Wandern beweglicher Elektronen. Nach dem Bändermodell ist die elektronische Leitfähigkeit an das Vorhandensein teilweise besetzter Bänder gebunden. In einem dreidimensionalen Gitter muß eine Betrachtung der charakteristischen Elektronenenergien für jeden Gitterpunkt erfolgen; sie zeigt bei typischen Metallen eine »Elektronenbeweglichkeit« in allen drei Raumrichtungen, im Graphit oder im schwarzen Phosphor eine in zwei, in linearen konjugierten Polyenen und Polyinen eine in einer Dimension. Das heißt, daß diese Stoffe dreidimensionale, zweidimensionale oder eindimensionale elektrische Leiter sind.

7.6 Chemische Reaktivität – Voraussagen von Reaktionsmechanismen

Chemische Reaktionen sind Ausdruck von Veränderungen im atomaren Bereich. Sie lassen sich als Trennung, Knüpfung oder Umordnung von Bindungen deuten. Sie sind stets von einem Energieumsatz begleitet.

Chemische Reaktionen kommen im einfachsten Fall durch bloße Zufuhr oder Entnahme von Energie zustande; in den meisten Fällen sind sie allerdings an die Kollision mit geeigneten Partnern geknüpft. Folgende Grundtypen von chemischen Reaktionen lassen sich unterscheiden:

- Weisen die Teilchen ungepaarte Elektronen auf, so werden in der Regel Reaktionen beobachtet, die unter Energieabgabe zur Elektronenpaarung führen. Teilchen mit ungepaarten Elektronen (Radikale) sind in chemischen Umgebungen normalerweise nicht existenzfähig.
- Weisen Teilchen Elektronenpaar-Lücken auf, so reagieren sie bevorzugt mit Teilchen mit verfügbaren freien Elektronenpaaren (LEWIS-Säuren mit LEWIS-Basen).
- Treten an einem Teilchen Partialladungen auf, so werden Reaktionen vorwiegend über elektrostatische Wechselwirkungen eingeleitet (elektrophile und nucleophile Mechanismen).
- Teilchen ohne Partialladungen, Elektronenpaar-Lücken oder freie Elektronenpaare können nur zur Reaktion gebracht werden, indem man durch Zufuhr von Energie Bindungen öffnet. Eine solche Öffnung erfolgt stets homolytisch, d.h. unter Bildung von Radikalen.

Ob und wie ein Teilchen in einer bestehenden Umgebung reagieren kann, hängt von dem Vorhandensein und von der Art reaktionsfähiger Stellen ab. Diese wiederum lassen sich mit der in den vorangehenden Kapiteln entwickelten Vorstellungen in der Regel zutreffend beschreiben.

Anhang

Tabelle I: Griechisches Alphabet

Α	α	alpha	a
Β	β	beta	b
Γ	γ	gamma	g
Δ	δ	delta	d
Ε	ε	epsilon	e
Ζ	ζ	zeta	z
Η	η	eta	e
Θ	θ	theta	th
Ι	ι	iota	i
Κ	κ	kappa	k
Λ	λ	lambda	l
Μ	μ	mü	m
Ν	ν	nü	n
Ξ	ξ	xi	x
Ο	ο	omikron	o
Π	π	pi	p
Ρ	ρ	rho	r
Σ	σ, ς	sigma	s
Τ	τ	tau	t
Υ	υ	üpsilon	y
Φ	φ	phi	ph
Χ	χ	chi	ch, k
Ψ	ψ	psi	ps
Ω	ω	omega	o

Tabelle II: Lateinische und griechische Zahlwörter

1	ein	unus	ἕν	hen (n.)
2	zwei	duo	δύο	düo (m., f.)
3	drei	tres	τρία	tria (n.)
4	vier	quattuor	τέτταρες	tettares (m., f.)
5	fünf	quinque	πέντε	pente
6	sechs	sex	ἕξ	hex
7	sieben	septem	ἑπτά	hepta
8	acht	octo	ὀκτώ	okto
9	neun	novem	ἐννέα	ennea
10	zehn	decem	δέκα	deka
20	zwanzig	viginti	εικοσιν	eikosin
100	hundert	centum	ἑκατόν	hekaton
1000	tausend	mille	χίλιοι	chilioi
1.	der erste	primus	πρῶτος	protos
2.	der zweite	secundus	δεύτερος	deuteros
3.	der dritte	tertius	τρίτος	tritos
4.	der vierte	quartus	τέτταρτος	tettartos
	einmal	semel	ἅπαξ	hapax
	zweimal	bis	δίς	dis
	dreimal	ter	τρίς	tris
	viermal	quater	τετράκις	tetrakis
	fünfmal	quinquies	πεντάκις	pentakis
	sechsmal	sexies	ἑξάκις	hexakis

Tabelle III: Physikalische Eigenschaften der Elemente

Name	Symbol	Fp in °C	Kp in °C	Dichte 20°C in g/cm³	E_I in eV	Kovalenter Radius in pm
Actinium	Ac	1197	3330		6,9	
Aluminium	Al	660,1	2467	2,072	5,98	118
Americium	Am	994 ± 4	2607			
Antimon	Sb	630,8	1750	6,69	8,64	140
Argon	Ar	−189,2	−185,7	0,001784	15,76	98
Arsen	As	817	616 subl.	5,72	9,81	120
Astatin	At	302	337		9,5	145

Tabelle III: (Fortsetzung)

Name	Symbol	Fp in °C	Kp in °C	Dichte 20°C in g/cm³	E_I in eV	Kovalenter Radius in pm
Barium	Ba	725	1640	3,5	5,21	198
Berkelium	Bk					
Berrylium	Be	1278 ± 5	2970	1,85	9,32	90
Bismut	Bi	271,3	1560 ± 5	9,80	7,29	146
Blei	Pb	327,4	1750	11,344	7,42	147
Bor	B	2300	2550	2,34	8,30	82
Brom	Br	−7,2	58,78	2,71	11,84	114
Cadium	Cd	320,9	765	8,65	8,99	148
Caesium	Cs	28,40	678,4	1,90	3,89	235
Calcium	Ca	839 ± 2	1481	1,55	6,11	174
Californium	Cf					
Cer	Ce	798 ± 3	3257	6,7	5,6	165
Chlor	Cl	−100,98	−34,6	1,557 (−34°)	13,01	99
Chrom	Cr	1860 ± 20	2673	6,93	6,76	118
Cobalt	Co	1495	2870	8,9	7,86	116
Curium	Cm	1340 ± 40				
Dysprosium	Dy	1409	2335	8,54	6,8	159
Einsteinium	Es					
Eisen	Fe	1535	2750	7,86	7,87	117
Erbium	Er	167,26	1522	9,16	6,08	157
Europium	Eu	822 ± 5	1597	5,3	5,67	185
Fermium	Fm					
Fluor	F	−219,62	−188,14	0,001695	17,42	72
Francium	Fr	(27)	(677)	–	4	
Gadolinium	Gd	1311	3233	7,9	6,17	161
Gallium	Ga	29,78	2403	5,91	6,0	126
Germanium	Ge	937,4	2830	5,35	7,88	122
Gold	Au	1064,43	2807	19,29	9,22	134
Hafnium	Hf	2227 ± 20	4602	13,3	7	144
Helium	He	−272,2 (26 bar)	−268,934	0,000178 (flüssig)	24,48	
Holmium	Ho	1470	2720	8,8		158
Indium	In	156,61	2080	7,362	5,79	144
Iod	I	113,5	184,35	4,93	10,45	133
Iridium	Ir	2410	4130	22,42	9,2	127
Kalium	K	63,65	774	0,86	4,34	203
Kohlenstoff	C	3550	4827	2,24 (Graphit) 2,22 (Diamant)	11,26	77
Krypton	Kr	−156,6	−152,3	0,00374	14,0	112
Kupfer	Cu	1083,4 ± 0,2	2567	8,92	7,72	117
Lanthan	La	920 ± 5	3454	6,15	5,61	169
Lawrencium	Lr					
Lithium	Li	180,64	1347	0,534	5,39	123
Lutetium	Lu				5,0	156
Magnesium	Mg	648,8 ± 0,5	1090	1,74	7,64	136
Mangan	Mn	1244 ± 3	1962	7,20	7,43	117
Mendelevium	Md					
Molybdän	Mo	2617	4612	10,21	7,10	130
Natrium	Na	97,8	882,9	0,97	5,14	154
Neodym	Nd	1010	3067	6,9	5,51	164
Neon	Ne	−248,67	−246,048	0,0008999	21,56	71

Tabelle III: (Fortsetzung)

Name	Symbol	Fp in °C	Kp in °C	Dichte 20°C in g/cm³	E_I in eV	Kovalenter Radius in pm
Neptunium	Np	640	3902	20,45 (α-Np)		
Nickel	Ni	1453	2732	8,90	7,63	115
Niob	Nb	2468 ± 10	4742	8,55	6,88	134
Nobelium	No					
Osmium	Os	3045 ± 30	5027 ± 100	22,48	8,5	126
Palladium	Pd	1552	3140	11,4	8,33	128
Phosphor	P	44,1 (weiß)	280 (weiß)	1,82 (weiß)	10,48	106
Platin	Pt	1772	3827 ± 100	21,45	9,0	130
Plutonium	Pu	641	3232	19,84 (α-Pu)		
Polonium	Po	254	962	9,4 (β-Po)	8,43	146
Praseodym	Pr	931 ± 4	3212	6,5	5,46	165
Promethium	Pm	~1080	2460			163
Protactinium	Pa	<1600				
Quecksilber	Hg	−38,87	356,58	13,546	10,43	149
Radium	Ra	700	1140	5,0	5,28	
Radon	Rn	−71	−61,8	0,00937	10,75	
Rhenium	Re	3180 ± 20	5627	20,53	7,87	128
Rhodium	Rh	1966 ± 3	3727 ± 100	12,4	7,46	125
Rubidium	Rb	38,89	688	1,532	4,18	216
Ruthenium	Ru	2310	3900	12,6	7,36	125
Samarium	Sm	1072	1778	7,7	5,6	162
Sauerstoff	O	−218,4	−195,8	0,00142895	13,61	73
Scandium	Sc	1539	2832	2,5	6,54	144
Schwefel	S	~110	444,674	1,69 (monokl.)	10,36	102
Selen	Se	217	685	4,82	9,75	116
Silber	Ag	961,93	2212	10,5	7,57	134
Silicium	Si	1410	2355	2,42	8,15	111
Stickstoff	N	−209,86	−195,8	0,0012505	14,53	75
Strontium	Sr	769	1384	2,6	5,69	191
Tantal	Ta	2996	5425 ± 100	16,6	7,88	134
Technetium	Tc	2172	4877		7,28	127
Tellur	Te	459,5 ± 0,3	1087	6,25	9,01	136
Terbium	Tb	1360 ± 4	3041	8,3	5,98	159
Thallium	Tl	303,5	1457 ± 10	11,85	6,11	148
Thorium	Th	1750	4790	11,2	6,95	165
Thulium	Tm	1545	1950	9,332	5,81	156
Titan	Ti	1660 ± 10	3287	4,52	6,82	132
Uran	U	1133	3818	18,7	6,08	142
Vanadium	V	1890 ± 10	3380	5,96	6,74	122
Wasserstoff	H	−259,14	−252,87	0,00008987	13,60	32
Wolfram	W	3410 ± 20	5660	19,3	7,98	130
Xenon	Xe	−111,9	−107,1	0,00589	12,13	131
Ytterbimum	Yb	824 ± 5	1193	7,0	6,2	
Yttrium	Y	1523 ± 8	3337	5,51	6,38	162
Zink	Zn	419,58	907	7,14	9,39	125
Zinn	Sn	231,9681	2270	7,28 (β-Sn)	7,34	141
Zirkon	Zr	1852 ± 2	4377	6,4	6,84	145

Tabelle IV: Langperiodensystem mit Atommassen

Lanthaniden und Actiniden

Periode																																
Hauptgruppe	1.	2.																									3.	4.	5.	6.	7.	8.
Nebengruppe			3.															4.	5.	6.	7.	8.			1.	2.						
1.	1.008 H 1																															4.003 He 2
2.	6.941 Li 3	9.012 Be 4																									10.82 B 5	12.01 C 6	14.01 N 7	15.999 O 8	19.00 F 9	20.18 Ne 10
3.	22.99 Na 11	24.31 Mg 12																									26.98 Al 13	28.09 Si 14	30.97 P 15	32.06 S 16	35.45 Cl 17	39.94 Ar 18
4.	39.10 K 19	40.08 Ca 20	44.96 Sc 21															47.90 Ti 22	50.94 V 23	52.00 Cr 24	54.94 Mn 25	55.85 Fe 26	58.93 Co 27	58.17 Ni 28	63.55 Cu 29	65.37 Zn 30	69.72 Ga 31	72.59 Ge 32	74.92 As 33	78.96 Se 34	79.90 Br 35	83.80 Kr 36
5.	85.47 Rb 37	87.62 Sc 38	88.90 Y 39															91.22 Zr 40	92.91 Nb 41	95.94 Mo 42	98.91 Tc 43	101.1 Ru 44	102.9 Rh 45	106.4 Pd 46	107.9 Ag 47	112.4 Cd 48	114.8 In 49	118.7 Sn 50	121.7 Sb 51	127.6 Te 52	126.9 I 53	131.3 Xe 54
6.	132.9 Cs 55	137.3 Ba 56	139.0 La 57	140.1 Ce 58	140.9 Pr 59	144.2 Nd 60	(145) Pm 61	150.4 Sm 62	152.0 Eu 63	157.3 Gd 64	158.9 Tb 65	162.5 Dy 66	164.9 Ho 67	167.3 Er 68	168.9 Tm 69	173.0 Yb 70	175.0 Lu 71	178.5 Hf 72	180.9 Ta 73	183.9 W 74	186.2 Re 75	190.2 Os 76	192.2 Ir 77	195.1 Pt 78	197.0 Au 79	200.6 Hg 80	204.4 Tl 81	207.2 Pb 82	209.0 Bi 83	(209) Po 84	(210) At 85	(222) Rn 86
7.	(223) Fr 87	(226) Ra 88	(227) Ac 89	232.0 Th 90	(231) Pa 91	238.0 U 92	(237) Np 93	(242) Pu 94	(243) Am 95	(247) Cm 96	(247) Bk 97	(249) Cf 98	(254) Es 99	(253) Fm 100	(256) Md 101	(254) No 102	(257) Lr 103	Ku 104	Ha 105													

Tab. 4: System der Oktaven von NEWLANDS

Tabelle V: Elektronenkonfiguration der freien Atome

		1	2		3			4				5				6				7			
		s	s	p	s	p	d	s	p	d	f	s	p	d	f	s	p	d	f	s	p	d	f
1	H	1																					
2	He	2																					
3	Li	2	1																				
4	Be	2	2																				
5	B	2	2	1																			
6	C	2	2	2																			
7	N	2	2	3																			
8	O	2	2	4																			
9	F	2	2	5																			
10	Ne	2	2	6																			
11	Na	2	2	6	1																		
12	Mg	2	2	6	2																		
13	Al	2	2	6	2	1																	
14	Si	2	2	6	2	2																	
15	P	2	2	6	2	3																	
16	S	2	2	6	2	4																	
17	Cl	2	2	6	2	5																	
18	Ar	2	2	6	2	6																	
19	K	2	2	6	2	6		1															
20	Ca	2	2	6	2	6		2															
21	Sc	2	2	6	2	6	1	2															
22	Ti	2	2	6	2	6	2	2															
23	V	2	2	6	2	6	3	2															
24	Cr*	2	2	6	2	6	5	1															
25	Mn	2	2	6	2	6	5	2															
26	Fe	2	2	6	2	6	6	2															
27	Co	2	2	6	2	6	7	2															
28	Ni	2	2	6	2	6	8	2															
29	Cu*	2	2	6	2	6	10	1															
30	Zn	2	2	6	2	6	10	2															
31	Ga	2	2	6	2	6	10	2	1														
32	Ge	2	2	6	2	6	10	2	2														
33	As	2	2	6	2	6	10	2	3														
34	Se	2	2	6	2	6	10	2	4														
35	Br	2	2	6	2	6	10	2	5														
36	Kr	2	2	6	2	6	10	2	6														
37	Rb	2	2	6	2	6	10	2	6			1											
38	Sr	2	2	6	2	6	10	2	6			2											
39	Y	2	2	6	2	6	10	2	6	1		2											
40	Zr	2	2	6	2	6	10	2	6	2		2											
41	Nb*	2	2	6	2	6	10	2	6	4		1											
42	Mo*	2	2	6	2	6	10	2	6	5		1											
43	Tc*	2	2	6	2	6	10	2	6	6		1											
44	Ru*	2	2	6	2	6	10	2	6	7		1											
45	Rh*	2	2	6	2	6	10	2	6	8		1											
46	Pd*	2	2	6	2	6	10	2	6	10		0											
47	Ag*	2	2	6	2	6	10	2	6	10		1											
48	Cd	2	2	6	2	6	10	2	6	10		2											
49	In	2	2	6	2	6	10	2	6	10		2	1										
50	Sn	2	2	6	2	6	10	2	6	10		2	2										
51	Sb	2	2	6	2	6	10	2	6	10		2	3										
52	Te	2	2	6	2	6	10	2	6	10		2	4										

Tabelle V: (Fortsetzung)

		1	2		3			4				5				6				7			
		s	s	p	s	p	d	s	p	d	f	s	p	d	f	s	p	d	f	s	p	d	f
53	I	2	2	6	2	6	10	2	6	10		2	5										
54	Xe	2	2	6	2	6	10	2	6	10		2	6										
55	Cs	2	2	6	2	6	10	2	6	10		2	6			1							
56	Ba	2	2	6	2	6	10	2	6	10		2	6			2							
57	La	2	2	6	2	6	10	2	6	10		2	6	1		2							
58	Ce*	2	2	6	2	6	10	2	6	10	2	2	6			2							
59	Pr*	2	2	6	2	6	10	2	6	10	3	2	6			2							
60	Nd*	2	2	6	2	6	10	2	6	10	4	2	6			2							
61	Pm*	2	2	6	2	6	10	2	6	10	5	2	6			2							
62	Sm*	2	2	6	2	6	10	2	6	10	6	2	6			2							
63	Eu*	2	2	6	2	6	10	2	6	10	7	2	6			2							
64	Gd	2	2	6	2	6	10	2	6	10	7	2	6	1		2							
65	Tb*	2	2	6	2	6	10	2	6	10	9	2	6			2							
66	Dy*	2	2	6	2	6	10	2	6	10	10	2	6			2							
67	Ho*	2	2	6	2	6	10	2	6	10	11	2	6			2							
68	Er*	2	2	6	2	6	10	2	6	10	12	2	6			2							
69	Tm*	2	2	6	2	6	10	2	6	10	13	2	6			2							
70	Yb*	2	2	6	2	6	10	2	6	10	14	2	6			2							
71	Lu	2	2	6	2	6	10	2	6	10	14	2	6	1		2							
72	Hf	2	2	6	2	6	10	2	6	10	14	2	6	2		2							
73	Ta	2	2	6	2	6	10	2	6	10	14	2	6	3		2							
74	W	2	2	6	2	6	10	2	6	10	14	2	6	4		2							
75	Re	2	2	6	2	6	10	2	6	10	14	2	6	5		2							
76	Os	2	2	6	2	6	10	2	6	10	14	2	6	6		2							
77	Ir*	2	2	6	2	6	10	2	6	10	14	2	6	9		0							
78	Pt*	2	2	6	2	6	10	2	6	10	14	2	6	9		1							
79	Au*	2	2	6	2	6	10	2	6	10	14	2	6	10		1							
80	Hg	2	2	6	2	6	10	2	6	10	14	2	6	10		2							
81	Ti	2	2	6	2	6	10	2	6	10	14	2	6	10		2	1						
82	Pb	2	2	6	2	6	10	2	6	10	14	2	6	10		2	2						
83	Bi	2	2	6	2	6	10	2	6	10	14	2	6	10		2	3						
84	Po	2	2	6	2	6	10	2	6	10	14	2	6	10		2	4						
85	At	2	2	6	2	6	10	2	6	10	14	2	6	10		2	5						
86	Rn	2	2	6	2	6	10	2	6	10	14	2	6	10		2	6						
87	Fr	2	2	6	2	6	10	2	6	10	14	2	6	10		2	6			1			
88	Ra	2	2	6	2	6	10	2	6	10	14	2	6	10		2	6			2			
89	Ac	2	2	6	2	6	10	2	6	10	14	2	6	10		2	6	1		2			
90	Th*	2	2	6	2	6	10	2	6	10	14	2	6	10		2	6	2		2			
91	Pa	2	2	6	2	6	10	2	6	10	14	2	6	10	2	2	6	1		2			
92	U	2	2	6	2	6	10	2	6	10	14	2	6	10	3	2	6	1		2			
93	Np	2	2	6	2	6	10	2	6	10	14	2	6	10	4	2	6	1		2			
94	Pu*	2	2	6	2	6	10	2	6	10	14	2	6	10	6	2	6			2			
95	Am*	2	2	6	2	6	10	2	6	10	14	2	6	10	7	2	6			2			
96	Cm	2	2	6	2	6	10	2	6	10	14	2	6	10	7	2	6	1		2			
97	Bk*	2	2	6	2	6	10	2	6	10	14	2	6	10	9	2	6			2			
98	Cf*	2	2	6	2	6	10	2	6	10	14	2	6	10	10	2	6			2			
99	Es*	2	2	6	2	6	10	2	6	10	14	2	6	10	11	2	6			2			
100	Fm*	2	2	6	2	6	10	2	6	10	14	2	6	10	12	2	6			2			
101	Md*	2	2	6	2	6	10	2	6	10	14	2	6	10	13	2	6			2			
102	No*	2	2	6	2	6	10	2	6	10	14	2	6	10	14	2	6			2			
103	Lr*	2	2	6	2	6	10	2	6	10	14	2	6	10	14	2	6	1		2			
104	Ku	2	2	6	2	6	10	2	6	10	14	2	6	10	14	2	6	2		2			

Tabelle VI: Umrechnung von Energieeinheiten

	J	erg	kWh	cal
1 J	1	10^{7}	$2{,}777778 \cdot 10^{-7}$	$2{,}388459 \cdot 10^{-1}$
1 erg	10^{-7}	1	$2{,}777778 \cdot 10^{-14}$	$2{,}388459 \cdot 10^{-8}$
1 kWh	$3{,}600000 \cdot 10^{6}$	$3{,}600000 \cdot 10^{13}$	1	$8{,}598452 \cdot 10^{5}$
1 cal	$4{,}186800$	$4{,}186800 \cdot 10^{7}$	$1{,}163000 \cdot 10^{-6}$	1
1 l atm	$1{,}013250 \cdot 10^{2}$	$1{,}013250 \cdot 10^{9}$	$2{,}814583 \cdot 10^{-5}$	$2{,}420106 \cdot 10^{1}$
1 eV	$(1{,}60210 \pm 7) \cdot 10^{-19}$	$(1{,}60210 \pm 7) \cdot 10^{-12}$	$(4{,}45028 \pm 19) \cdot 10^{-26}$	$(3{,}82655 \pm 16) \cdot 10^{-20}$
1 cm^{-1}	$(1{,}98630 \pm 14) \cdot 10^{-23}$	$(1{,}98630 \pm 14) \cdot 10^{-16}$	$(5{,}5175 \pm 4) \cdot 10^{-30}$	$(4{,}7442 \pm 3) \cdot 10^{-24}$

	l atm	eV	cm^{-1}
1 J	$9{,}869233 \cdot 10^{-3}$	$(6{,}2418 \pm 3) \cdot 10^{18}$	$(5{,}0345 \pm 4) \cdot 10^{23}$
1 erg	$9{,}869233 \cdot 10^{-10}$	$(6{,}2418 \pm 3) \cdot 10^{11}$	$(5{,}0345 \pm 4) \cdot 10^{16}$
1 kWh	$3{,}552924 \cdot 10^{4}$	$(2{,}24705 \pm 10) \cdot 10^{25}$	$(1{,}81242 \pm 13) \cdot 10^{29}$
1 cal	$4{,}132050 \cdot 10^{-2}$	$(2{,}61332 \pm 11) \cdot 10^{19}$	$(2{,}10784 \pm 13) \cdot 10^{23}$
1 l atm	1	$(6{,}3245 \pm 3) \cdot 10^{20}$	$(5{,}1012 \pm 4) \cdot 10^{24}$
1 eV	$(1{,}58115 \pm 7) \cdot 10^{-21}$	1	$(8{,}0657 \pm 2) \cdot 10^{3}$
1 cm^{-1}	$(1{,}96033 \pm 14) \cdot 10^{-25}$	$(1{,}23981 \pm 3) \cdot 10^{-4}$	1

Worterklärungen

(im Text mit * gekennzeichnet)

Bei den griechischen Wörtern sind zusätzlich die Lautumschriften angegeben.

Abstraktum < abstrahere (lat.): abziehen; Abstraktum: das von der Realität Abgezogene

Analogie < ἀνα- λόγος, ana logos (gr.): eig.: der Vernunft gemäß, sinngemäß; Analogie: sinngemäße Anwendung

anisotrop: Kunstwort aus ἀν, an- (gr.): nicht; ἴσος, isos (gr.): gleich; τρόπος, tropos (gr.): Wende; also eigentlich: das beim Wenden nicht Gleichbleibende

Atom < ἄτομος, atomos (gr.): das Unzerschneidbare

Deduktion < deducere (lat.): herführen, herabführen

Dualismus < duo (lat.): zwei; Dualismus: Lehre, die zwei Grundprinzipien desselben Seins nebeneinander annimmt

Elektron < ἤλεκτρον, elektron (gr.): Bernstein; an geriebenem Bernstein hatte man schon im Altertum »elektrische« Erscheinungen beobachtet

Element < elementum (lat.): Grundstoff

experimentum crucis: (lat.): eig.: Kreuzversuch, hier: Entscheidungsexperiment, das eine von zwei Hypothesen falsifiziert, d.h. als falsch nachweist

Hybrid < ibrida (lat.): eig.: Schwein aus der Verbindung von zahmer Sau und wildem Eber; übertragen: Mischling

Hypothese < ὑπόθεσις, hypothesis (gr.): die Unterstellung

Idee < ἰδέα, idea (gr.): ursprünglich: Erscheinung, Gestalt, Form; seit der Aufklärung: das geistig Vorgestellte, das nur Gedankliche

Ikosaeder < εἴκοσιν, eikosin (gr.): zwanzig; ἕδρα, hedra (gr.): Fläche; Ikosaeder: Zwanzigflächner

Implikation < implicare (lat.): einwickeln; Implikationen: Folgerungen: (Wenn-Dann-Beziehungen), die so beschaffen sind, daß sie sich überprüfen lassen

Induktion < inducere (lat.): hinführen

isobar < ἴσος, isos (gr.): gleich; βαρύς, barys (gr.): schwer

Isotop < ἴσος, isos (gr.): gleich; τόπος, topos (gr.): Ort. Isotopen stehen im Periodensystem der Elemente am gleichen Platz

kausal < causa (lat.): Ursache, Grund

Koordinationszahl < coordinare (lat.): Zuordnen; eig.: Zuordnungszahl, im Sinne von: Zahl der nächsten Nachbarn

Korpuskel < corpusculum (lat.): kleines Teilchen

Logik < λογική, logike (gr.): Lehre vom folgerichtigen Denken

Logos < λόγος, logos (gr.): unter anderem: der (das Weltall regierende) Sinn

mechanisch < μηχανή, mechane (gr.): die Maschine. Im mechanischen Weltbild wird versucht, alle Vorgänge auf Massen und ihre Bewegungen zurückzuführen

Metawissenschaft < μετά, meta (gr.), hier: über; Metawissenschaft bedeutet demnach »Überwissenschaft« im Sinne von Überbau einer Wissenschaft. Die ursprüngliche Bedeutung von Metaphysik war entsprechend; der Begriff hat im Mittelalter einen Wandel erfahren in Richtung auf »das hinter der Physik Liegende«, d. h. das nicht durch die Physik Erklärbare

Modifikation < modificare (lat.): genau abgemessen. Modifikation: das sich beim genauen Abmessen als unterschiedlich Erweisende

Neutron < neuter (lat.): keines von zweien

Nuclid < nucleus (lat.): Kern; Nuclid: Atomkernsorte

-on: die Endsilbe -on kennzeichnet Elementarteilchen

Phänomen < φαινόμενον, phainomenon (gr.): das Erscheinende, das sich Zeigende

Photon < φῶς (Genitiv φωτός), phos, photos (gr.): Licht

Physikalisch Reales: das physikalisch Gegenständliche, das sich unmittelbar oder mittelbar sinnlich erfahren läßt

Prinzip < principium (lat.): eigentlich: Anfang, Ursprung, auch (unbeweisbarer) Grundsatz

Proton < πρῶτος, protos (gr.): der erste

Protyl < πρῶτος (gr.): der erste; und ὕλη, hyle (gr.): Stoff

Quant < quantum (lat.): Menge; das Quant ist die kleinste jeweils übertragbare Menge

Quark < irrationales Kunstwort, entstanden durch Zusammenziehen der Anfangsbuchstaben einer Zeile in J. JOYCEs Roman »Finnegan's Wake«

Reales < realis (lat.): dinglich, sachlich; zu res (lat.): das Ding, die Sache

Theorie < θεωρία, theoria (gr.): eigentlich: das Zuschauen, die Betrachtung; später: die Erkenntnis aus der Vorstellung

vis vitalis (lat.): Lebenskraft

Widerspruch, Satz vom: Die Urform dieses *Satzes vom Widerspruch* findet sich bei PARMENIDES (540 – 480 v. Chr.): Dasselbe kann nicht zugleich sein und nicht sein. Der Satz ist einer der Prinzipsätze der klassischen Logik

Zugrundliegendes: Übertragung von ὑποκείμενον, hypokeimenon (gr.): das Zugrundeliegende

Literaturverzeichnis

[1] LEMERY, N.: Cours de Chymie contenant la maniere de faire les operations qui sont en usage dans la Medecine, par une methode facile, avec des raisonnements sur chaque operation, pour l'instruction de ceux qui veulent s'appliquer à cette science, Paris (1675)

[2] WÖHLER, F.: Ueber die künstliche Bildung des Harnstoffs, Pogg. Ann. Phys. **88**, 253 (1828)

[3] BOCHENSKI, J. M.: Die zeitgenössischen Denkmethoden, Francke, München (1965)

[4] WEIZSÄCKER, C. F. v.: Die Physik der Gegenwart und das physikalische Weltbild, Naturwiss. **29**, 185 (1941); auch in: Zum Weltbild der Physik, S. 11 ff., Hirzel, Stuttgart (1976)

[5] RIEDL, R.: Biologie der Erkenntnis, Parey, Berlin (1980)

[6] KANT, I.: Kritik der reinen Vernunft, Vorrede zur zweiten Auflage, S. 12, Riga (1787)

[7] WEIZSÄCKER, C. F. v.: Das Experiment, Studium Generale **1**, 3 (1947); auch in: Zum Weltbild der Physik, S. 169, Hirzel, Stuttgart (1976)

[8] WEIZSÄCKER, C. F. v.: Die Geschichte der Natur, S. 5 ff., Vandenhoeck & Ruprecht, Göttingen (1970)

[9] TOULMIN, S.: Einführung in die Philosophie der Naturwissenschaften, Vandenhoeck & Ruprecht, Göttingen (1953)

[10] DÄMMGEN, U.: Energie und die Freiwilligkeit von Vorgängen, Leitthemen 1/77, S. 96, Westermann, Braunschweig (1977)

[11] HEMPEL, C. G.: Philosophie der Naturwissenschaften, Deutscher Taschenbuchverlag, München (1974)

[12] FREY, G.: Philosophie und Wissenschaft, Kohlhammer, Stuttgart (1970)

[13] DEUTSCHER ZENTRALAUSSCHUSS FÜR CHEMIE: Internationale Regeln für die chemische Nomenklatur und Terminologie, Verlag Chemie, Weinheim (1975)
INTERNATIONAL UNION OF PURE AND APPLIED CHEMISTRY: Manual of Symbols and Terminology for Physicochemical Quantities and Units, Pure Appl. Chem. **51**, 1 (1979)

[14] STILLE, U.: Symbole, Einheiten und Nomenklatur in der Physik, Vieweg, Braunschweig (1966)

[15] GERMAN, S., und DRAHT, P.: Handbuch der SI-Einheiten, Vieweg, Braunschweig (1979)

[16] Gesetz über Einheiten und Meßwesen, Bundesgesetzblatt (1969), Teil 1, S. 709 ff. Ausführungsverordnung zum Gesetz über Einheiten im Meßwesen, Bundesgesetzblatt (1970), Teil 1, S. 981 ff., Deutsche Normen DIN 32625, Beuth, Berlin (1980)

[17] KOHLRAUSCH, F.: Praktische Physik, Bd. 1, Teubner, Stuttgart (1968)

[18] BLUMENBERG, H.: Das Fernrohr oder die Ohnmacht der Wahrheit; in: GALILEI, G.: Sidereus Nuncius, Insel, Frankfurt (1965)

[19] STEINBUCH, K.: Denken in Modellen, Leitthemen 2/77, Westermann, Braunschweig (1977)

[20] GEORGE, F. H.: The Brain as a Computer, Pergamon, Oxford (1973)

[21] Pali-Kanon, Digha-Nikaya 2, 98

[22] RUSSELL, B.: History of Western Philosophy and its Connection with Political and Social Circumstances from the Earliest Times to the Present Day, Allen & Unwin, London (1946); deutsche Übers.: Philosophie des Abendlandes, Europaverlag, Wien (1978)

[23] Eine Zusammenstellung der Texte der frühen Atomisten findet sich z. B. in: DIELS, H.: Die Fragmente der Vorsokratiker – griechisch und deutsch, Weidmann, Zürich (1973); oder in: STÜCKELBERGER, A.: Antike Atomphysik – Texte zur antiken Atomlehre und zu ihrer Wiederaufnahme in der Neuzeit, Heimeran, München (1979)

[24] LAVOISIER, A. L.: De la décomposition des matières végétales et animales par l'action de feu, Nachdruck in: Œuvres de Lavoisier, Bd. 1, S. 96, Impériale, Paris (1864)
[25] PROUST, J.: Untersuchungen der Schwefelmetalle, deutsche Bearb. in: Pogg. Ann. Phys. **25**, 44 (1807)
[26] FISCHER, E. G.: Claude Louis Berthollet über die Gesetze der chemischen Verwandtschaft, S. 229f., Berlin (1802); aufgrund der Ergebnisse aus Werten von: RICHTER, J. B.: Anfangsgründe der Stöchiometrie oder Meßkunst chymischer Elemente, Korn, Breslau 1792/1793, Reprint bei Olms, Hildesheim (1968)
[27] DALTON, J.: Laborjournal, Eintragung vom 6. 9. 1803
[28] DALTON, J.: A New System of Chemical Philosophy, Vol. I, Part I, S. 214, Russell, Manchester (1808)
[29] PALMER, W. G.: A History of the Concept of Valency to 1930, University Press, Cambridge (1965)
[30] THOMSON, J. J.: On The Structure of The Atom, an Investigation of The Stability and Periods of Oscillations of a Number of Corpuscels Arranged at Equal Intervals Around The Circumference of a Circle, Phil. Mag. (6) **7**, 253 (1904)
[31] THOMSON, J. J.: La structure de l'atome, in: La structure de la matière, rapports et discussions du conseil de physique tenu à Bruxelles du 27 à 31 octobre 1913, Gautiers-Villars, Paris (1921)
[32] CREHORE, A. C.: On The Formation of The Molecules of The Elements and Their Compounds, with Atoms as Constituted on The Corpuscular-Ring-Theory, Phil. Mag. (6) **26**, 25 (1913)
[33] LENARD, P. und BECKER, A.: Kathodenstrahlen, in: WIEN, W. und HARMS, F.: Handbuch der Experimentalphysik, Bd. 14, Akad. Verlagsges., Leipzig (1927)
[34] RUTHERFORD, E.: The Scattering of α- and β-Particles by Matter and the Structure of the Atom, Phil. Mag. (6) **21**, 669 (1911)
[35] GEIGER, H. und MARSDEN, E.: The Laws of Deflexion of α Particles through Large Angles, Phil. Mag. (6) **25**, 604 (1913)
[36] SÜSSMANN, G. und FIEBIGER, N.: Atome – Kerne – Elementarteilchen, Umschau-Verlag, Frankfurt (1968)
[37] DAVIES, P. C. W.: The Forces of Nature, S. 191ff., University Press, Cambridge (1979)
[38] HERRMANN, G. und SEYB, K.-E.: Die schwersten chemischen Elemente, Naturwiss. **56**, 591 (1969)
[39] MOSEL, U. und GREINER, W.: On the Stability of Superheavy Nuclei against Fission, Z. Phys. **222**, 261 (1969); GRUMANN, J., MOSEL, U., FINK, B. und GREINER, W.: Investigation of the Stability of Superheavy Nuclei around Z = 114 and Z = 164, Z. Phys. **228**, 371 (1969)
[40] ALLER, L. H.: The Abundance of the Elements, Interscience Publishers (IS Monographs and Texts in Physics and Astronomy, Bd. 7), New York (1961)
[41] WEIGERT, A.: Bildung der Elemente im Kosmos, in: loc. cit. [36], S. 97
[42] NICHOLSON, J. W.: The Spectrum of Nebulium, Monthly Notices of the Roy. Astronom. Soc. **72**, 49 (1912); The Constitution of the Solar Corona, Monthly Notices of the Roy. Astronom. Soc. **72**, 139, 677, 729 (1912)
[43] BOHR, N.: On the Constitution of Atoms and Molecules (I), Phil. Mag. (6) **26**, 1 (1913); (II), Phil. Mag. (6) **26**, 476 (1913); (III), Phil. Mag. (6) **26**, 857 (1913); deutsche Übersetzung: BOHR, N.: Das Bohrsche Atommodell, Battenberg, Stuttgart (1964)
[44] RYDBERG, J. R.: Recherches sur la constitution des spectres d'émission des elements chimiques, Stockh. Akad. Handl. **23** (1890); deutsche Übers. in: RYDBERG, J. R.: Untersuchungen über die Beschaffenheit der Emissionsspektren der chemischen Elemente, Ostwalds Klassiker **196**, Akad. Verlagsges., Leipzig (1922)

[45] BALMER, J. J.: Notiz über die Spectrallinien des Wasserstoffs, Pogg. Ann. Phys. **261**, 80 (1885)
[46] MÖLLENSTEDT, G. und DÜKER, H.: Beobachtungen an Biprisma-Interferenzen mit Elektronenwellen, Z. Phys. **145**, 377 (1956)
[47] ANDRADE E SILVA, J. und LOCHAK, G.: Wellen und Teilchen, Fischer, Frankfurt (1974)
[48] BROGLIE, L. DE: Théses, Paris (1924); englische Übersetzung: A Tentative Theory of Light Quanta, Phil. Mag. (6) **47**, 446 (1924)
[49] SCHRÖDINGER, E.: Quantisierung als Eigenwertproblem (I), Ann. Phys. (4) **79**, 361 (1926); (II), Ann. Phys. (4) **79**, 489 (1926); (III), Ann. Phys. (4) **80**, 437 (1926); (IV), Ann. Phys. (4) **81**, 109 (1926)
[50] KUHN, W.: Physik, Bd. 3E (Quantenphysik), S. 122ff., Westermann, Braunschweig (1976)
[51] BRIEKMANN, J., KLÖFFLER, M. und RAAB, H.-U.: Atomorbitale, Chemie i.u.Z. **12**, 23 (1978)
[52] SCHUTTE, C. J. H.: The Wave Mechanics of Atoms, Molecules and Ions, S. 3ff., 124ff., Arnold, London (1968)
[53] PAULI, W.: Über den Zusammenhang des Abschlusses der Elektronengruppen im Atom mit der Komplexstruktur der Spektren, Z. Phys. **31**, 765 (1925)
[54] HUND, F.: Zur Deutung verwickelter Spektren, insbesondere der Elemente Scandium bis Nickel, Z. Phys. **33**, 345 (1925)
[55] LATTER, R.: Atomic Energy Levels for the Thomas-Fermi and Thomas-Fermi-Dirac Potential, Phys. Rev. **99**, 510 (1955)
[56] DÖBEREINER, J. W.: Versuch zu einer Gruppirung der elementaren Stoffe nach ihrer-Analogie, Pogg. Ann. Phys. **91**, 301 (1829)
[57] GMELIN, L.: Handbuch der anorganischen Chemie, Bd. 1, S. 463f., Winter, Heidelberg (1852)
[58] BÉGUYER DE CHANCOURTOIS, M.: Mémoire sur un classement naturel des corps simples ou radicoux appellé *vis tellurique*, Compt. Rend. **54**, 757, 840, 967 (1865); BÉGUYER DE CHANCOURTOIS, M.: Vis tellurique, classement naturel des corps simples ou radicaux obtenu au moyen d'un systéme de classification hélicoidal et numérique, Paris (1862)
[59] SPRONSEN, J. B. V.: The Periodic System of Chemical Elements – A History of the First Hundred Years, Elsevier, Amsterdam (1969)
[60] NEWLANDS, J. A. R.: On the Discovery of the Peridic Law, and on Relations among the Atomic Weights, Spon, London (1884)
[61] MEYER, J. L.: Die modernen Theorien der Chemie und ihre Bedeutung für die chemische Statistik, S. 135ff., Maruschke & Berendt, Breslau (1864); auch in loc. cit. [62], S. 1
[62] SEUBERT, K. (Hrsg.): Das natürliche System der chemischen Elemente – Abhandlungen von L. Meyer und D. Mendelejeff, Ostwalds Klassiker **68**, Engelmann, Leipzig (1895)
[63] MAYER, A. M.: A Note on Experiments with Floating Magnets, ..., Phil. Mag. (5) **5**, 397 (1878); MAYER, A. M.: On the Morphological Laws of the Configurations formed by Magnets floating vertically and subjected to the Attraction of a Superimposed Magnet, Phil. Mag. (5) **7**, 98 (1879)
[64] ANTROPOFF, A. V.: Eine neue Form des periodischen Systems der Elemente, Z. angew. Chem. **39**, 722 (1926)
[65] DALTON, J.: On a New and Easy Method of Analysing Sugar, S. 3f., in: On the Phosphates and Arseniates, Microcosmic Salt, Acids, Bases, and Water, and a New and Easy Method of Analysing Sugar, Harrison, Manchester (1840 – 1842)

[66] DAVY, H.: An Account of some Galvanic Combinations, Formed by the Arrangement of Single Metallic Plates and Fluids, Analogous to the New Galvanic Apparatus of Mr. Volta, Phil. Transact. Roy. Soc. London **1801**, 397; Deutsche Übers. in: OSTWALD, W.: Elektrochemische Untersuchungen von Humphry Davy (1806–1807), Ostwald's Klassiker **45**, Engelmann, Leipzig (1893)

[67] BERZELIUS, J. J.: Lärbok i Kemien, Bd. III, Stockholm (1818)

[68] COUPER, A. S.: (a) Sur une nouvelle théorie chimique, Compt. Rend. **46**, 1157 (1858); (b) Sur une nouvelle théorie chimique, Annales chim. phys. **53**, 469 (1858)

[69] CRUM BROWN, A.: On the Theory of Isomeric Compounds, Transact. Roy. Soc. Edinburgh **23**, 707 (1864)
CRUM BROWN, A.: On the Use of Graphic Representation of Chemical Formulae, Proc. Roy. Soc. Edingburgh **5**, 429 (1865)
CRUM BROWN, A.: On Chemical Structure, Proc. Roy. Soc. Edinburgh **7**, 518 (1869)

[70] HOFMANN, A. W.: Introduction to Modern Chemistry, Theoretical, Practical, and Technical, London (1865); Deutsch: HOFMANN, A. W.: Einleitung in die moderne Chemie, Vieweg, Braunschweig (1966)

[71] KEKULÉ, A. F.: (a) Über die s. g. gepaarten Verbindungen und die Theorie der mehratomigen Radicale, Liebigs Ann. Chem. **104**, 129 (1857); (b) Über die Constitution und die Metamorphosen der chemischen Verbindungen und über die chemische Natur des Kohlenstoffs, Liebigs Ann. Chem. **106**, 129 (1858); (c) Über einige Condensationsprodukte des Aldehyds (theoretische Betrachtungen und historische Notizen über die Constitution des Benzols), Liebigs Ann. Chem. **162**, 77 (1872)
KEKULÉ, A. F.: Über die Constitution des Mesitylens, Z. Chem. **10**, 214 (1867)

[72] MENDELEJEW, D.: Prinzipien der Chemie (russ., ca. 1870); engl. Übers.: MENDELEEF, D.: The Principles of Chemistry, London (1891)

[73] HOFF, J. H. VAN'T: Voorstel tot Uitbreidung der tegenwoordig in der Scheikunde gebruikte Structuur-Formules in de Ruimte, Utrecht (1874)

[74] BÉL, J. A. LE: Sur les relations qui existent entre les formules atomiques des corps organiques et le pouvoir rotatoire de leurs dissolutions, Bull. Soc. Chim. (N.S.) **22**, 337 (1874)

[75] WERNER, A.: Beitrag zur Konstitution anorganischer Verbindungen, Z. anorg. Chem. **3**, 267 (1893); auch in: PFEIFFER, P.: Beitrag zur Konstitution anorganischer Verbindungen von Alfred Werner, Ostwald's Klassiker **212**, Akad. Verlagsges., Leipzig (1924)

[76] KOSSEL, W.: Über Molekülbildung als Frage des Atombaus, Ann. Phys. (4) **49**, 229 (1916)

[77] LEWIS, G. N.: The Atom and the Molecule, J. Amer. Chem. Soc. **38**, 762 (1916); LEWIS, G. N.: The Arrangement of Electrons in Atoms and Molecules, J. Amer. Chem. Soc. **41**, 868 (1919)

[78] HEITLER, W. und LONDON, F.: Wechselwirkung neutraler Atome und homöopolare Bindung nach der Quantenmechanik, Z. Phys. **44**, 455 (1927)

[79] HUND, F.: Zur Deutung der Molekülspektren (I): Z. Phys. **40**, 742 (1926); (II): Z. Phys. **42**, 93 (1927); (III): Z. Phys. **43**, 805 (1927); (IV): Z. Phys. **51**, 759 (1928)

[80] BATES, D. R., LEDSHAM, K. und STEWART, A. L.: Wave Functions of the Hydrogen Molecular Ion, Phil. Transact. Roy. Soc. London **246**, 215 (1953)

[81] ROTHENBERG, S. und DAVIDSON, E. R.: Natural Orbitals for Hydrogen-Molecule Excited States, J. Chem. Phys. **45**, 2560 (1966)

[82] MCLEAN, A. D., WEISS, A. und YOSHIMINE, M.: Configuration Interaction of the Hydrogen Molecule – The Ground State (Bibliography of Hydrogen Molecule Calculations), Rev. Mod. Phys. **32**, 211 (1960)

[83] SLATER, J. C.: Quantum Theory of Molecules and Solids, Bd. 1, S. 8, McGraw-Hill, New York (1963)

[84] Mulliken, R. S.: The Interpretation of Band Spectra (I): Rev. Mod. Phys. **2**, 60 (1930); (II): Rev. Mod. Phys. **2**, 84 (1930); (III): Rev. Mod. Phys. **3**, 89 (1931)
[85] Mulliken, R. S.: The Assignment of Quantum Numbers for Electrons and Molecules, Phys. Rev. **32**, 186 (1928)
[86] Wahl, A. C.: Molecular Orbital Densities: Pictorial Studies, Science **151**, 961 (1966)
[87] Knöpfel, N., Olbricht, Th. und Schweig, A.: Physikalische Methoden in der Chemie: UV-Photoelektronenspektroskopie, Chemie i.u.Z. **5**, 65 (1975)
[88] Bock, H.: Molekülzustände und Molekülorbitale, Angew. Chem. **89**, 631 (1977)
[89] Turner, D. W.: Molecular Photoelectron Spectroscopy, Wiley, London (1970)
[90] Siegbahn, K., Nordling, C., Johansson, G., Hedman, J., Hedén, P. F., Hamrin, K., Gelius, U., Bergmark, T., Woerme, L. O., Manne, R. und Baer, Y.: ESCA Applied to Free Molecules, Elsevier, New York (1970)
[91] Christiansen, P. A. und McCullough, E. A.: Numerical Hartree-Fock calculations for N_2, FH, and CO: Comparison with optimized LCAO results, J. Chem. Phys. **67**, 1877 (1977)
[92] Wahl, A. C.: Chemistry by Computer, Sci. Amer. **222** (4), 54 (1970)
[93] Jorgensen, W. L. und Salem, L.: Orbitale organischer Moleküle, Verlag Chemie, Weinheim (1974)
[94] Elbel, S. (Universität Hamburg): Privatmitteilung
[95] Haycock, D. E., Urch, D. S., Garner, C. D., Hillier, I. H. und Mitcheson, G. R.: Direct Evidence for the Quadruple Metal-Metal-Bond in the Octachlorodimolybdenum(II) Ion, $[Mo_2Cl_8]^{4-}$, Using X-Ray Emission Spectroscopy, J.C.S. Chem. Commun. **1978**, 262
[96] Cotton, F. A.: Metal-Metal-Bonding in $[Re_2X_8]^{2-}$ Ions and other Metal Atom Clusters, Inorg. Chem. **4**, 334 (1965)
[97] Gray, H. B.: Elektronen und chemische Bindung, de Gruyter, Berlin (1973)
[98] London, F.: Zur Quantentheorie der homöopolaren Valenzzahlen, Z. Phys. **46**, 455 (1927)
[99] Heitler, W.: Zur Gruppentheorie der Wechselwirkung von Atomen, Z. Phys. **51**, 805 (1928)
[100] Sugiura, Y.: Über die Eigenschaften des Wasserstoffmoleküls im Grundzustande, Z. Phys. **45**, 484 (1927)
[101] Pauling, L.: Die Natur der chemischen Bindung, S. 24, Verlag Chemie, Weinheim (1964)
[102] Sellmann, D.: Distickstoff – Übergangsmetallkomplexe: Synthese, Eigenschaften und Bedeutung, Angew. Chem. **86**, 692 (1974)
[103] Hammer, R., Klein, W. F., Seubert, U., Frank, A. und Huttner, G.: Ein neuartiger hetero-bimetallischer Distickstoff-Komplex, Angew. Chem. **88**, 648 (1976)
[104] Eliezer, I., Taylor, H. S. und Williams, J. H.: Resonant States of H_2^-, J. Chem. Phys. **47**, 2165 (1967)
[105] loc. cit. [101], S. 318
[106] Kutzelnigg, W.: Einführung in die theoretische Chemie, Bd. 2, S. 133ff., Verlag Chemie, Weinheim (1978)
[107] Nesbed, R. K.: Electronic Structure of N_2, CO, and BF, J. Chem. Phys. **40**, 3619 (1964)
[108] Donohue, J.: Crystal Structure of Helium Isotopes, Phys. Rev. **114**, 1009 (1959)
[109] Henshaw, D. G.: Atomic Distribution in Liquid and Solid Neon and Solid Argon by Neutron Diffraction, Phys. Rev. **111**, 1470 (1958)
[110] Cheesman, G. H. und Soane, C. M.: The Lattice Constants of the Inert Elements, Proc. Phys. Soc. (London) **70 B**, 700 (1957)
[111] Bernstein, R. B. und Muckerman, J. T.: Determination of Intermolecular Forces via Low-Energy Molecular Beam Scattering, in: Hirschfelder, J. O.: Intermolecular Forces, Adv. Chem. Phys. **12**, 389 (1967)

[112] HIRSCHFELDER, J. O. und MEATH, B. J.: The Nature of Intermolecular Forces, in: HIRSCHFELDER, J. O., loc. cit. [111]
[113] JONES, J. E.: On the Determination of Molecular Fields. – II. From the Equation of State of a Gas, Proc. Roy. Soc. (London) **A 106**, 463 (1924)
[114] LONDON, F.: Zur Theorie und Systematik der Molekularkräfte, Z. Phys. **63**, 245 (1930)
[115] HIRSCHFELDER, J. O., CURTISS, Ch. F. und BIRD, R. B.: Molecular Theory of Gases and Liquids, Kap. 13, Wiley, New York (1954)
[116] JORDAN, T. H., STREIB, W. E., SMITH, H. W. und LIPSCOMB, W. N.: Single-crystal studies of β-F_2 and of γ-O_2, Acta Cryst. **17**, 777 (1964)
[117] COLLIN, R. L.: The Crystal Structure of Solid Chlorine, Acta Cryst. **5**, 431 (1952)
[118] VONNEGUT, B. und WARREN, B. E.: The Structure of Crystalline Br, J. Amer. Chem. Soc. **58**, 2459
[119] KITAIGORODSKII, A. I., KHOTSYANOVA, T. L. und STRUCHKOV, Y. T.: Die Kristallstruktur von Jod, J. Fiz. Khim. (russ.) **27**, 780 (1953)
[120] HILLER, J. E.: Grundriß der Kristallchemie, S. 37, De Gruyter, Berlin (1952)
[121] SCHMIDT, M.: Elementarer Schwefel – ein aktuelles Problem in Theorie und Praxis, Angew. Chem. **85**, 474 (1973)
[122] KEESOM, W. H. und TACONIS, K. W.: On the Crystal Structure of Solid Oxygen, Proc. Roy. Acad. Amsterdam **39**, 149 (1936); Physica **3**, 141 (1936)
[123] BARRETT, C. S., MEYER und L., WASSERMAN, J.: Antiferromagnetic and Crystal Structures of Alpha-Oxygen, J. Chem. Phys. **47**, 592 (1967)
[124] HÖRL, E. M.: Structure and Structure Imperfections of Solid β-Oxygen, Acta Cryst. **15**, 845 (1962)
[125] ABRAHAMS, S. C.: The Crystal and Molecular Structure of Orthorhombic Sulfur, Acta Cryst. **8**, 661 (1955)
ABRAHAMS, S. C.: Scale Factors, form factors and bond lengths in orthorhombic sulfur, Acta Cryst. **14**, 311 (1961)
[126] SANDS, D. E.: The Crystal Structure of Monoclinic (β) Sulfur, J. Amer. Chem. Soc. **87**, 1395 (1965)
[127] ABRAHAMS, S. C.: The Crystal and Molecular Structure of Orthorhombic Sulphur, Acta Cryst. **8**, 661 (1955)
[128] BURBANK, R. D.: Crystal Structure of α-Monoclinic Selenium, Acta Cryst. **4**, 140 (1951)
CHERIN, P. und UNGER, Ph.: Refinement of the crystal structures of α-monoclinic and hexagonal selenium, Acta Cryst. **21**, A 46 (1966)
[129] MARSH, R. E., PAULING, L. und MCCULLOUGH, J. D.: The Crystal Structure of β-Selenium, Acta Cryst. **6**, 71 (1953)
[130] CHERIN, P. und UNGER, Ph.: Twodimensional refinement of the crystal structure of tellurium, Acta Cryst. **23**, 670 (1967)
[131] BOLZ, L. H., BOYD, M. E., MAUER, F. A. und PEISER, H. S.: A Reexamination of the Crystal Structure of α- and β-Nitrogen, Acta Cryst. **12**, 247 (1959)
[132] CORBRIDGE, D. E. C. und LOWE E. J.: Structure of White Phosphorus: Single Crystal X-Ray Examination, Nature **170**, 629 (1952)
[133] HULTGREN, R., GINGRICH, N. S. und WARREN, B. E.: Reatomic Distribution in Red P, Black P, and the Crystal Structure of Black P, Phys. Rev. **47**, 808 (1935); J. Chem. Phys. **3**, 351 (1935)
[134] THURN, H. und KREBS, H.: Die Kristallstruktur des Hittorfschen Phosphors, Angew. Chem. **78**, 1101 (1966)
[135] BRADLEY, A. J.: The Crystal Structure of Metallic Arsenic, Phil. Mag. (6) **47**, 657 (1924)

[136] JAMES, R. W. und TUNSTALL, N.: The Crystalline Structure of Antimony, Phil. Mag. (6) **40**, 233 (1920)
[137] GOETZ, A. und HERGENROTHER, R. C.: X-Ray Studies on Bismuth Single Crystals, Phys. Rev. **40**, 137 (1932)
[138] WAZER, J. R. VAN: Phosphorus and its Compounds, Bd. 1, S. 106ff., Wiley, New York (1964)
[139] GUTOWSKY, H. S. und HOFFMAN, C. J.: The Infrared Spectrum of P_4, J. Amer. Chem. Soc. **72**, 5751 (1950)
[140] BOCK, H.: Photoelectron Spectra and Bonding in Phosphorus Compounds, Pure Appl. Chem. **44**, 343 (1975)
[141] HARTMAN, A. und HIRSHFELD, F. L.: Structure of *cis*-1.2.3-Tricyanocyclopropane, Acta Cryst. **20**, 80 (1966)
[142] COPPENS, Ph.: Experimentelle Elektronendichten und chemische Bindung, Angew. Chem. **89**, 33 (1977)
[143] BRUNDLE, C. R., KUEBLER, N. A., ROBIN, M. B. und BASCH, H.: Ionization Potentials of the Tetraphosphorus Molecule, Inorg. Chem. **11**, 20 (1972)
[144] JOHAN, Z.: Arsenolamprite: The Orthorhombic Modification of Arsenic from Cerný Důl (Schwarzental) in the Riesengebirge, Chem. Erde **20**, 71 (1959)
[145] ROTH, W. L., DEWITT, T. W. und SMITH, A. J.: Polymorphism of Red Phosphorus, J. Amer. Chem. Soc. **69**, 2881 (1947)
[146] GÖTTLICHER, S. und WÖLFEL, E.: Röntgenographische Bestimmung der Elektronenverteilung in Kristallen VII. Die Elektronendichte im Diamantgitter und im Gitter des Siliciums, Z. Elektrochem. **63**, 891 (1959)
[147] CARPENTER, G. B.: Density of Bonding Electrons in Diamond, J. Chem. Phys. **32**, 525 (1960)
[148] loc. cit. [101], S. 318
[149] COULSON, C. A.: Quantum Theory of the Chemical Bond, Proc. Roy. Soc. Edinburgh **A 61**, 115 (1941)
[150] VEGARD, L.: Results of Crystal Analysis, Phil. Mag. (6) **32**, 65 (1916); OWEN, E. A. und IBALL, J.: Precision Measurements of the Crystal Parameters of some of the Elements, Phil. Mag. (7) **13**, 1020 (1932)
[151] MASON, W. P. und BÖMMEL, H. E.: Ultrasonic Attenuation at Low Temperatures for Metals in the Normal and Superconductivity States, J. Acoust. Soc. Amer. **28**, 930 (1956)
[152] BRILL, R., HERMANN, C. und PETERS, Cl.: Röntgenographische Fouriersynthese von metallischem Magnesium, Ann. Phys. (5) **41**, 39 (1942)
[153] WATSON, R. E. und PERLMAN, M. L.: X-Ray Photoelectron Spectroscopy. Application to Metals and Alloys, Structure and Bonding **24**, 83 (1975)
[154] SLATER, J. C.: A Soluble Problem in Energy Bands, Phys. Rev. **87**, 807 (1952)
[155] KOHN, B. und ROSTOKER, N.: Solution of the Schrödinger Equation in Periodic Lattices with an Application to Metallic Lithium, Phys. Rev. **94**, 1111 (1954)
[156] SLATER, J. C. und KOSTER, G. F.: Simplified LCAO Method for the Periodic Potential Problem, Phys. Rev. **94**, 1498 (1954)
[157] CALLAWAY, J.: Electron Energy Bands in Solids, Solid State Physics **7**, 99 (1958)
[158] TRLIFAJ, M., Czechoslov. J. Phys. **1**, 110 (1952), zitiert nach [157]
[159] WATSON, R. E. und PERLMAN, M. L.: X-Ray Photoelectron Spectroscopy. Application to Metals and Alloys, Structure and Bonding **24**, 83 (1975)
[160] OTT, H.: Die Kristallstruktur des Graphits, Ann. Phys. **85**, 81 (1928)
[161] BRAGG, W. H. und BRAGG, W. L.: The Structure of the Diamond, Nature **91**, 557 (1913)
[162] HERMAN, F.: Electronic Structure of the Diamond Crystal, Phys. Rev. **88**, 1210 (1952)
[163] HULL, A. W.: The Crystal Structures of Vanadium, Germanium, and Graphite, Phys. Rev. **20**, 113 (1922)

[164] BIJL, A. J. und KOLKMEIJER, N. H.: Investigation by Means of X-Rays of the Crystal Structure of White and Grey Tin, Proc. Acad. Sci. Amsterdam **21**, 405, 494, 501 (1919)

[165] NIEHRS, H.: Röntgenspektroskopie der Valenzelektronen-Bänder in Kristallen, Ergeb. exakt. Naturwiss. **23**, 359 (1950)

[166] HULL, A. W.: The Crystal Structure of Al and Si, Phys. Rev. **9**, 84 (1917)

[167] HULL, A. W.: The Crystal Structures of Vanadium, Germanium and Graphite, Phys. Rev. **20**, 113 (1922)

[168] GÖTTLICHER, S., KUPHAL, R., NAGORSEN, G. und WÖLFEL, E.: Röntgenographische Bestimmungen der Elektronendichteverteilung in Kristallen VI. Die Elektronenverteilung im Silicium, Z. Phys. Chem. N.F. **21**, 133 (1959)

[169] DAWSON, B.: The covalent bond in silicon, Proc. Roy. Soc. London **298 A**, 379 (1967)

[170] MACFARLANE, G. G. und ROBERTS, V.: Infrared Absorption of Germanium near the Lattice Edge, Phys. Rev. **97**, 1714 (1955)

[171] HARBEKE, G.: Neue Ergebnisse zur Bandstruktur von Halbleitern aus optischen Messungen, Festkörperprobleme **3**, 13 (1964)

[172] TOMBOULIAN, D. H. und BEDO, D. E.: Absorption and Emission Spectra of Silicon and Germanium in the Soft X-Ray Region, Phys. Rev. **104**, 590 (1956)

[173] COULSON, C. A.: Energy Bands in Graphite, Nature **159**, 265 (1947)

[174] HOARD, J. L. und NEWKIRK, A. E.: An Analysis of Polymorphism in Boron Based upon X-Ray Diffraction Results, J. Amer. Chem. Soc. **82**, 70 (1960)

[175] DECKER, B. F. und KASPER, J. S.: The Crystal Structure of a Simple Rhombohedral Form of Boron, Acta Cryst. **12**, 503 (1959)

[176] HUGHES, R. E., CENNARD, C. H. L., SULLENGER, D. B., WEAKLIEM, H. A., SANDS, D. E. und HOARD, J. L.: The Structure of β-Rhombohedral Boron, J. Amer. Chem. Soc. **85**, 361 (1963)

[177] LONGUET-HIGGINS, H. C. und ROBERTS, M. de V.: The electronic structure of an icosahedron of boron atoms, Proc. Roy. Soc. London **A 230**, 110 (1955)

[178] HORN, F. H.: Simple Rhombohedral Boron – Preparation and Properties, in: KOHN, J. A.: Boron, S. 110f., Plenum, New York (1960)

[179] CONROY, H.: Molecular Schrödinger Equation. IV. Results for One- and Two-Electron Systems, J. Chem. Phys. **41**, 1341 (1964)

[180] PITZER, K. S.: Multicentered Bonding, in: EYRING, H.: Physical Chemistry, Bd. V (Valency), S. 483, Academic Press, New York (1970)

[181] PAETZOLD, P.: Neues vom Bor und seinen Verbindungen, Chemie i.u.Z. **9**, 67 (1975)

[182] MUETTERTIES, E. L.: The Chemistry of Boron and its Compounds, Wiley, New York (1967)

[183] BATES, D. R. und CARSON, T. R.: Exact wave functions of HeH^{2+}, Proc. Roy. Soc. London **A 234**, 207 (1956)

[184] WINTER, T. G., DUNCAN, M. D. und LANE, N. F.: Exact eigenvalues, electronic wavefunctions and their derivatives with respect to the internuclear separation for the lowest 20 states of the HeH^{2+} molecule, J. Phys. **B 10**, 285 (1977)

[185] KAUL, W., LAUTERBACH, U. und TAUBERT, R.: Die Auftrittspotentiale von HeH^+, NeH^+, AH^+, KrH^+, KrD^+ und H_3^+, Z. Naturforsch. **16a**, 624 (1961)

[186] PEYERIMHOFF, S.: Hartree-Fock-Roothaan Wavefunctions, Potential Curves, an Charge-Density Contours for the HeH^+ and NeH^+ Molecule Ions, J. Chem. Phys. **43**, 998 (1965)

[187] DEBYE, P.: Einige Resultate einer kinetischen Theorie der Isolatoren, Phys. Z. **13**, 97 (1912)

[188] NÄSER, K. H.: Physikalisch-chemische Meßmethoden, S. 125 ff., Deutscher Verlag für Grundstoffindustrie, Leipzig (1976)
[189] CADE, P. E. und HUO, W. M.: Electric Dipole Moment for First- and Second-Row Diatomic Hydride Molecules AH, J. Chem. Phys. **45**, 1063 (1966)
CADE, P. E. und HUO, W. M.: Electronic Structure of Diatomic Molecules. VI. A. Hartree-Fock Wavefunctions and Energy Quantities for the Ground States of the First-Row Hydrides, AH, J. Chem. Phys. **47**, 614 (1967)
CADE, P. E. und HUO, W. M.: Electronic Structure of Diatomic Molecules. VII. A. Hartree-Fock Wavefunctions and Energy Quantities for the Ground States of the Second-Row Hydrides, AH, J. Chem. Phys. **47**, 649 (1967)
[190] MULLIKEN, R. S.: A New Electroaffinity Scale; Together with Data on Valence States and on Valence Ionisation Potentials and Electron Affinities, J. Chem. Phys. **2**, 782 (1934)
[191] MULLIKEN, R. S.: Electronic Structure of Molecules XI. Electroaffinity, Molecular Orbitals and Dipole Moments, J. Chem. Phys. **3**, 573 (1935)
MULLIKEN, R. S.: Electronic Structure of Molecules XII. Electroaffinity and Molecular Orbitals, Polyatomic Applications, J. Chem. Phys. **3**, 587 (1935)
[192] PAULING, L.: The Nature of the Chemical Bond VI. The Energie of Single Bonds and the Relative Electronegativity of Atoms, J. Amer. Chem. Soc. **54**, 3570 (1932)
[193] HAISSINSKY, M.: Les électronégativités et quelques problèmes de liaison en chimie minérale, J. Chim. Phys. Physico-chimie **46**, 298 (1949)
[194] loc. cit. [101], S. 84 ff.
[195] GORDY, W.: A Relation between Bond Force Constants, Bond Orders, Bond Lengths, and the Electronegativities of the Bonded Atoms, J. Chem. Phys. **14**, 305 (1946)
GORDY, W.: Relation of Nuclear Quadrupole Couplings to the Chemical Bond, J. Chem. Phys. **22**, 1470 (1954)
GORDY, W.: Microwave-Spectroscopy, S. 279 – 324, Wiley, New York (1966)
[196] (a) PRITCHARD, H. O. und SKINNER, H. A.: The Concept of Electronegativity, Chem. Rev. **55**, 745 (1955)
(b) HAISSINSKY, M.: Échelle des électronegativités de Pauling et chaleur de formation des composés inorganique, J. Physique **7**, 7 (1946)
[197] GASTEIGER, J.: Eine Renaissance des Elektronegativitätsbegriffes, Nachr. Chem. Techn. Lab. **28**, 17 (1980)
[198] JONES, E. und TEMPLETON, D. H.: The Crystal Structure of Indium (I) Iodide, Acta Cryst. **8**, 847 (1955)
[199] HELMHOLZ, L.: The Crystal Structure of the Low Temperature Modification of Thallous Iodide, Z. Krist. **95**, 129 (1936)
[200] SMAKULA, A. und KALNAJS, J.: Precision Determination of Lattice Constants with a Geiger-Counter X-Ray Diffractometer, Phys. Rev. **99**, 1737 (1955)
[201] VOGL, E. und WAIDELICH, W.: Elektronendichteverteilung in Silberbromid, Z. angew. Phys. **25**, 98 (1968)
[202] BRILL, R., GRIMM, H. G., HERMANN, C. und PETERS, Cl.: Anwendung der röntgenographischen Fourier-Analyse auf Fragen der chemischen Bindung, Ann. Phys. **34**, 393 (1939)
[203] WITTE, H. und WÖLFEL, E.: Röntgenographische Bestimmung der Elektronenverteilung in Kristallen II. Die Elektronenverteilung im Steinsalz, Z. Phys. Chem., N. F. **3**, 269 (1955)
[204] WITTE, H. und WÖLFEL, E.: Electron Distributions in NaCl, LiF, CaF_2, and Al, Rev. Mod. Phys. **30**, 51 (1958)
[205] KRUG, J., WITTE, H. und WÖLFEL, E.: Röntgenographische Bestimmung der Elektronenverteilung in Kristallen III. Die Elektronenverteilung im Lithiumfluorid, Z. Phys. Chem., N. F. **4**, 36 (1955)

[206] loc. cit. [101], S. 479
[207] WYCKOFF, R. W. G.: Crystal Structures, Bd. 1, S. 86 (NaCl), S. 124 (NiAs), S. 110 (Zinkblende), S. 112 (Wurtzit), S. 104 (CsCl), S. 240 (Antifluorit, Fluorit), S. 268 (CdJ_2); Bd. 2, S. 37 (Li_3B, BiF_3); Wiley, New York (1963/1964)
[208] ATOJI, N. und LIPSCOMB, W. N.: The Crystal Structure of Hydrogen Fluoride, Acta Cryst. **7**, 173 (1954)
[209] LÉVI, H. A. und BROCKWAY, L. O.: The Molecular Structures of Boron Trimethyl, Trifluoride, Trichloride, and Tribromide. The Covalent Radius of Boron, J. Amer. Chem. Soc. **59**, 2085 (1937)
[210] SHELDRICK, G. M. und SHELDRICK, W. S.: Crystal and Molecular Structure of Tris-[bis(trimethylsilyl)amino]aluminium, $Al[N(SiMe_3)_2]_3$, J. Chem. Soc. (A) **1969**, 2279
[211] COTTRELL, T. L.: The Strength of Chemical Bonds, Tab. 11.5.1, Butterworths, London (1958)
[212] GILLESPIE, R. J. und NYHOLM, R. S.: Inorganic Stereo Chemistry, Quart. Rev. Chem. Soc. **11**, 339 (1957)
[213] GILLESPIE, R. J.: Elektronenpaar-Abstoßung und Molekülgestalt, Angew. Chem. **79**, 885 (1967)
[214] GILLESPIE, R. J.: Molekülgeometrie, Verlag Chemie, Weinheim (1975)
[215] AHLRICHS, R.: Gillespie- und Pauling-Modell – ein Vergleich, Chemie i. u. Z. **14**, 18 (1980)
[216] MCLENNAN, J. C. und PLUMMER, W. G.: The Crystal Structure of Solid Methane, Phil. Mag. (7), **7**, 761 (1929)
[217] MOOY, H. H.: Crystal Structure of Methane, Nature **127**, 707 (1931)
[218] SEARS, W. M. und MORRISON, J. A.: Solid Silane. Structure and Oriental Order, J. Chem. Phys. **62**, 2736 (1975)
[219] OXTON, I. A.: Determination of the Molecular Symmetry in Crystalline Germane, J. Mol. Struct. **41**, 195 (1977)
[220] MULLIKEN, R. S.: The Structure of Diborane and Related Molecules, Chem. Rev. **41**, 207 (1947)
[221] HEDBERG, K. und SHOEMAKER, V.: A Reinvestigation of the Structures of Diborane and Ethane by Electron Diffraction, J. Amer. Chem. Soc. **73**, 1482 (1951)
[222] MARK, H. und POHLAND, E.: Über die Gitterstruktur des Äthans und des Diborans, Z. Krist. **62**, 103 (1925)
[223] TURLEY, J. W. und RINN, H. W.: The Crystal Structure of Aluminium Hydride, Inorg. Chem. **8**, 18 (1969)
[224] BRENDEL, G. J., MARLETT, E. M. und NIEBYLSKI, L. M.: Crystalline Beryllium Hydride, Inorg. Chem. **17**, 3589 (1978)
[225] BELL, N. A., COATES, G. E. und EMSLEY, J. W.: Dimethylberyllium. Part IV. Spectroscopic Properties of Some Methylberyllium Compounds, J. Chem. Soc. (A) 49 (1966)
[226] ELLINGER, F. H., HOLLEY, C. E., MCINTEER, B. B., PAVONE, D., POTTER, R. M., STARITZKY, E. und ZACHARIASEN, W. H.: The Preparation and Some Properties of Magnesium Hydride, J. Amer. Chem. Soc. **77**, 2647 (1955)
[227] BERGSMA, J. und LOOPSTRA, B. O.: The crystal structure of calcium hydride, Acta Cryst. **15**, 92 (1962)
[228] VRANKA, R. G. und AMMA, E. L.: On the Crystal Structure of Trimethylaluminium, J. Amer. Chem. Soc. **89**, 3121 (1967)
[229] WEISS, E. und LUCKEN, E. A. C.: Die Kristall- und Elektronenstruktur des Methyllithiums, J. Organomet. Chem. **2**, 197 (1964)
[230] COWLEY, A. H. und WHITE, W. D.: Molecular Orbital Calculation on Some Group I, II, and III Methyl Compounds, J . Amer. Chem. Soc. **91**, 34 (1969)

[231] LÉVY, H. A. und BROCKWAY, L. O.: The Molecular Structures of Boron Trimethyl, Trifluoride, Trichloride, and Tribromide, The Covalent Radius of Boron, J. Amer. Chem. Soc. **39**, 2085 (1937)
[232] RING, M. A., DONNAY, J. D. H. und KOSKI, D. S.: The Crystal Structure of Boron Triiodide, Inorg. Chem. **1**, 109 (1962)
[233] ROLLIER, M. A. und RIVA, A.: The X-Ray Determination of the Crystal Structure of Boron Chloride and of Boron Bromide in the Solid State, Gaz. Chim. Ital. **77**, 361 (1947)
[234] ATOJI, M. und LIPSCOMB, W. N.: B-Cl Distance in Boron Trichloride, J. Chem. Phys. **27**, 195 (1957)
[235] loc. cit. [101], S. 296
[236] RUNDLE, R. E. und LEWIS, P. H.: Electron Deficient Compounds. VI. The Structure of Beryllium Chloride, J. Chem. Phys. **20**, 132 (1952)
[237] BRANDENBERGER, E.: The Crystal Structure of Beryllium Fluoride, Schweiz. Mineral.-Petrogr. Mitt. **12**, 243 (1932)
[238] KIRKINA, D. F., NOVOSELOVA, A. V. und SIMANOW, Y. P.: Polymorphie des Beryllium Fluorids (russ.), Dokl. Akad. Nauk SSSR **107**, 837 (1956)
[239] NOVOSELOVA, A. V., BREUSOV, O. N., KIRKINA, D. F. und SIMANOV, Y. P.: Quarzähnliches Berylliumfluorid (russ.), J. Neorg. Khim. **1**, 2670 (1956)
[240] KETELAAR, J. A. A.: Die Kristallstruktur der Aluminiumhalogenide I. Die Kristallstruktur von AlF_3, Z. Krist. **A 85**, 119 (1933)
[241] MUETTERTIES, E. L. und CASTEL, J. E.: Reactions of Hydrogene Fluoride with Metals and Metalloides, J. Inorg. Nucl. Chem. **18**, 148 (1961)
[242] PETERSON, S. W. und LÉVY, H. A.: A Single-Crystal Neutron Diffraction Study of Heavy Ice, Acta Cryst. **10**, 70 (1957)
[243] BERNAL, J. D. et al.: A Discussion on the Physics of Water and Ice (12 Aufsätze), Proc. Roy. Soc. **A 247**, 421 (1958)
[244] REED, J. W. und HARRIS, B. M.: Neutron Diffraction Study of Solid Deuteroammonia, J. Chem. Phys. **35**, 1730 (1961)
[245] OLOVSSON, I. und TEMPLETON, D. H.: X-ray Study of Solid Ammonia, Acta Cryst. **12**, 832 (1959)
[246] BOL'SHUTKIN, D. N., GASAN, V. M., PROKHVATILOV, A. I. und ERENBURG, A. I.: The Crystal Structure of α-CF_4, Acta Cryst. **B 28**, 3542 (1972)
[247] KRÜNER, H.: Die Kristallstruktur des festen Kohlendioxyds, Z. Krist. **63**, 275 (1926)
[248] DULMAGE, W. J., MEYERS, E. A. und LIPSCOMB, W. N.: On the Crystal and Molecular Structure of N_2O_2, Acta Cryst. **6**, 760 (1953)
[249] LIPSCOMB, W. N., WANG, F. E., MAY, W. R. und LIPPERT, E. L.: Comments on the structures of 1,2-dichloroethan and of N_2O_2, Acta Cryst. **14**, 1100 (1961)
[250] FATELY, W. G., BENT, H. A. und CRAWFORD, B.: Infrared Spectra of the Frozen Oxides of Nitrogen, J. Chem. Phys. **31**, 204 (1959)

Sachregister

Die Reihe der Chemischen Arbeitsbücher entsteht unter der Beratung von:

Prof. Dr. Anton Kettrup, Universität/GH Paderborn,
Prof. Dr. Herbert Keune, Technische Universität Braunschweig,
Wilfred Kratzert, Studiendirektor, Hamburg,
Rasmus Peichert, Studiendirektor, Porto.

Chemische Arbeitsbücher

3